# EU環境法の最前線
## 日本への示唆

中西優美子 編

法律文化社

Translation from the English language edition:
Contemporary Issues in Environmental Law: The EU and Japan
by Nakanishi, Yumiko
Copyright © Springer Japan 2016
Springer Japan is part of Springer Science+Business Media
All Rights Reserved.

## はしがき

　本書は，EUにおける環境保護に関するシリーズ本として，定評のある Michael Schmidt 先生と Lothar Knopp 先生監修の Environmental Protection in the European Union シリーズの第5巻 (Volume 5) として出版された Yumiko Nakanishi (ed.), *Contemporary Issues in Environmental Law* (Springer, 2016) の翻訳を基礎としたものである。本書の第2章，第3章，第7章および第9章は，Springer の本の該当章をそのまま翻訳したものであるが，その他の章は執筆者が元の英語原稿を基礎にしつつ，日本の読者に向けて内容を書き改めたものとなっている。

　本書『EU環境法の最前線——日本への示唆——』は，メインタイトルが示すように，EU環境法の中でも特に新しいトピックスを取り上げている。また，サブタイトルにあるように，取り上げたトピックスおよび内容が日本への示唆となるものとなっている。

　本書は，10章から構成される。以下において簡単に内容紹介をしていく。

　第1章「国際環境法，EU環境法と国内環境法の相互関係」(中西優美子) では，国際環境法およびEU環境法が日本法にどのような影響を与えたかを，日本法とEU環境法を比較しながら示している。

　第2章「EU環境法の原則」(Alexander Proelß，翻訳　中西優美子) では，EU運営条約191条2項に定められた環境に関する4つの原則が説明され，特に日本においても関心がもたれている「予防原則」について，EU司法裁判所の判例を踏まえた詳細な分析がなされている。Proelß 先生は，ヨーロッパにおける国際およびEU環境法の第一人者として活躍されており，この分野で多数の著作を公表されている。先生は，これまでに数多くの国際環境法シンポジウムを開催し，その成果が本として出版され，世界的に名の知れているドイツ・トリア大学の環境・技術研究所 (IUTR) の所長をされている。

　第3章「環境分野におけるEUの権限の範囲」(Alexander Proelß，翻訳　中西優

i

美子）では，日本人にとってはなじみなく，理解するのが難しいEU環境措置を採択する権限，法的根拠条文について詳細な検討がなされている。これらを正しく理解することで，EU環境法を適格に把握することができるようになる。

第4章「オーフス条約における『司法へのアクセス』とEU環境影響評価指令」(南諭子)では，日本における環境アセスメント違反の司法審査にも言及がなされ，オーフス条約により設定された国際基準が有する国際法的意義が検討されている。南先生は，大学院生の頃より環境影響評価を研究テーマとされ，それを色々な角度から検討されてきた。本章では，その検討がオーフス条約における「司法へのアクセス」の観点からなされた意欲的なものとなっている。

第5章「地球温暖化防止に関する日本とEUの取組み」(森田清隆)では，単に地球温暖化法について述べられるのではなく，WTOとの整合性の文脈で技術基準・規格の導入，国際的な問題となったEU排出枠制度の航空部門への適用，国境税調整などに関して踏み込んだ検討がなされている。

第6章「EUにおける動物福祉措置の意義と国際的な影響」(中西優美子)では，日本ではまだ議論が不十分である，新しい課題「動物福祉」が取り扱われている。EUにおける動物福祉に関する措置の発展，動物福祉配慮原則の確立および諸判例を踏まえたうえで，具体例として動物実験禁止とアザラシ毛皮製品取引禁止を挙げ，日本への示唆を与えるものとなっている。

第7章「EUにおける生物多様性の保護」(Sara De Vido，翻訳　中西優美子)では，EUにおける生物多様性保護の核となっている2つの指令，野鳥の保護指令ならびに自然生息地および野生動植物に関する指令につきEU司法裁判所の法務官意見および判決を踏まえ，詳細な分析がなされている。Vido先生はイタリア人であるので，イタリアにおける同指令の実施についても検討がなされている。

第8章「EUにおける海洋生物の保護」(佐藤智恵)では，第7章が主に陸の生物保護であったのに対して，主に海の生物保護が扱われている。第7章と第8章を合わせて読むことで，EUにおける生物の保護を全体的に把握することができるようになっている。さらに第8章では，海洋生物保護が漁業資源の観点や環境戦略の文脈からも検討されている。海洋国の日本にとって参考になるだ

ろう。

　第9章「EUにおける遺伝子組換え体の課題」(Hans-Georg Dederer，翻訳　藤岡典夫) では，今後日本でも重要となってくるであろう課題，GMO規制が扱われている。EUでは，アメリカと異なり消費者団体のGMOに対する懸念が多く，慎重に規制が実施されており，日本にとって非常に参考になる。Hans-Georg Dederer先生は，EUのGMO規制に関する第一者であり，これまで数多くの著作を発表されてきている。本章を翻訳された藤岡典夫先生は，日本では唯一といっても過言でない，GMO法規制の研究者である。

　第10章「福島事故後の日本およびEUにおける原子力安全レジームの課題と見通し」(川﨑恭治・久住涼子) では，2011年3月の東日本大震災による福島原子力発電所の事故を受け，見直された日本およびEUにおける原子力安全レジームが検討されている。川﨑先生は，国家責任を長年の研究テーマとされてきており，また，久住氏は，大学院生の頃から原子力法を専門とし，現在関連機関で勤務されている。2人は，これまでにも共同でこの分野について論文を発表されている。

　本書は，EU法や環境法を学ぶ学生あるいはそれらの研究者だけではなく，実務家，また，今後の日本の環境政策の形成を担う官公庁関係者，環境や動物・植物保護にかかわるNGOあるいはそれらに興味をもつ市民の方など幅広い方に読んでいただきたいと考える。

中西優美子

目　　次：『EU 環境法の最前線——日本への示唆——』

はしがき

## 第 1 章　国際環境法，EU 環境法と国内環境法の相互関係
——————— 中西優美子　1

　Ⅰ　はじめに　1
　Ⅱ　EU 環境法と日本の環境基本法と国際環境保護の動き　2
　Ⅲ　EU と日本における環境計画　6
　Ⅳ　EU と日本における環境配慮義務　8
　Ⅴ　EU と日本における環境影響評価・戦略的環境評価　10
　Ⅵ　結　語　11

## 第 2 章　EU 環境法の原則 ——————— Alexander Proelß　14
（翻訳　中西優美子）

　Ⅰ　導　入　14
　Ⅱ　EU 環境法の原則　15
　Ⅲ　結　語　26

## 第 3 章　環境分野における EU の権限の範囲 ——— Alexander Proelß　33
（翻訳　中西優美子）

　Ⅰ　導入——EU 環境政策の起源——　33
　Ⅱ　EU 運営条約の下での欧州環境政策の範囲　34
　Ⅲ　EU 環境権限の境界づけ　36
　Ⅳ　結　語　42

第 4 章　オーフス条約における「司法へのアクセス」とEU環境影響評価指令
　　　　　▶環境アセスメント違反の司法審査に関する国際基準の生成
　　　　　────────────────────────── 南　諭子　47

　　　Ⅰ　はじめに　47
　　　Ⅱ　オーフス条約における「司法へのアクセス」と環境アセスメント違反　49
　　　Ⅲ　EUにおけるオーフス条約の実施　51
　　　Ⅳ　日本における環境アセスメント違反の司法審査　54
　　　Ⅴ　おわりに　56


第 5 章　地球温暖化防止に関する日本とEUの取組み
　　　　　▶WTO整合性に関する考察を中心に
　　　　　────────────────────────── 森田　清隆　63

　　　Ⅰ　はじめに　63
　　　Ⅱ　技術基準・規格の導入　64
　　　Ⅲ　環境自主行動計画ならびに低炭素社会行動計画　68
　　　Ⅳ　Cap & Trade型排出権取引制度　70
　　　Ⅴ　国境税調整　78
　　　Ⅵ　むすびにかえて　81


第 6 章　EUにおける動物福祉措置の意義と国際的な影響
　　　　　────────────────────────── 中西優美子　86

　　　Ⅰ　問題設定　86
　　　Ⅱ　EUの動物福祉措置の意義　87
　　　Ⅲ　EUにおける動物実験禁止の発達と日本　100
　　　Ⅳ　アザラシ毛皮製品取引禁止　114
　　　Ⅴ　結論　116


第 7 章　EUにおける生物多様性の保護
　　　　　▶生息地及び鳥指令並びにイタリアにおける適用
　　　　　────────────────────────── Sara De Vido　123
　　　　　　　　　　　　　　　　　　　　　　　　（翻訳　中西優美子）

　　　Ⅰ　ヨーロッパにおける生物多様性：導入　123

目　次

　　Ⅱ　EUにおける生物多様性の発展　*126*
　　Ⅲ　イタリアにおける鳥及び生息地指令　*137*
　　Ⅳ　結　語　*141*

第8章　EUにおける海洋生物の保護 ──────── 佐藤　智恵　*151*

　　Ⅰ　はじめに　*151*
　　Ⅱ　EUの権限　*152*
　　Ⅲ　海洋生物の保護に関するEU法　*154*
　　Ⅳ　海洋戦略枠組指令　*163*
　　Ⅴ　将来への展望　*165*

第9章　EUにおける遺伝子組換え体の課題
　　　　▶動向と諸問題
　　　　──────────────── Hans-Georg Dederer　*171*
　　　　　　　　　　　　　　　　　（翻訳　藤岡典夫）

　　Ⅰ　はじめに　*171*
　　Ⅱ　EUの規制枠組み：概観　*173*
　　Ⅲ　GM作物に関する現在の規制動向と問題　*176*
　　Ⅳ　結論：終わりのない課題としてのGMO規制　*193*

第10章　福島事故後の日本およびEUにおける原子力安全
　　　　レジームの課題と見通し ──── 川﨑恭治・久住涼子　*207*

　　Ⅰ　はじめに　*207*
　　Ⅱ　日　本　*208*
　　Ⅲ　E U　*213*
　　Ⅳ　結　論　*218*

あとがき
索　引

# 第1章　国際環境法，EU環境法と国内環境法の相互関係

中西優美子

## I　はじめに

　日本の環境法の発展は，直線的ではなく，ときに停滞があり，ときに急に進んできた。その発展過程は，4つの段階に分けられる。[1] 第1段階は，1960年代の中頃まで続く。四大公害（水俣病，新潟水俣病，イタイイタイ病および四日市ぜんそく）が，1950年代および1960年代に広がった。第二次世界大戦後，日本の産業が高度成長期を迎え，それが公害へとつながった。第2段階は，1960年代中頃から1970年代中頃である。この時期，上述した四大公害病発生の対応として1967年に公害対策基本法が制定された。しかし，同法には，いわゆる経済調和条項が含まれており，「経済優先」の考え方が反映されていた。1970年には，「公害国会」とも呼ばれる国会が開かれ，公害に関連する14の法が制定および改正された。その中で最も重要なパラダイム転換は，経済調和条項の廃止である。[2] 1971年に，環境庁（後の環境省）が設立された。[3] また，1972年に自然環境保全法が制定された。この段階において，日本の環境法は大きな進展を遂げた。

　第3段階，1970年代中頃から1990年までの間は，あまり進展はなく，環境法の形成は停滞期を迎えた。[4]

　しかし，第4段階，1990年代から現在に至るまで日本の環境法は大きな変革の時期を迎えている。この変化の起源は，1993年の環境基本法の制定にある。[5]

　環境基本法は，国際環境法およびEU環境法の影響を受けている。本章では，国際環境法およびEU環境法が日本法にどのような影響を与えたかを，日本法

I

とEU環境法を比較しながら示すことにする。また，環境基本法とEU環境法がどのように並行して発展してきたかを明らかにしたい。順序としては，まずEU環境法および国際環境保護の動きならびに環境基本法および国際環境保護の動きを取り上げる。次に，EUと日本における環境計画，さらに，EUと日本における環境配慮義務，最後に両者における環境影響評価を取り扱う。

## II　EU環境法と日本の環境基本法と国際環境保護の動き

### 1　EU環境法と国際環境保護の動き

　EU環境法政策の発展は，5つの段階に分けることができる。第1段階は，EEC設立（EEC条約1957年署名，1958年発効）から1972年のパリサミットまでである。第2段階は，パリサミットから単一欧州議定書まで（1986年採択，1987年発効）。第3段階は，単一欧州議定書からマーストリヒト条約（1992年署名，1993年発効）まで。第4段階は，マーストリヒト条約からリスボン条約（2007年署名，2009年発効）まで。第5段階は，リスボン条約発効から現在までである。

　欧州統合は，最初は経済統合であった。それゆえ，EEC条約は，環境保護に関する規定を含んでいなかった。

　国連人間環境会議がストックホルムで1972年6月5日～16日まで開催された。ストックホルム宣言は，環境と開発に関する26の原則からなる。さらに，同年，ローマクラブが，『成長の限界』という本を出版し，将来の環境に関する危機について警鐘を鳴らした。EU（当時はEEC）においては，最初の大きな変化は，1972年のパリサミットであった。

　当時，EEC条約には環境のための明示的な規定は存在しなかった。しかし，構成国の国家または政府の長が，共同体（現EU）が環境を保護する措置をとることに合意し，欧州委員会に環境行動計画を作成するように要請した。このときから，欧州委員会は，環境の措置の提案を行い，理事会はそれに基づき決定をするということが始まった。この際，EEC条約100条（現EU運営条約115条）およびEEC条約235条（現EU運営条約352条）が環境に関する措置の法的根拠条文として用いられた。EEC条約100条は，共同市場（現在域内市場）の設立また

は運営に直接影響を与える国内法規を接近させることを目的とする指令を採択するための法的根拠条文であった。他方，EEC条約235条は，条約に規定が存在しないが，共同体の目的の1つを達成するために措置が必要なときに用いられる条文であった。当時，環境保護は，共同体の目的の1つとして明示的には言及されてはいなかったが，環境に関する措置が採択された。事実，パリサミット以降，環境に関する多くの措置が採択された。

EU環境法の第3段階は，1986年の単一欧州議定書である。同議定書は，1987年に発効した。それは，国際的な環境保護の動きとリンクしている。1987年，ブルントラント報告書「Our Common Future」が公表された。[6] 同報告書は，「自然保護及び将来世代のための持続可能な発展」という新しい概念を導入した。

単一欧州議定書は，EEC条約に環境に関する3ヶ条を導入した。EEC条約130r条（現EU運営条約191条），130s条（現EU運営条約192条）および130t条（現EU運営条約193条）である。EEC条約130r条1項は，3つの環境目的を列挙した。EC（現EU）は，これまでこれらの目的の達成のために数多くの措置を採択してきた。EEC条約130r条2項は，未然防止原則，汚染者負担の原則など環境原則を規定した。EEC条約130s条1項および2項は，環境措置のための法的根拠条文を設定した。EEC条約130t条は，より厳格な国内保護措置を規定した。EEC条約におけるそれらの条文の導入は，環境保護が主要な目的になり，共同体が環境事項において権限を有していることを意味している。

第4段階においては，1993年のマーストリヒト条約の発効とともに始まった。この動きは，国際環境保護の発展と関係する。国連環境開発会議，リオサミットが1992年に開催された。環境開発に関するリオ宣言，アジェンダ21，国連気候変動枠組条約，生物多様性条約および砂漠化対処条約がその中で採択された。「持続可能な成長（sustainable growth）」の概念は，マーストリヒト条約によりEUにおいて法的に認識された。さらに，「国際的レベルでの措置を促進すること（promoting measures at international level）」がEC条約130r条1項（現EU運営条約191条1項）においてEUの環境政策の目的として追加された。このことは，EU環境政策が地域的な環境問題のみならず，グローバルな環境問題にも

向けられていることを意味した。EUは，グローバルな環境分野において権限が与えられ，国際関係において積極的な役割を担う権利を与えられている。このように，環境事項におけるEUの国際的プレゼンスは，強化された。さらに，予防原則が環境原則の1つとして追加された。なお，1997年に署名されたアムステルダム条約は，「持続可能な発展（sustainable development）」の概念を導入し，その後，それはEUの鍵概念になった。

　第5段階は，リスボン条約の発効とともに始まった。同条約は，EU運営条約191条1項の環境目的規定に「気候変動に対処する」という文言を追加した。

## 2　日本の環境基本法と国際環境保護の動き
### （1）　環境基本法の歴史

　上述したグローバル環境保護における動き，とくに1992年のリオサミットに鑑み，環境基本法が1993年11月に制定にされた。[7] 同法律は，サミットの合意の実施形態として考えられた。[8] サミットに先立ち，中央公害対策審議会および自然環境保全審議会は，環境庁の長官であった，中村正三郎に「地球化時代における環境政策のあり方について」諮問された。[9] サミット後，中村は2つの審議会に環境基本法のありうべき形について議論するように求めた。1993年，環境基本法の草案およびその実施のための関連法案が内閣で承認され，国会に提出された。法案は，他の政治的事項のためにいったん廃案になったが，第128回国会において，衆議院では10月12日，参議院では11月12日において全会一致で可決された。同法律は，1993年11月19日に法律第91号として制定された。

### （2）　環境基本法の構造

　環境基本法は，公害対策基本法に置き換わった。環境基本法は，環境法における「憲法」としてみなされている。EUの環境第1次法は，主にEU運営条約191条～193条から構成される。それに対して，日本の環境基本法は包括的である。

　環境基本法は，46ヶ条から構成される。同法律は，3つの章に分けられる。第1章は一般規定（1条―13条），第2章は最も長い章（14条―40条）で，さらに8つの節に細分されている。第3章（41条―46条）は，さらに2つの節からなる。

環境基本法は，一般に法的拘束力のない，プログラム規定から構成されていると言われる。しかし，いくつかの条文は，具体的に義務を課している。たとえば，基本計画の策定（15条），6月6日の環境の日（10条），国会への年次報告書の提出（12条），環境質の基準の設定（16条），環境汚染コントロールプログラムの設定（17条）である。

(3) 環境基本法の概要

環境基本法の目的は，「環境の保全について，基本理念を定め，並びに国，地方公共団体，事業者及び国民の責務を明らかにするとともに，環境の保全に関する施策の基本となる事項を定めることにより，環境の保全に関する施策を総合的かつ計画的に推進し，もって現在及び将来の国民の健康で文化的な生活の確保に寄与するとともに人類の福祉に貢献すること」（1条）である。基本法の特徴は，国家の責務（6条），地方政府の責務（7条）のみならず，会社の責務（8条）および市民の責務（9条）を規定していることである。たとえば，市民は，環境保全を促進するために日常生活における環境負荷を減らすように義務づけられている。

同法律は，3条，4条および5条において環境保全の基本原則を規定している。基本法3条は，「現在及び将来の世代の人間が健全で恵み豊かな環境の恵沢を享受」できるよう確保されなければならないと規定している。この規定の「将来の世代の人間」という文言は，1987年のブルントラント報告書における「自然及び将来世代の保護のための持続可能な発展」の概念を反映している。同時に，「人間」は，日本人に言及しているのではなく，一般的な人間を対象としている。この文言は，環境法の適用可能な時間的・空間的広がりを意図している。3条は，人間の生存の基盤としての環境が将来において維持されるべきことを述べている。これは，1992年のリオ宣言の第3原則における「発展の権利は，現在及び将来の世代の開発及び環境上の必要性を衡平に満たすことができるように行使しなければならない」と同様に1972年のストックホルム宣言の第1原則における「人は，……現在及び将来の世代のため環境を保護し改善する厳粛な責任を負う」に現れている考え方を基礎にしている。

4条は，「環境の保全は，……環境への負荷の少ない健全な経済の発展を図

りながら持続的に発展することができる社会が構築されることを旨として……」と規定している。これは，環境基本法がブルントラント報告書および1992年のリオサミットにおける「持続可能な発展」の概念を採用したことを意味している。[13]さらに，このことは，上述した「経済優先」である調和条項が「持続可能な発展」の概念に置き換わったことを示している。このように日本の環境法とEU環境法は，国際的な動きにより影響を受けながら，それとともに発展してきた。

　基本法5条は，「……地球環境保全は，我が国の能力を生かして，及び国際社会において我が国の占める地位に応じて，国際的協調の下に積極的に推進されなければならない」と規定する。これは，国際協力を通じてグローバルな環境保護の促進の重要性を反映している。この原則は，EU運営条約191条1項およびEU条約21条とも共通する。

## III　EUと日本における環境計画

### 1　EU環境行動計画

　欧州委員会は，1972年のパリサミットの要請を受け，環境行動計画を策定した。最初の行動計画は，1973年に公表された。第2次環境行動計画は，1977年，第3次環境行動計画は1982年に公表された。当時，共同体（現EU）は，環境分野における個別的な権限を有していなかった。それゆえ，これらの行動計画は，許可，排出基準，禁止，制限といった規制的行政的手法にとどまっていた。

　1987年の単一欧州議定書後の第4次環境行動計画は，同議定書が環境分野における個別的権限を共同体（現EU）に付与し，他の政策への環境保護を統合していく新しいアプローチを導入した。1993年の第5次環境行動計画は，リオサミットを受け，「持続性に向けて」というタイトルが付けられた。同計画は，持続性と政治的手段の多様性に焦点をあてている。これは，EC条約130s条3項（現EU運営条約192条3項）に従い採択された。このことは，行動計画が単に欧州委員会の文書ではなく，理事会および欧州議会により決定された法的拘束力のある行為であるということを意味する。現在，EUの環境政策は，第7次

環境行動計画に基づいている。

## 2　日本の環境基本計画

　環境基本法15条1項によると、「政府は、環境の保全に関する施策の総合的かつ計画的な推進を図るため、環境の保全に関する基本的な計画を定めなければならない」と定めている。同条は、他のほとんどの条文が指針のようなプログラム規定であるのにかかわらず、法的効果を有している。つまり、環境基本計画作成は義務である。環境基本計画は、法定計画であり、行政に対する拘束力がある点で意義がある。[14] 中央環境審議会は、環境大臣の協議を受け、審議会は、環境基本計画を作成し、閣議決定を内閣に求める（環境基本法15条3項）。

　最初の環境基本計画は、1994年に公表された。[15] 計画は、4つの長期的な目的を設定している。すなわち、「循環」、「共生」、「参加」および「国際的取組」である。[16]「循環」については、生産、流通、消費、廃棄等の社会経済活動の全段階を通じて、資源やエネルギーの面でより一層の循環・効率化を進め、不用物の発生抑制や適正な処理等を図るなど、経済社会システムにおける物質循環をできる限り確保することに、環境への負荷をできるだけ少なくし、循環を基調とする経済社会システムを実現することを目的とした。「共生」の項目においては、大気、水、土壌及び多様な生物等と人間の営みとの相互作用により形成される環境の特性に応じて、かけがえのない貴重な自然の保全、二次的自然の維持管理、自然的環境の回復及び野生生物の保護管理など……健全な生態系を維持・回復し、自然と人間との共生を確保するとされている。「参加」は、消費的な使い捨てのライフスタイルが見直されるなど、人々の価値観と行動が改革されることを意味した。ただ、「参加」の項目では、オーフス条約で定められるような意思決定及び司法アクセスには言及されていない。「国際的取組」では、「我が国は、環境への負荷の少ない持続可能な発展が可能な社会を率先して構築するにとどまらず、深刻な公害問題の克服に向けた努力の結果顕著な成果を挙げてきた経験や技術等、その持てる能力を活かすとともに、我が国の国際社会に占める地位に応じて、地球環境を共有する各国との国際的協調の下に、地球環境を良好な状態に保持するため、国のみならず、あらゆる主体が積

極的に行動し，国際的取組を推進する」とされている[17]。

第2次環境基本計画は，2000年に閣議決定された[18]。同計画は，上述した4つの目的の枠組を維持しつつ，より具体的に記述し，環境を保護するために諸措置の統合に包括的な努力することの重要性を認識した[19]。

第3次環境基本計画は，2006年4月に内閣により決定された[20]。同計画は，現状を分析し，環境の個々の分野における将来の発展を具体化した。また，同計画は，国際活動に関する積極的な意見を表明した。同計画が，最も分量が多いものとなっている。

現在の第4次環境基本計画は，2012年4月27日に採択された。それは，2011年3月11日の東日本大震災を考慮し，エネルギー政策および地球温暖化政策の徹底的な再審査の必要性を認識した。第4次基本計画は，以下の4つの目的を定めた[21]。持続可能な発展を基礎とした，4つの主な方向性は，①政策領域の統合による持続可能な社会の構築，②国際情勢に的確に対応した戦略をもった取組の強化，③持続可能な社会の基盤となる国土・自然の維持・形成，④地域をはじめ様々な場における多様な主体による行動と参画・協働の推進である。①の方向性は，EU運営条約11条で見られる考え方，環境統合原則に似ている。

## Ⅳ　EUと日本における環境配慮義務

### 1　EUにおける環境統合原則

1987年の単一欧州議定書は，環境政策分野に3ヶ条を追加した。EEC条約130r条2項2文は，「環境保護の要請は，共同体の他の政策の構成要素である」という規定した。この考え方は，第4次環境行動計画中に反映されている。この環境統合原則の文言は，マーストリヒト条約により改正された。「環境保護の要請は，共同体政策の策定及び実施の中に統合されなければならない」とされた。1999年のアムステルダム条約は，同原則を環境政策の章から，諸原則を定める章に移動し，EC条約6条に定めた。なお，EC条約5条は，権限付与の原則，補完性原則および比例性の原則を定めている。リスボン条約後，環境統合原則は，EU運営条約11条に定められている。同条は，「環境保護の要請は，

とくに持続可能な発展の促進のために、連合の政策及び活動の策定と実施の中に統合されなければならない」と定め、環境統合原則と持続可能な発展の概念の結びつきを強調している。同原則は、持続可能な発展の概念を実現するために重要な役割を果たしている[22]。

環境統合原則は、プログラム規定ではなく、EU機関および構成国に法的な義務を課している。司法裁判所は、これまでの判例において、環境統合原則に言及してきた[23]。

## 2　日本における環境配慮義務

環境基本法19条は、「国は、環境に影響を及ぼすと認められる施策を策定し、及び実施するに当たっては、環境の保全について配慮しなければならない」と定めている。これは、環境基本法の4条における未然防止の原則を基礎にしている[24]。それは、一般的にプログラム規定とみなされ、法的拘束力がない。環境庁企画調整局企画調整課の解説によると、環境の保全についての配慮とは、具体的には、当該施策の策定・実施に当たり、環境の保全が図られるよう、影響の減滅を図るための措置を講ずることとある[25]。同条の規定の趣旨に沿って、いくつかの個別法が環境配慮義務を規定している[26]。

2000年に閣議決定された第2次環境基本計画は、省および地方の公的機関を含むすべてが基本計画に沿い、極力、自らの行動へ環境配慮の織り込みに努めるものとすると述べている。とりわけ、関係府省は、環境基本計画を踏まえながら、自主的に環境配慮のための指針を明確化しなければならないとする[27]。さらに、2006年の第3次環境基本計画は、第2次環境計画の陳述を繰り返しつつ、「各般の制度の立案等を含む環境に影響を与えうる政策分野の両面において、それぞれの定める環境配慮の方針に基づき、環境配慮を推進」すると付け加えた[28]。第3次の環境基本計画は、環境考慮のルールを強化した。第4次環境基本計画は、これらの原則を繰り返している。

## V　EUと日本における環境影響評価・戦略的環境評価

　EUでは、環境の公的および私的プロジェクトの影響の評価に関する理事会指令85/337が、1985年6月27日に採択された。これは、環境影響評価（EIA）指令である。他方、日本においては、環境基本法20条は、「国は、土地の形状の変更、工作物の新設その他これらに類する事業を行う事業者が、その事業の実施に当たりあらかじめその事業に係る環境への影響について自ら適正に調整、予測又は評価を行い、その結果に基づき、その事業に係る環境の保全について適正に配慮することを推進するため、必要な措置を講ずるものとする」と定めている。環境影響評価法は、環境基本法20条に基づき1997年6月に制定された。

　欧州委員会は、1996年12月4日に環境計画およびプロジェクトの影響評価に関する理事会指令案を提出した。委員会は、COM文書の中で提案の目的は、環境影響評価が行われ、その結果がそのような計画およびプログラムの準備および採択に当たって考慮にいれられるよう確保することによって高水準の環境保護を規定することであると説明した。[29]影響評価は、環境が効率的および効果的に保護されるように初期の段階でなされるべきであるとされた。同提案は、環境に関する計画およびプログラムの影響評価に関する指令2001/42、戦略的環境影響評価（SEA）指令として2001年6月27日に理事会および欧州議会により採択された。[30]もっとも、この指令は、計画およびプログラムの意思決定レベルにとどまっており、より高度でより一般的な政策意思決定レベルには適用されなかった。[31]

　日本では、SEAの導入は議論されているものの、SEA法はまだ採択されていない。日本のEIAは、2011年に改正され、2011年4月に施行された。しかし、この改正は、EIA法をSEA法に変換するものではなく、企業に早い段階で環境配慮報告書（計画段階配慮書）を提出するように義務づけるものであった（3条の2）。[32]第2次環境基本計画は、戦略的環境評価のありうべき形に言及した。同計画は、環境省がSEAの考え方に基づいた計画の段階から環境影響評価を推定することによって環境保護を考慮するものになると述べている。[33]第4次環

境基本計画は，EIA法の改正に言及し，環境省が現在のレベルよりも高いレベルで環境考慮を統合するためにSEAの実施を促進すると述べた。[34] 第4次環境行動計画によると，環境省は，他の諸国における法律とその実施に関する情報を収集し，日本にとって適切な制度を構築するとしている。[35]

## VI 結　語

　1970年日本の環境法は，1960年代に広がった公害病を契機に汚染コントロールの分野で発展した。しかし，日本の環境法の発展はその後1990年まで停滞した。その後の変化は，1992年6月のリオサミットにより影響を受けた，1992年の環境基本法の制定であった。

　国際環境法はEU環境法にも影響を与えた。EEC条約の設立時には，同条約は，環境保護への言及がなかった。むしろ，共同体の目的は，経済統合であった。共同体政策は，1986年の単一欧州議定書により大きく変更された。同議定書は，環境政策の分野で新しい権限を導入した。

　日本の環境基本法は，国際法およびEU環境法の影響を受けた。環境基本法は，国際環境保護の動きを通じて発展した。環境基本法の制定後，個別的な環境法律が制定された。環境基本法は，環境法の「憲法」として機能している。

　現在まで，EUは数多くの環境の措置を採択してきた。その例は，REACH（化学物質規制）規則，2003年のWEEE（廃電子電気機器）指令および2003年のRoHS（電気電子機器における特定有害物質の使用の禁止）指令である。それらの第2次措置は，日本の企業および日本の環境法に影響を与え続けている。

　国際環境法は，過去においてEU環境法に影響を与えた。現在では，EUが国際環境法の起草過程に影響を与えている。とくに，国連気候変動枠組条約および生物多様性条約は，EUのリーダーシップとともに実現し，ポスト京都議定書の交渉がEUを中心に行われ，最近ではその成果としてパリ協定が締結された。日本の環境基本法および他の個別法は，国際法およびEU環境法の影響を受けている。換言すれば，国際的およびEUの環境要請が日本の環境法の進展を助けてきた側面がある。

【注】

1 大塚直『環境法Basic』(有斐閣，2013年) 5 頁。
2 北村喜宣『環境法〔第 2 版〕』(弘文堂，2013年) 108頁。
3 大塚・前掲注 1，8 頁。
4 大塚・前掲注 1，9-10頁。
5 大塚・前掲注 1，12頁。
6 The Brundtland commission was established based on Japan's proposal in 1984.
7 「環境基本法制のあり方について (答申)」環境庁企画調整局企画調整課編著『環境基本法の解説』(ぎょうせい，1994年) 353-369頁。
8 環境庁調査課編著・前掲注 7，「はしがき」。
9 環境庁調査課編著・前掲注 7，72頁。
10 大塚・前掲注 1，82頁。
11 環境庁調整課編著・前掲注 7，116頁。
12 環境庁調整課編著・前掲注 7，142-143頁。
13 環境庁調整課編著・前掲注 7，148-149頁。
14 大塚直『環境法〔第 3 版〕』(有斐閣，2010年) 245頁。
15 環境庁編『環境基本計画』(大蔵省印刷局，1994年)。
16 環境庁編・前掲注15，14-15頁。
17 環境庁編・前掲注15，15頁。
18 環境省編『環境基本計画——環境の世紀への道しるべ——』(ぎょうせい，2001年)。
19 環境省編・前掲注18，13-18頁。
20 環境省編『環境基本計画——環境から拓く新たなゆたかさへの道——』(ぎょうせい，2006年)。
21 http://www.env.go.jp/policy/kihon_keikaku/plan/plan_4/attach/ca_app.pdf (2015年 9 月21日アクセス)。
22 中西優美子「第 3 章 EU法における環境統合原則」庄司克宏編『EU環境法』(慶應義塾大学出版会，2009年) 115頁，126-127頁。
23 中西・前掲注22，129-142頁；ex. Case C-62/88 [1990] ECR I-1527, para. 20; Case C-300/90 [1991] ECR I-2869, para. 22; Case C-405/92 [1993] ECR I-6133, paras. 26-28; Case C-336/00 [2002] ECR I-7699, para. 30; Case C-513/99 [2002] ECR I-7213, para. 57; Case C-379/98 [2001] ECR I-2099, paras. 76 and 81; Case C-176/03 [2005] ECR I-7879, para. 42; Case C-440/05 [2007] ECR I-9097, para. 60; Case T-229/04 [2007] ECR II-103, para. 262; Case T-233/04 [2008] ECR II-591, para. 99.
24 環境庁調整課編著・前掲注 7，208頁。
25 環境庁調整課編著・前掲注 7，210頁。
26 環境庁調整課編著・前掲注 7，210-211頁。列挙されている法律として，首都圏整備法21条 4 項，多極分散型国土形成促進法 2 条および 9 条，森林法 4 条 3 項，中小企業近代化促進法 3 条。
27 環境省編・前掲注18，138頁。

28 環境省編・前掲注18, 116頁。
29 COM (96) 511, Proposal for a Council Directive on the assessment of the effects of certain plans and programmes on the environment, p.1.
30 OJ of the EU 2001 L197/30; Directive 2001/42/EC of the EP and of the Council of 27 June 2001 on the assessment of the effects of certain plans and programmes on the environment.
31 COM (96) 511, p.1.
32 大塚・前掲注1, 118-123頁。
33 環境省編・前掲注18, 113頁。
34 環境省編・前掲注20, 104頁。
35 http://www.env.go.jp/policy/kihon_keikaku/plan/plan_4/attach/ca_app.pdf, (2015年9月21日アクセス), 64-65頁。

## 第2章 EU環境法の原則

Alexander Proelß
(翻訳 中西優美子)

## I 導 入

EU運営条約191条2項によると[1]、「連合の環境政策は、連合の各地域における事情の多様性を考慮しつつ高水準の保護を目指す (shall aim)」とされ、また、「連合の環境政策は、予防原則、予防措置がとられるべきという原則、環境損害はまず発生源において是正されるべきという原則、及び、汚染者負担の原則を基礎としなければならない (shall be based on)」。この「しなければならない (shall)」が用いられることによって、この規定の文言は、法典化されている4つの環境原則、すなわち、予防原則 (precautionary principle)、予防措置がとられるべきという原則 (以下、未然防止の原則)(principle of prevention)、環境損害はまず発生源において是正されるべきという原則 (以下、根源是正の原則)(source principle) および汚染者負担の原則 (polluter pays principle) は、EU環境政策の法的な基礎として見られるべきであるということを明確化している。それらの原則は、EU運営条約191条1項および2項に基づき拘束力のある措置が採択されるとき、連合の管轄機関によって無視されてはならないものである[2]。同時に、EU政策がEU運営条約191条2項により定められる環境原則を「基礎と (based)」しなければならないという事実は、諸原則が絶対的な規範性を有していることを示すものではない。その規定の内容は、原則 (principles) は、ルール (rules) とは異なり、決定的な法的な結果を生み出すものではないが、形式的な構造に照らして最適なものを選択するという義務 (obligation to optimize) とし

て理解されるべきであるとする，Ronald DworkinおよびRobert Alexyにより提示される法的理論への言及として理解されるだろう[3]。これによると，法的な原則の範囲は，実際の障害の存在と法的な原則の対比により影響を受けるだろう。それゆえ，原則は，ルールとは異なり，「全か無か」という形で適用されえない[4]。上述した「原則の理論」が国際法およびEU法の分野で適用されるか否かは，現在議論されており，ここでは深く立ち入らない[5]。EU運営条約1条2項も第1次EU法の他の規定も環境原則の法的な中身を特定しておらず，その法的な構造，範囲および効果に関する既存の不明確さが究極的には規範の有効性に対する主張を弱めることは否めない。このような背景に鑑み，本章では，EU司法裁判所の関連判例，第2次EU法およびEU機関による陳述を参考にしつつ，EU運営条約191条2項において法典化された諸原則がEU機関によってどのように実施されてきたかを検討し，EUレベルにおけるその法的な性質を明らかにしたい[6]。環境原則から生じる法的効果を取り扱った国際裁判所判例が少ないという事実，また，環境国際法の原則として法的位置づけが今日まで争われている事実に鑑み，このような検討は意義があるだろう[7]。EU法の下での状況の検討は，環境原則が国際法の分野の法的実行においてどのように働くのかに関する洞察およびフィードバックを与えるであろう。

## II　EU環境法の原則

以下においてEU運営条約191条2項に法典化された原則をすべて対象とするが，とりわけ，国際環境政策にも関係が深い，予防原則に重点を置くことにする。

### 1　未然防止の原則

未然防止の原則は，格言「予防は治療に勝る（転ばぬ先のつえ）」に沿って，未然防止措置をとることによって環境を保護することを目的にする。それは，数多くの国際協定および文書に規定されてきた。たとえば，1972年のストックホルム宣言の第21原則は，「国は，国際連合憲章及び国際法の原則に基づき，自

国の資源をその環境政策に従って開発する主権的権利を有し、かつ、自国の管轄又は管理の下における活動が他国の環境又は国の管轄外の地域の環境を害さないことを確保する責任を負う」としている[8]。

Pulp Mills事件において、国際司法裁判所（ICJ）は、以下のことを明確にした。①未然防止の原則は、慣習国際法の拘束力のある原則であること、②その起源は、「国家領域において国家に要請される相当な注意（due diligence）に[9]」見出されるべきであることである。このように、未然防止の原則は、結果の義務に関する厳格な意味での禁止を設定するものではなく、行動の義務のみを示している。同義務は重大な国境を越える環境損害が国家に引き起こされ、または、ある行為によって引き起こされそうであることを避けるために事前に可能でかつ合理的なあらゆる措置をとるように要請する。国際法委員会（ILC）は、以下のように述べた。

「未然防止又は（損害を）最小限にするという措置をとるという、発生国（the State of origin）の義務は、相当な注意の1つである。国家が現行条文の下での義務を遵守してきたか否かを決定するのは、発生国の行為である。しかし、関連する相当の注意の義務は、もし防止することが可能でない場合、重大な損害が完全に防止されるように保障することを意図していない。万が一止できない場合、発生国は、上述したように、リスクを最小限にするために最善を尽くすよう要請される。この意味で、同義務は損害が生じないように保障するわけではない[10]」。

さらに、ICJは、以下のように判示して、未然防止の原則と情報、通知および交渉に関する手続上の義務の間の密接な関係性を設定した。「裁判所の見解では、CARU（リオ・ウルグアイの行政委員会）に情報を与える義務は、未然防止の義務を履行するために必要な当事者間での協力の開始を許容する[11]」。

この手続基準は、リオ宣言[12]の第19宣言を反映している。それによると、「各国は、国境を越えて環境に重大な影響をもたらすおそれのある活動について、潜在的に影響を被るおそれのある国に対し、事前の時宜にかなった通知及び関連情報の提供を行い、並びに、早期にかつ誠実にこれらの国と協議しなければならない」。

国際司法裁判所により想定されている未然防止の原則（その慣習法の上の位置

づけは，議論の余地がないものである）のかかわりあいに照らし，上述した手続上の義務がILCの有害な活動から生じる越境損害の防止に関する条文案の8条および9条にも含まれていることに鑑み，それらは拘束力のある慣習法を反映したものであると今日一般的に受け入れられている。[13][14]さらに，国際司法裁判所は，（未然防止原則に帰属する）情報，通知および交渉の義務を環境影響評価（EIA）を行う義務の基礎を構成するとして見なし，慣習国際法の下での環境影響評価義務の有効性を受け入れた。[15]第2次EU法に関係する限り，未然防止の原則は，とりわけ，主な汚染潜在性をもつ産業活動を対象とし，統合汚染防止管理に関する法規を規定する，産業排出に関する指令2010/75/ECにより実施された。[16]

## 2 根源是正の原則

根源是正の原則によると，環境損害は，できるだけ近くでかつできるだけ発生源において取り扱われなければならない。同原則は（汚染に対処する）場所と（汚染に対処する）時間から構成される。[17]根源是正の原則は，環境損害がエンド・オブ・パイプ技術（end-of-pipe technology）（異論のあるところであるが，環境質基準よりも排出基準のような政策手段を一般に好むことを意味する）に依拠することによって本来的には対処されないよう要請する。もし他の措置が実際的でない，または適切でない場合には，EU機関が環境質基準を含む措置に依拠することを禁じられているという拘束力のある義務は存在しない。法的な観点から，EU機関の裁量範囲は，発生源に向けられた措置の実施が考慮さえされない場合，または，エンド・オブ・パイプ措置がそもそも関連する環境損害に対処することに役立たない場合にのみ，根源是正の原則によって制限される。第2次EU法が関係する限り，根源是正の原則への言及は，「優先事項として，汚染の原因が明確にされ，排出は，最も経済的かつ環境に効果的な方法で，発生源において対処されるべきである。」[18]と前文で述べている水政策の分野の環境質基準に関する指令2008/105/ECの中に見られる。

3　汚染者負担の原則

その名前が示しているように，汚染者負担の原則は，環境汚染を減らしたりあるいは除去したりするためにとられなければならない措置の費用は，汚染者，つまり，汚染を引き起こした者または会社により負担されなければならないということを要請する。同原則が最初に言及されたのは，1972年の経済協力開発機構（OECD）によって採択された環境政策の国際経済側面に関する指導原則についての勧告の中であった。また，すでに第１次環境行動計画（1973～76年）[19]に言及されている事実から分かるように，EU環境政策の基礎の１つである。リオ宣言の第16原則によって規定された非常に注意深い定義（「環境費用の内部化及び経済手段の使用の促進に努めるべきである」，「考慮に入れ」，「原則として」，「公共の利益に適切に配慮し」[20]）は，しかしながら，管轄あるアクターが汚染者負担の原則をどのように実施するのかについて広い範囲の裁量を享受していることを示している。これは，地上源からの海洋環境汚染の場合のように広がりを持つ源から生じる汚染の発生源者の明確化が困難であることが第１に挙げられる[21]。このため，製品および生産基準ならびに環境税が一般に汚染者負担の原則に沿った措置としてみなされている[22]。同時に，EU司法裁判所は，汚染者負担の原則の実施に関するEU機関の裁量の範囲は限定されていないことを明確にしつつ，汚染者負担の原則は，操業者が引き起こしていない汚染の除去に係る負担を負わなければならないということを意味しないと判示した[23]。第２次EU法が関係する限り，汚染者負担の原則への言及は，水に関する指令2008/98/EC（水枠組指令）の14条の中に見られる[24]。

4　予防原則

異論のあるところであるが，予防原則は，最も重要で最も議論の多い環境原則を構成する。その歴史的起源は，通常，1972年のドイツ連邦排出管理法律の法典化とスウェーデンの国内環境法にさかのぼる[25]。最初の国際的な是認は，国連総会が国連自然憲章（Charter for Nature）[26]を採択した，1982年であった。予防原則への明示的な言及は，北海の保護に関する第２回国際会議における1987年のロンドン宣言の中でなされた[27]。そのコアの要素は，リオ宣言の第15原則に現

れている。「環境を保護するため，予防的アプローチは，各国により，その能力に応じて広く適用しなければならない。深刻な又は回復しがたい損害のおそれが存在する場合には，完全な科学的確実性の欠如を，環境悪化を防止する上で費用対効果の大きい措置を延期する理由として用いてはならない」。

　この宣言は，潜在的に負の露出が開始前に防止されるときに環境が最も効果的に保護されるという考え方，ならびに，潜在的に環境にとって有害な措置の危険な潜在性および結果に関する十分な科学的知識は，関連する措置が実施される時点においては利用可能でないという考え方を反映している。予防原則は，行為と環境影響の因果関係の要請を不要にするものである[28]。同時に，予防原則または予防的アプローチ[29]がリオ宣言の第15原則に起草された方法は，負の構築を基礎としている。すなわち，重大なまたは回復不可能な環境損害のリスクに対する保護措置を採択するよう国家に要請するよりも，すでにとられた措置が継続されないことのみを要請している[30]。さらに，予防原則が数多くの多角的環境協定において含まれてきた一方で，それらの条約は，同原則の範囲に関して異なるアプローチを基礎としている[31]。慣習国際法の下での有効性についての現在進行中（かつ一部無用）の議論と禁止するためのルールの観点から同原則を切り離された方法で適用しようとする試みと関連して，この事実が環境政策の分野における十分に規範的な指針を供する予防原則の潜在性に疑いを投げかける[32]。これにかかわらず，EU司法裁判所は，予防原則を「環境法の基本原則[33] (fundamental principle)」として言及した。もし連合の機関がより一貫した，かつ包括的な方法において自律的な超国家的なEU法制度の中で同原則を運用す[34]ることができたなら，この陳述は，法的現実の十分な反映として見なされえるであろう。EU運営条約は，リスク・マネジメントおよびリスク・バランシングの原則を構成する一般的なメッセージを超えた予防原則の観念を基礎としているか[35]。この原則に特別な法的な効果が付与されているか。

　この点に関して，EU運営条約も第2次EU法も予防原則の定義を定めておらず，その範囲，要素および効果を特定していないが，欧州委員会は，予防原則に関するCOM文書を2000年に採択した[36]。同文書は，法的拘束力のある文書ではないが，同原則がEUレベルでどのように実施されるべきかについて決定

的に重要なものである。この文書により，委員会は，委員会自体がどのように予防原則を適用しようとしているのか，またどのようにその適用に関する指針を設定しようとしているのかをすべての利害関係者に知らせる目的を追求している。それは，リスク評価，リスク・マネジメントおよびリスク・コミュニケーションを含む，リスク分析の構造化されたアプローチを基礎としている[37]。国際法の下での発展に沿って，委員会は，同原則への依拠がある環境リスクが十分な確実性でもって決定されえないことを示していることを前提とした[38]。とりわけ意味があるのは，委員会が予防原則に特別の法的効果を与えたことである。予防原則を遵守するために，EU機関によりとられる措置は，なかんずく，①比例的でなければならない。つまり，関連する措置は，選ばれた保護のレベルに合わせなければならない。②非差別でなければならない。つまり，比較可能な状況は異なって取り扱われてはならない。③すでにとられた同等な分野における比較可能な措置と入手可能な科学的データとの一貫性を維持しなければならない。④短長期および非経済的な考慮を含む費用対効果審査に基づかなければならない。⑤新しい科学データに照らした審査に服さなければならない。つまり，関連する措置は，科学データが不完全または確定的ではない限り，関連する措置が維持されるべきである。⑥科学的証拠を生み出すための責任を与えることができなければならない。個々の状況に拠るが，立証責任の転換（製品が安全であることが科学的に示されない限り危険なものとして扱う）が起こりうる[39]。委員会は，EU運営条約の規定をそのままに解釈する任務を持っていないため，上述した効果は，委員会が列挙的にこれらの効果に言及していること，国際環境法の下で一般に受け入れられている程度を超えている点を考慮すると，今日の拘束力のあるEU法を自動的に反映しているものとは考えられない[40]。1969年のウィーン条約法条約[41]に法典化されている解釈ルールに照らすと，第1次EU法の概念の意味を明らかにする際にEU機関の実行が無関係であるとは言えないであろう。EU司法裁判所が，委員会が引き出した結論を確認すれば，これは真実なものとなるだろう。

（1）予防原則の範囲

予防原則は，環境保護に関してEU運営条約に規定されているのみであるが

(EU運営条約191条2項参照），その範囲は，EU運営条約11条における横断条項（環境統合原則）の存在が示すようにもっと広いものとなる。予防原則に関するCOM文書において，欧州委員会は，以下のように述べた。「予防原則は，環境を保護するために……条約に定められたわけではない。その範囲は，もっと広いものである。とりわけ，第一義的な科学的な目的の評価が，環境，人間，動物または植物への健康の潜在的に危険な効果が共同体のために選択された高水準の保護レベルと合致しないという合理的な理由が存在することを示すときには広くなる」[42]。

　実際，EU司法裁判所は，環境保護の分野および健康保護の分野に向けられるいくつかのケースにおける予防原則の範囲についてさらに指針を与えている[43]。Afton Chemical Limied事件において，同裁判所は，以下のように判示した。「EUの立法機関は，予防原則の下で，そのようなリスクの現実及び重大性が十分に示されるのを待つことなく，保護措置をとることができる」[44]。鍵となる判決の1つは，Pfizer事件における一般裁判所の判決である。そこで，同裁判所は，予防原則の範囲について詳しく述べた。他方，同裁判所は，以下のようにその範囲を制限した。「リスク・アセスメントは，リスクが現実となる場合，リスクの事実上の存在及び潜在的な悪影響の重大性に対する決定的な科学的証拠を共同体機関に与えることを要請されえない」[45]。

　このように，「未然防止措置は，科学的に審査されない単なる推測を基礎とした，リスクへの純粋に仮定的なアプローチに基づくことはできない」[46]。純粋な推論に基づく潜在的環境または健康への悪影響が，予防原則の適用を正当化したり，必要としたりしないという事実は，同原則が「ゼロ・リスク原則」の観点において理解されるべきであると結論することを規制者に促進すべきではない。換言すれば，予防原則は，連合の機関および構成国は科学的不確実性を白紙委任状（自由裁量）として用いてはならない。「予防原則は，それゆえ，特別には確認されていない単なる仮定に基づいてはいないが，まだ十分には示されていない人間の健康へのリスクが存在するところでのみ適用することができる」[47]。この謙虚な立場は，2007年に一般裁判所により[48]，また最近司法裁判所により[49]確認された。

21

(2) 予防原則の法的効果

　環境に対し潜在的な負の効果をもつプロジェクトの認可の前に環境影響評価をするという義務が慣習国際法の下で存在するとしたPulp Mills事件における国際司法裁判所の結論に沿って，EU司法裁判所は，プロジェクトのリスクを評価する義務を予防原則から生じる主要な結果の１つであるとみなした[50]。この義務の目的に関する限り，一般裁判所は，Pfizer事件において，以下のように判示した。「このような事件において，リスク評価の目的は，人間の健康に悪影響を与える製品又は行為（手順，procedure）の蓋然性の程度及びそのような悪影響の重大性を評価することである」[52]。

　さらに，同裁判所は，「リスク」と「危険（hazard）」の概念を以下のように区別した。「そのような状況においては，『リスク』は，製品又は行為（手順）が法秩序により保護された利益に悪影響を与える蓋然性の機能を構成する。『危険』は，この文脈において，より広い意味で用いられ，また，人間の健康に悪影響をもちうる，製品又は行為（手順）を表す」[53]。

　Afton Chemical Limited事件では，司法裁判所は，予防原則の正しい適用は以下のことを要請すると繰り返した[54]。①健康に対する潜在的に負の結果の明確化，②あるプロジェクトの実施から潜在的に生じうる，また，入手可能な最も信頼できる科学データおよび国際研究の最近の結果に基づくべきである，リスクの包括的な評価をすること。さらに，②の必要性は，どのようなリスクレベルが受容可能でないかがEU機関により決定されなければならないことを示している[55]。この点に関して，予防原則に関するCOM文書において委員会によって述べられていることに従い，一般裁判所は，ある分野を対象とする権限が構成国からEUに委譲されている場合，EUが，政策目的を決定し，また，同政策分野に適用可能な保護レベルを決定しなければならないと判示した[56]。リスクの受容可能なレベルは，個々のケースの特別な状況に依り，とりわけ，以下のことに依るだろう。①リスクが生じたときの人間の健康への悪影響の重大性，②起こりうる悪影響の範囲，③潜在的な負の効果の持続性または可逆性，および④後遺症の可能性[57]。リスクの科学的評価に関して，一般裁判所は，①未然防止措置が採られる前に実施されなければならない，②公的管轄機関が科学的リ

スク評価を専門家に委ねなければならない，③EU運営条約168条に従って利用可能な最善の科学的情報に照らして決定がなされなければならない，④科学的評価が，リスクが具現化するのを防ぐのにどのような措置が適当でかつ必要か（比例性原則の主要な側面）を決定することを管轄機関に可能にしなければならない，ということを判示した[58]。

Monsanto Agricoltura Italia事件において，司法裁判所は，利用可能な科学的データの不十分さのために，事案の特別な状況においてできる限り十分なリスク評価を実施することが不可能であるとされても，保護措置がとられうると判示した[59]。Nationale Raad van Dierenkwekers事件において，司法裁判所は，「行われる研究結果の不十分さ，不確定性，又は，不正確性のために予想されるリスクの存在または程度を決定することが不可能であるが，いったんリスクが具現化すると，人間もしくは動物の健康へまたは環境への実際の害が持続する場合，予防原則が制限的な措置の採択を正当する」と判示した[60]。いずれにせよ，完全なリスク評価が可能でないとしても，公的管轄機関は，以下のことをしなければならない。「（管轄機関は，）その義務を判断し，より詳細な科学的研究の結果が利用可能になるまで待つ，あるいは，利用可能な科学的な情報を基礎にして行動するかを決定しなければならない。人間の健康保護のための措置が関係するところでは，そのバランス（衡量）の結果は，各個々のケースの特別な状況を考慮して，機関が社会にとって受容可能であるリスクのレベルに依る[61]」。

この結論は，予防原則の適用がある活動またはプロジェクトの認可にかかわるリスクのレベルとともに科学的な不確定性のレベルの衡量にかかわることを強調している。さらに，関連するリスクレベルの設定がどのリスクが受容可能であるかの決定に依るという事実は，プラス効果に関する活動プロジェクトの潜在性がこのバランス過程において検討されなければならないことを示している。同時に，EUと構成国は，潜在的な損害に対して措置をとること，つまり，関連する活動および潜在的な損害の間の因果関係に関して科学的な確実性が存在しないとしても，ある活動においてかかわるリスクを減らすことをやめてはならない。

上述したように，また，この章の最初に言及した「原則の理論」に沿って[62]，予防原則により要請されるバランス（衡量）過程は，相当な部分が比例性原則の要請により規律される。この点に関して，予防原則は，追求される目的を達成するのに必要であるところを超えてはならない[63]。予防原則に関するCOM文書によると，「完全禁止は，すべての場合において潜在的なリスクに対する比例的な対応になるわけではない」が，「ある場合においては，所定のリスクに対する唯一の可能な対応である[64]」。とりわけ，もし生態学的に意味のある自然環境への継続的な害のリスクが存在するのであれば，予防原則はある活動またはプロジェクトを禁止する必要性を示すことができる。司法裁判所は，最近以下のように判示した。「管轄のある国内機関は，優先される生息地型である生態学的な性質をもつ場所への継続的な害を与えるリスクがある場合は介入を許可することはできない[65]」。

　負の環境効果に対する潜在的な賠償につき，司法裁判所は，生息地指令の実施という特別の文脈において予防原則の適用がプロジェクト関連の審査において考慮されるNatura 2000に関するプロジェクトの負の効果に対する賠償を目的とする保護措置を許容していないことを明確にした[66][67]。このように，潜在的に永久的な損害の状況において，賠償の手段として関連する活動またはプロジェクトにより直接には影響を受けない保護された地域の将来の創設は，一般的に予防措置としては見なされえない[68]。

　委員会により公表された予防原則に関するCOM文書の中で述べられたように，予防措置は，非差別的にかつ客観的な方法で適用されなければならない[69]。これは，Gowan事件において司法裁判所により確認された。「行われた研究結果の不十分さ，不確定性又は不正確性のために主張されているリスクの存在又は範囲が確かさをもって決定できないが，いったんリスクが具現化されると公衆衛生への実際の害の可能性が継続する場合，かつ，制限的な措置が非差別的かつ客観的な方法である場合，予防原則はそのような措置の採択を正当化する[70]」。

　Afton Chemical Limited事件において，司法裁判所は，関連措置がEU全体およびすべての金属添加物の製造者および輸入者に適用されるので，非差別的

であると判示した[71]。

（3） 立証責任と司法コントロール

　国際法の下での状況に対して，EU司法裁判所は，予防原則が立証責任のシフトまたは転換を伴いうることを受け入れた。しかし，これは，管轄機関に予防原則の適用に服する事実的な基礎を示すことを免除しない。この点に関して，一般裁判所は，公的管轄機関は，「人間の健康へのリスクの現実又は重大性の証拠を示す」必要はないが，「まず，問題となっている規則が特別な状況を考慮しできるかぎり科学的なリスク評価の後に採択され，次に，客観的な科学的基礎に基づき結論を出すために，この評価を基礎とした，十分な科学的示唆をもったことを示さなければならない」[72]。

　EU司法裁判所により確立された判例法は，EUの機関が予防原則の実施に関して広い裁量を享受するという推測に基づいている。その一方で措置の司法審査が限定される。Pfizer事件において，一般裁判所は，以下のように判示した。「共同体機関は，科学的なリスク評価を行い，科学的かつ技術的な種の事実上の複雑な状況を判断しなければならなかった。共同体機関がこの任務を履行したか否かという裁判上の審査は，限定される。共同体機関が裁量の行使の際に明白な誤りもしくは裁量の濫用を行った，又は裁量の限界を明白に超えたか否かに限定されなければならない」[73]。

　EU機関の裁量の存在と範囲は，Afton Chemical Limited事件における司法裁判所により以下のように特定された。「原訴訟における事件のような進化的で複雑な技術の分野において，EU立法者は，採択する措置の性質及び範囲を決定するために，特に，高度に複雑な科学的及び技術的事実の審査に関して，広い裁量を有する。他方で，共同体司法機関による審査は，そのような権限の行使が分析の明白な誤りもしくは権限の濫用により損なわれてきたかまたは立法機関がこの裁量の範囲を明白に超えたか否かを審査することに限定されなければならない。そのような文脈において，共同体司法機関は，条約が任務を与えた立法機関の評価の代わりに科学的かつ技術的事実の評価を置き換えることはできない」[74]。

　予防原則の適用が①分析の明白な誤りもしくは権限の濫用，または，②立法

機関がその裁量の限界を明白に超えた場合にのみ司法コントロールに限定されることは，十分な承認に値する。これらの限界は，最適化する義務としての予防原則の性質から生じる。予防原則は「全か無か」という形では適用されえない，また，事実上の障害の存在および対照的な法原則により影響を受けるという事実は，立法過程にかかわる機関が広い裁量を享受するのを受け入れることを強制的なものにする。

　権限配分の原則に照らし，委員会および理事会の構成員の専門知識ならびに欧州議会がEU市民の代表から構成されるという事実に鑑み，関連する措置の背後にある科学的および技術的事実ならびに環境損害のリスクのレベルを審査し，いくつかの潜在的に牴触する原則の中で所与の状況において優先事項を享受すべきものは何かを決定するのに，なぜ裁判所がより適切または適法と認められるべきなのか理解することは困難である。とりわけ，リスク評価の予測的性質およびどのようなリスクが受容可能であるかを明確にする必要性は，立法手続にかかわる機関に予防原則を実施する第一義的な責任を配分するのに有利に作用する。委員会が予防原則のCOM文書で述べたように，「社会にとって『受容可能な』リスクレベルは何かを判断することは，際立って政治的な責任である」[75]。それゆえ，リスク評価の事実的な基礎の完全なコントロールを含むことになる，または，受け入れ可能な方法を構成するのは何かという異なる結論にたどりつくことになる，包括的な方法で予防原則の要件に照らしてEU行為の合法性または有効性を審査する裁判所は，司法権力の機能的な限界を無視することになるであろう[76]。同時に，他の牴触する価値が問題となる状況においてさえ，環境リスクの完全なかつ／または繰り返される無視が立法過程にかかわる機関に与えられた裁量の限界の明白な行き過ぎを構成しないことを正当化するのは困難であろう。

## III　結　語

　国際法の状況と比較しても，EU法は，未然防止原則，根源是正の原則および汚染者負担の原則の具体化に関してはそれほど有意な効果を示してこなかっ

たが，本章は，EU機関が国際レベルで受け入れられている以上に予防原則を形成し，用いていることを示した。予防原則に関する委員会のCOM文書により影響を受け，EU司法裁判所は，EUの立法者がどのように異なるレベルの不確実性および環境リスクを扱うかということを明確にすることから予防措置を実施するときに比例性原則を遵守する必要性まで，幅がある予防原則の概念に特定の法的効果を与えてきた。さらに，立法手続にかかわる機関に広い裁量を与えることによって，裁判所は自らの管轄権に機能的な制約を課してきた。予防原則がEU機関の実行によってどのように形成されてきたかを示す方法は，同原則が禁止のルールの意味で解釈され，また，適用されるべきであると主張する者にとっては説得力のあるように見えないのは真である。しかし，予防原則に関して，第1次EU法が基礎とする異なる価値観の間の牴触を完全に回避することができないという事実に留意されるべきである。どのようなレベルのどのようなリスクが受容可能であるかという決定は，回避不可能である。予防原則の効果的な運用は，論理的には，ある程度の柔軟性に依る（同原則の実施における広い裁量範囲の存在は受け入れなければならないということを示している）。このように，予防原則の違反は，EU機関がその権限の限界を明白に無視したり，あるいはその裁量の限界を明白に超えた場合にのみ強く主張されうるけれども，EU機関により追求されるアプローチは，その規範性を弱めるのではなく強化してきた。また，環境法の基本原則への発展を促進してきた。

【注】
1 リスボン条約は，2007年12月13日署名，2009年12月1日発効，OJ 2008 C 115/47.
2 環境政策分野におけるEUの権限の分析は，3章を参照。
3 See, e.g., R Alexy, *A Theory of Constitutional Rights*. Oxford University Press, New York, 2002, p.66 et seq; id "Zur Struktur der Rechtsprinzipien", in B Schilcher, P Koller, B-C Funk (eds), Regeln, *Prinzipien und Elemente im System des Rechts*. Juristische Schriftenreihe Bd. 125. Verlag Österreich, Wien, 2000, p.31, p.35.
4 R Dworkin, "The Model of Rules I", in R Dworkin (ed), *Taking Rights Seriously*, 16th edn. Harvard University Press, Cambridge, 1997, p.14, pp.24-25.
5 For an overview see A Proelss, "International Environmental Law and the Challenge of Climate Change", *GYIL* 53, 2010, pp.65-88.

6   ICJ, Gabcikovo-Nagymaros Project (Hungary v. Slovakia), Judgment of 25 September 1997, *ICJ Reports*, 1997, p.7 et seq.; ICJ, Pulp Mills on the River Uruguay (Argentina v. Uruguay), Judgment of 20 April 2010, *ICJ Reports*, 2010, p.14 et seq.; ITLOS, Responsibilities and Obligations of States Sponsoring Persons and Entities with Respect to Activities in the Area, Advisory Opinion of 1 February 2011, *ILM* 50, 2011, p.455 et seq.; PCA, Indus Waters Kishenganga River Arbitration (Pakistan v. India), Final Award of 20 December 2013, available at: ⟨http://www.pca-cpa.org/showpage.asp?pag_id=1392⟩.

7   For the most part, the debate has focused on the status of the precautionary principle. See only A Trouwborst, *Evolution and Status of the Precautionary Principle in International Law*, Kluwer Law International, The Hague, 2002, p.33 et seq.; C Erben, *Das Vorsorgegebot im Völkerrecht*, Duncker & Humblot, Berlin, 2005, p.30 et seq., 226 et seq. The most optimistic point of view has been taken by the ITLOS, Responsibilities and Obligations of States Sponsoring Persons and Entities with Respect to Activities in the Area, Advisory Opinion of 1 February 2011, *ILM* 50, 2011, p.455, at paras 131, 135.

8   Declaration of the United Nations Conference on the Human Environment of 16 June 1972, *ILM* 11, 1972, p.1416.

9   ICJ, Pulp Mills on the River Uruguay (Argentina v. Uruguay), Judgment of 20 April 2010, *ICJ Reports* 2010, p.14, at para 101; see also ICJ, Legality of the Threat or Use of Nuclear Weapons, Advisory Opinion of 8 July 1996, *ICJ Reports* 1996, p.226, at para 29.

10   Commentary to Article 3 of the ILC Draft Articles on Prevention of Transboundary Harm from Hazardous Activities, para 7 (*YBILC* 2001/II-2, p.154).

11   ICJ, Pulp Mills on the River Uruguay (Argentina v. Uruguay), Judgment of 20 April 2010, *ICJ Reports* 2010, p.14, at para 102, italics added.

12   Rio Declaration on Environment and Development of 13 June 1992, *ILM* 31, 1992, p.874; for details see J E Viñuales, *The Rio Declaration on Environment and Development: A Commentary*, Oxford University Press, New York, 2015, p.493 et seq.

13   *YBILC* 2001/II-2, p.148 et seq.

14   See, e.g., C B Bourne, "Procedure in the Development of International Drainage Basins", in P Wouters (ed), *International Water Law: Selected Writings of Professor Charles B. Bourne*, Kluwer Law International, London, 1997, p 143, pp 143-175; K Odendahl, *Die Umweltpflichtigkeit der Souveränität: Reichweite und Schranken territorialer Souveränitätsrechte über die Umwelt und die Notwendigkeit eines veränderten Verständnisses staatlicher Souveränität*, Duncker & Humblot, Berlin, 1998, p.139 et seq.; U Beyerlin and T Marauhn, *International Environmental Law*, Hart Publishing, Oxford, 2011, p.44.

15   ICJ, Pulp Mills on the River Uruguay (Argentina v. Uruguay), Judgment of 20 April 2010, *ICJ Reports* 2010, p.14, at para 115 et seq.

16   European Parliament and Council Directive 2010/75/EU of 24 November 2010 on

第 2 章　EU 環境法の原則

Industrial Emissions (Integrated Pollution Prevention and Control), OJ 2010 L 334/17.
17　A Proelss, *Meeresschutz im Völker- und Europarecht*, Duncker & Humblot, Berlin, 2004, p.303 et seq.
18　European Parliament and Council Directive 2008/105/EC of 16 December 2008 on Environmental Quality Standards in the Field of Water Policy, Amending and Subsequently Repealing Council Directives 82/176/EEC, 83/513/EEC, 84/156/EEC, 84/491/EEC, 86/280/EEC and amending Directive 2000/60/EC, OJ 2008 L 348/84.
19　一般行動計画は、EUの環境政策の一般的政策枠組を定め、最も重要な中長期の目標を策定し、基本的な政治的規制的戦略を設定する。主要な目的は、EU運営条約191条1項及び2項に基づき採択されるより特定された立法措置と広く長期的な観点からリンクする。
20　Principle 16 reads: "National authorities should endeavour to promote the internalization of environmental costs and the use of economic instruments, taking into account the approach that the polluter should, in principle, bear the cost of pollution, with due regard to the public interest and without distorting international trade and investment."
21　Proelss, note (17), p.304 et seq.
22　See, e.g., A Epiney, *Umweltrecht der Europäischen Union*, Nomos, Baden-Baden, 2013, p.153 et seq.; K Meßerschmidt, *Europäisches Umweltrecht*, C.H. Beck, München, 2011, p.307 et seq.; A C Kiss and D Shelton, *Manual of European Environmental Law*, Cambridge University Press, Cambridge & New York, 1993, p.128; L Lin-Heng and J E Milne, *Critical Issues in Environmental Taxation*, Vol 7. Oxford University Press, New York, 2009, p.551 et seq.
23　Case C-378/08 Raffinerie Mediterranee [2010] ECR I-1919, para 67.
24　European Parliament and Council Directive 2008/98/EC on Waste and Repealing Certain Directives, OJ 2008 L 312/3. Article 14 reads: "(1)In accordance with the polluter-pays principle, the costs of waste management shall be borne by the original waste producer or by the current or previous waste holders. (2)Member States may decide that the costs of waste management are to be borne partly or wholly by the producer of the product from which the waste came and that the distributors of such product may share these costs."
25　M Kloepfer, Umweltrecht. 3rd edn. C.H. Beck, München, 2004, p.173 et seq.; B Arndt, *Das Vorsorgeprinzip im EU Recht*, Mohr Siebeck, Tübingen, 2009, p.13 et seq., 42 et seq.
26　UN Doc. A/RES/37/7 of 28 October 1982, World Charter for Nature.
27　Available at: 〈http://www.ospar.org/html_documents/ospar/html/2nsc-1987_london_declaration.pdf〉 (last accessed 15 January 2015).
28　See, e.g., J Cameron and J Abouchar, "The Status of the Precautionary Principle in International Law", in D Freestone and E Hey (eds), *The Precautionary Principle and International Law: The Challenge of Implementation*, Kluwer Law International, The

Hague, 1996, p.29, p.45.
29 予防原則と予防的アプローチの相違が存在するか否かはここでは議論しない。
30 In contrast, Article 2(2)(a) of the Convention for the Protection of the Marine Environment of the North-East Atlantic of 22 September 1992 (*ILM* 32 [1993], p.1068) requires the contracting parties to take "preventive measures are to be taken when there are reasonable grounds for concern that substances or energy introduced, directly or indirectly, into the marine environment may bring about hazards to human health, harm living resources and marine ecosystems, damage amenities or interfere with other legitimate uses of the sea, even when there is no conclusive evidence of a causal relationship between the inputs and the effects."
31 M Böckenförde, "The Operationalization of the Precautionary Approach in International Environmental Law Treaties", *ZaöRV* 63, 2003, p.313, p.314; C R Sunstein, *Laws of Fear – Beyond the Precautionary Principle* (*The Seeley Lectures, vol 6*), Cambridge University Press, Cambridge & New York, 2005, p.18.
32 See the articulate criticism raised by Sunstein, note (31), p.26 et seq. Possible approaches to operationalize the precautionary principle are discussed by Proelss, note (5), pp 65–88, at 76 et seq.
33 Case C-121/07 Commission v France [2008] ECR I-9159.
34 The concept of autonomy of EU law draws on the famous statement made by the ECJ in its 1964 Costa/E.N.E.L. judgment where it held that: "By contrast with ordinary international treaties, the EEC Treaty has created its own legal system which, on the entry into force of the Treaty, became an integral part of the legal systems of the Member States and which their courts are bound to apply" (Case C-6/64 Flaminio Costa v E.N.E.L. [1964] ECR 588, 593).
35 A Epiney and M Scheyli, *Strukturprinzipien des Umweltvölkerrechts*, Nomos, Baden-Baden, 2000, p.91 et seq.; Beyerlin and Marauhn, note (14), p.55.
36 COM (2000) 1 final of 2 February 2000, Communication form the Commission on the Precautionary Principle.
37 Ibid., p.3.
38 Ibid., p.4.
39 Ibid., p.4 et seq.
40 Note that the ICJ expressly refused to accept an automatic reversal of the burden of proof arising from the precautionary principle in its Pulp Mills judgment; see ICJ, Pulp Mills on the River Uruguay (Argentina v. Uruguay), Judgment of 20 April 2010, *ICJ Reports* 2010, p.14, at para 164. Critically D Kazhdan, "Precautionary Pulp: Pulp Mills and the Evolving Dispute between International Tribunals over the Reach of the Precautionary Principle", *Ecology Law Quarterly* 38, 2011, p 527, p.544 et seq.
41 See Article 31(3) Vienna Convention on the Law of Treaties of 23 May 1967, in force 27 January 1980, 1155 UNTS 331. While in light of the autonomy of EU law the rules of

第 2 章　EU 環境法の原則

interpretation codified in the VCLT cannot be applied in an undifferentiated manner to the TFEU, no reason exists why the practice of the Union institutions should not be taken into account when interpreting primary EU law.
42　COM (2000) 1 final of 2 February 2000, Communication form the Commission on the Precautionary Principle, p.3 (original italics).
43　See, e.g., Case C-180/96 UK v Commission [1998] ECR I-2265; Case C-269/13 P Acino AG, ECLI: EU: C: 2014: 255, where the Court described the protection of human health as a "sensitive field" (para 93).
44　Case C-343/09 Afton Chemical Limited [2010] ECR I-7027, para 62; reiterated with specific regard to health protection in Case C-269/13 P, Acino AG, ECLI: EU: C: 2014: 255, para 57; Case C-77/09 Gowan [2010] ECR I-13533, para 73.
45　Case T-13/99 Pfizer Animal Health SA [2002] ECR II-3305, para 142.
46　Ibid., para 143.
47　Ibid., para 146.
48　Case T-229/04 Sweden v Commission [2007] ECR II-2437, para 161: " [T] he precautionary principle is designed to prevent potential risks. By contrast, purely hypothetical risks, based on mere hypotheses that have not been scientifically confirmed, cannot be accepted."
49　Case C-269/13 P Acino AG, ECLI: EU: C: 2014: 255, para 58.
50　ICJ, Pulp Mills on the River Uruguay (Argentina v. Uruguay), Judgment of 20 April 2010, *ICJ Reports* 2010, p.14, at para 204 et seq.
51　Note, however, that the ICJ implicated the duty to undertake an EIA in the principle of prevention and not in the precautionary principle. See ibid., at paras 115 et seq.
52　Case T-13/99 Pfizer Animal Health SA [2002] ECR II-3305, para 148.
53　Ibid., para 147.
54　Case C-343/09 Afton Chemical Limited [2010] ECR I-7027, para 60.
55　Case T-13/99 Pfizer Animal Health SA [2002] ECR II-3305, para 148.
56　Ibid., paras 150 et seq.
57　Ibid., paras 153.
58　Ibid., paras 154 et seq.
59　Case C-236/01 Monsanto Agricoltura Italia [2003] ECR I-8105, para 112.
60　Case C-219/07 Nationale Raad van Dierenkwekers, [2008] ECR I-4475, para 38; recently reiterated in Case C-269/13 P, Acino AG, ECLI: EU. C. 2014. 255. para 58.
61　Case T-13/99 Pfizer Animal Health SA, [2002] ECR II-3305, para 161; see also Case C-343/09 Afton Chemical Limited [2010] ECR I-7027, para 56.
62　See Alexy, note (3), p.66 et seq.
63　Case C-77/09 Gowan, [2010] ECR I-13533, paras 80 et seq.
64　COM (2000) 1 final of 2 February 2000, Communication form the Commission on the Precautionary Principle, p.4.

65 Case C-521/12 TC Briels, ECLI: EU: C: 2014: 330.
66 Council Directive 92/43/EEC on the Conservation of Natural Habitats and of Wild Fauna and Flora, OJ 1992 L206/7.
67 Case C-521/12 TC Briels, ECLI: EU: C: 2014: 330, para 29.
68 Ibid., paras 30 et seq.
69 COM (2000) 1 final of 2 February 2000, Communication form the Commission on the Precautionary Principle, p.4.
70 Case C-77/09 Gowan [2010] ECR I-13533, para 76.
71 Case C-343/09 Afton Chemical Limited, [2010] ECR I-7027, para 63.
72 Case T-13/99 Pfizer Animal Health SA [2002] ECR II-3305, para 164 et seq.
73 Ibid., para 169.
74 Case C-343/09 Afton Chemical Limited [2010] ECR I-7027, para 28; for a similar approach as to the principle of proportionality see Case C-77/09 Gowan [2010] ECR I-13533, para 82.
75 COM (2000) 1 final of 2 February 2000, Communication form the Commission on the Precautionary Principle, p.4 (original italics).
76 See also PCA, Indus Waters Kishenganga River Arbitration (Pakistan v. India), Final Award of 20 December 2013, available at: ⟨http://www.pca-cpa.org/showpage.asp?pag_id=1392⟩ (last accessed 15 July 2015), para 112, stating that it is not the role of the Tribunal "to [⋯] assume the role of policymaker in determining the balance between acceptable environmental change and other priorities, or to permit environmental considerations to override the balance of other rights and obligations expressly identified in the Treaty [⋯]".

## 第3章　環境分野におけるEUの権限の範囲

Alexander Proelß
(翻訳　中西優美子)

## I　導入——EU環境政策の起源——

　構成国の国内法システムにおけるEU環境法の合法的な実施は，EUを通じての統一的な適用のための中心的な要請である。法の統一的な適用がなければ，域内市場は存在しなかったであろう。実施は，EU環境法および国内環境法間の関係に直接結びついており，また，権限の存在および範囲にも結びついている。

　EU環境政策の範囲を分析する前に，EU環境政策がどのように発展してきたかを概観しておきたい。この点において，1987年以前は，EEC条約が包括[1]的な環境政策を発展させるための権限をEU機関に明示的に付与していなかったことが留意されるべきである。多くの環境問題が地球規模の問題であること，また，欧州レベルの環境を保護する必要性を考慮すると，環境規制に対する事実上の必要性とEUの法的能力の間には，ギャップが存在していた。もっとも個別の立法権限の欠如は，EUが環境保護に向けたいかなる措置も採択できないことを意味しない。実際，EU運営条約114条[2](旧EEC条約100条参照)以下に規定される法の接近に関するまたはいわゆる柔軟性条項(現在EU運営条約352条，旧EEC条約235条)の権限に基づいて，環境に関する措置が採択されてきた。[3]

　1987年7月1日発効の単一欧州議定書[4]は，環境保護を目的とした明示的な権限を最終的に第1次法(EEC条約)に追加した。つまり，関連法規および原則

がEEC条約130r条から130t条に法典化された。加えて，法の接近を規律する規定の一部を形成する，EEC条約100a条（現EU運営条約114条）は，欧州委員会に高水準の健康，安全，環境保護および消費者保護を行う措置の提案を可能にした。そのルールは，のちに水平的条項として知られる条文の土台を形成した。マーストリト条約[5]は，E(E)C条約を改正し，EC条約2条および3条(k)において環境政策に明示的に言及することによって，共同体の目的および活動に新たに環境を導入した。さらに，環境の措置は，特定多数決により採択されるようになった。マーストリヒト条約に対して，アムステムダム条約およびニース条約[6]は，EU運営条約191条以下に法典化された規定を実質的に変更しなかったが，手続的側面から2つの条約が共同決定手続を導入することによって意思決定への主要な変化をもたらしたといえる。共同決定手続によると，環境政策の分野の立法行為は，理事会および欧州議会により共同してとられなければならない。そのとき以来，欧州議会および理事会は他方の合意なしには環境の措置を採択できない。加えて，マーストリヒト条約は，EU運営条約11条に法典化されている法規の前身である水平的条項（環境統合原則）をEC条約（130r条）に導入した。

## Ⅱ　EU運営条約の下での欧州環境政策の範囲

　EU運営条約192条1項は，EU機関による環境措置採択の一般的な法的根拠を構成している。欧州議会および理事会は，通常立法手続に従い，経済社会評議会および地域評議会と協議したのち，EU運営条約191条に定められる目的を達成するためにEUがとるべき行動が何かを決定する[7]。この規定は，対内および対外で行動する権限をEUに与える。すなわち，EUは，構成国を拘束する法的措置を採択するだけでなく，第三国および国際組織と環境保護を対象とする国際協定を締結する，または，多角的環境協定に加入する権限を有している。EU運営条約216条1項は，以下のように規定している。「両条約が協定の締結を定める場合，協定の締結が連合の政策の枠組みの中において両条約に定めるいずれかの目的を達成するために必要である場合，協定の締結が共通法規

に影響を与えもしくはその範囲を変更する可能性のある場合には，連合は，1又は2以上の第三国又は国際組織と協定を締結することができる」。

EU運営条約は，環境保護の分野における条約締結にかかわる明示的な権限を含んでいないが[8]，EUは，生物多様性条約[9]および国連気候変動枠組条約[10]をはじめとして数多くの多角的環境協定に加入するために，黙示的条約締結権限を用いていた。外側の(つまり国際的)観点からいえば，国際協定または国際組織へのEUの加入は，関連協定が国際組織の加入を許可していることを前提とする。EUが加入した協定は，EU機関と構成国を拘束する(EU運営条約216条2項)[11]。

EU運営条約192条2項によると，EU運営条約192条1項に規定された手続から逸脱して，環境政策のある分野(財政的な性質をもつ規定，都市計画および国土計画，水資源の量的管理または水資源の利用可能性直接または間接に影響を与えるもの，廃棄物管理を除く土地利用，構成国が選択する異なるエネルギー資源およびエネルギー供給の全体的構成に重大な影響を与える措置)において，理事会は，欧州議会，経済社会評議会および地域評議会と協議したのち全会一致で措置を採択しなければならない。EU運営条約192条2項が，「構成国が選択する異なるエネルギー資源及びエネルギー供給の全体的構成に重大な影響を与える措置」に言及している事実は，この個別権限のカテゴリーがEUエネルギー政策の下で設定される権限とどのように区別されるかという問題を引き起こす。なお，エネルギー政策は，EU運営条約194条に定められ，その2項は，欧州議会と理事会が通常立法手続に従って行動しなければならないと定めている。この問題は，「水平的権限配分(horizontal delimitation of competences)」，すなわち，EU機関が拘束力ある措置を採択するときに依拠すべき権限に関して複数の関連法規からどの個別権限を選択するかという問題に影響を与える。

EU運営条約192条3項は，一般的な行動計画の採択にかかわる。この計画は，EUの環境政策の一般的な枠組みを定め，最も重要な中・長期の目標を設定し，基本的な政治的規制的戦略を策定する。その主な目的は，環境政策のより広範囲でより長期的な視点をもって，EU運営条約192条1項および2項を基礎として採択された個々の立法措置と関連づけることである。一般的な行動計画は，構成国を拘束しない。もっとも，EU機関は行動計画にそって行動し

なければならないため，同計画が全く法的効果をもたないというわけではない[12]。行動計画がEU機関に対する対内的な法的効果しかないとしても，それは，EU機関が計画に定められた目標がどのように追求されるべきかに関してかなりの裁量範囲を享受することを考慮して限定される。現行の第7次環境行動計画「我々のプラネットの限界において，よく生きる」は，2014～20年までの期間を対象としている[13]。

## Ⅲ　EU環境権限の境界づけ

EU権限の境界づけの問題は，2つの異なるアングル，つまり水平的な観点と垂直的な観点からみられる。「水平的な権限配分」は，ある立法措置を採択するときにEU機関の権限に関するどの関連法規に依拠すべきという問題にかかわる。一見すると，この問題は，EUと構成国間の関係には影響を与えず，EU内のレベルにのみ影響を与えるように見える。同問題は，並行して潜在的に適用可能な権限の関連分野が異なる立法手続を定めている場合に関係する。これに対して，「垂直的な権限配分」は，構成国に関するEUの立法権限の範囲に関係し，本章の関連事項に直接影響する。しかし，より詳しくみると，上述した2つのカテゴリーは，常にクリアーカットに分かれるわけではない。以下にみるように，環境政策は，EUの権限の1つであり，EUの水平的および垂直的権限の組み合わせからなる。

### 1　垂直的な権限配分

垂直的な観点につき，EU運営条約は，権限の種類，つまり，排他的権限および共有権限を区別している。EU運営条約4条2項(e)によると，環境政策は，EUと構成国が共有権限を有している。つまり，原則的にEUと構成国が同分野では立法し，法的拘束力のある行為を採択できる。同時にEU運営条約2条2項は，構成国が立法権限を行使できる権利は，EUがその権限を行使していない限りで存在する。このように，EUにより採択される立法行為は，関連する措置が最低限の水準のみを設定していない限り，同じ事項において構成国の

規制的措置に対し「法的専占」を構成する (後発的排他性 "subsequent exclusivity")。通常，この「専占」は，EUによる構成国への明示的な権限付与 (再移譲) によってのみ排除されうるが，EU運営条約が，環境保護の分野に関する限り，EU運営条約193条に特別規定を定めていることが注記されるべきである。同193条によると，「192条に従って採択される保護措置は，いずれかの構成国がより厳格な保護措置を維持しまたは導入することを妨げない」としている。環境政策の分野において，後発的排他性のドクトリンは，EUの機関が設定する最小限基準に関してのみ適用可能である。EU環境法の上述した「専占効果」は，関連する超国家的な立法措置が届く範囲のみアプリオリに適用される。構成国により採択されたより厳格な保護措置は，「条約と合致しなければならない」，また，「委員会に通知しなければならない」(EU運営条約193条)。これは，究極的には，これらの措置が比例性原則を尊重すべきであるということを意味する。EU運営条約193条により設定された欧州委員会への当該措置の通知義務の違反は，第1次EU法の違反を構成するが，当該措置の合法性または有効性には影響を与えない。

## 2 水平的な権限配分

上述したように，垂直的な権限配分は，ある拘束力のある措置を採択するときにEU機関が行使すべき権限に関して複数の関連法規の中からどの個別な法的根拠を選択するかという問題にかかわる。適用可能な権限分野が，異なる立法手続を並行して規定している状況が問題となる。たとえば，EU運営条約192条2項(c)と194条2項の両方が，理論的には再生可能エネルギー資源の発展または原子力発電所の段階的廃止に関して適用可能である。EU運営条約2条(c)は，措置の採択には，欧州議会と協議した後，理事会が全会一致により決定することを要請しているのに対して，EU運営条約194条2項は，通常立法手続 (すなわち，欧州議会の意思に反しては採択されない) を要請している。そのような状況においては，2つの権限規定のどちらが優先されるのかを決定しなければならない。立法手続に参加するEUの機関は，両方の規範に依拠することを禁じられている。

EU運営条約は，垂直的な権限の境界づけに関連するパラメーターを抽象的な方法で規定していない。換言すれば，EU運営条約は，個別分野の権限が重なっている場合にはどちらが付随する性質であると見なされるべきかについて指示しているように見える。EU運営条約194条2項は，その条文の「両条約の他の規定の適用を損なう」ことがないという文言に従って適用可能であるという例として見なされうるように見える。しかし，この条文をEUのエネルギー政策の形式的な補充性を意味するものとして解釈することは，エネルギーのための権限をリスボン条約に導入し，構成国が欧州エネルギー政策の発展を重要視していたことを十分に考慮に入れたものになっていないだろう[19]。このように，EU運営条約がある権限の適用が両条約の他の規定に影響を与えないと明示的に定めているところでさえ，補充性の推定が存在するという前提に基づいて法的根拠選択をすることはできない。

EU司法裁判所の確立された判例法によると，法的措置の目的，内容および重心が権限の分野を決定する重要な要素になる。たとえば，オーストリア対フーバー事件において，司法裁判所は，以下のように判示した。「共同体の措置の法的根拠選択は，司法審査にかなう客観的な要素，とりわけ措置の目的及び内容に依拠しなければならない。……共同体行為の審査が，同行為が2つの目的または2つの構成要素をもっていて，これらのうちの1つが主要なものまたは優勢なものであり，他方が単に付随的なものであると示す場合には，同行為は，1つの法的根拠，すなわち主要な又は優勢な目的もしくは構成要素によって要請されるもの，に基づかなければならない。……例外的に，同行為が複数の目的を追求し，それらが分離しがたく結びついており，他に対して二次的又は間接的なものとなっていない場合，そのような行為は複数の法的根拠を基礎とすることができる。……[20]」。

しかし，EU措置の構成要素が優勢なものであるかを決定するのは，難しい[21]。この背景に対して，Martin Nettesheim[22]により最初に示された主張を基礎として，以下のように考える。事項が狭く特定された権限規範（たとえば，海運に関するEU運営条約100条2項）が広い権限分野（環境およびエネルギー政策の分野のように横断条項の存在によって示されるような）（cf. EU運営条約11条および194条1

項)と重なる場合には、異なるアプローチがとられるべきであると[23]。そのような状況において、事項が狭く特定された権限分野は、より広い分野の要請が水平的な条項(環境統合原則条項)により通常十分に維持されていることに鑑み、他方の広い適用範囲をもつ権限規定に照らした特定の要請の回避を防ぐために優先されるべきであると。

　このアプローチは、漁業の分野(EU運営条約38条1項および43条3項)ならびに環境保護の分野のEU権限の境界づけに関して、EUの管轄機関の実行を通じ支持されている[24]。この点につき、欧州委員会は、生息地指令と鳥指令の両方が、「条約174条(現EU運営条約191条)に基づいており、主に構成国の責任に入る管理要請(management requirements)を定めている。しかし、これらの要請が漁業活動の規則を含んでいるところでは、条約37条(現EU運営条約43条)に基づき必要な措置をとるのは共同体である」とCOM文書で述べた[25]。

　欧州委員会は、ある環境に関する措置が欧州魚種資源の維持に影響を与えうるときは、漁業の構成要素が優勢であるか否かにかかわらず、EUは、EU運営条約38条1項および43条3項と結びついた3条1項(d)の下での権限を基礎にし、関連する措置を採択する権限を排他的に有しているということを前提として行動してきた[26]。実際、EU運営条約192条1項が優先される場合、一般的なEU権限の排他性および、とりわけEU運営条約43条3項により規定される共通漁業政策の分野における理事会の優勢な役割を過小評価してしまうことになるだろう[27]。種と生息地保護の必要性は、EU運営条約11条に規定されている環境統合原則条項により十分に保護される。同条の規範的な文言は、EU運営条約191条に定められている環境原則の遵守が政治的なオプションであるだけでなく、厳格な法的要請でもあることを示している[28]。一般的に、EUの措置の主要な構成要素が明確である限りにおいてのみ、異なる立場がとられるべきである。この点に関して、EU司法裁判所は、大気汚染および火事からの欧州森林の保護に関する措置は、その追求する目的、その内容、枠組みにより、とりわけ環境に関係し、共通農業政策には間接的または周辺的にのみ影響を与えるものであり、生産及び農業製品の販売に関する法規(そうであれば、EU運営条約43条が適切な法的根拠であっただろう)を構成せず、EU運営条約192条に基づくべき[29]

であると判示した[30]。

## 3　垂直的および水平的観点の相互依存性

これまで，垂直的な権限の境界づけに関し，構成国からEUに付与された，複数の権限の中から適用可能なものを選択しなければならないという状況が存在し，また，そのようなEU権限の垂直的および水平的な境界づけの必要性が環境分野では起こりやすいと述べてきた。このことは，EU構成国の1つおよび非EU構成国によって締結された，二国間投資，自然資源アクセスおよび環境事項に影響を与える，二国間物品協定などにより具体化される[31]。個別の内容に応じて，そのような協定は，複数のEUの権限分野，すなわち①環境政策，②エネルギー政策および③共通通商政策に潜在的に影響を与えるだろう。

共通通商政策は，EUが排他的権限を付与されている分野であるということに留意されるべきである（EU運営条約3条1項(e)，2項）。リスボン条約発効とともに，この権限は対外直接投資に広がった。この点について，EU運営条約207条の文言は，「物品貿易に関する関税及び貿易協定の締結」，「知的財産の商業的側面」のカテゴリーとは異なり，対外直接投資の概念を貿易に関連する側面に限定していない[32]。対外直接投資に関するEUの排他的権限は，本質的に，包括的であり，たとえば投資援助措置，投資促進および保護（所有権の保護を除く，EU運営条約345条[33]）および紛争解決[34]を含む対外直接投資に関するすべての側面に及ぶ。それに対応して，委員会は，COM文書において，「共通国際投資政策は，すべての投資形態に向けられ，投資保護の分野を融合すべきである」という見解を示した[35]。EU権限の排他性から生じる主要な結果の1つは，構成国は，「EUによって授権されるか，または，連合の法行為を実施する場合」にのみ直接投資の分野において拘束力のある措置を採択することができるという事実である（EU運営条約2条1項）。さらに，国際協定の交渉および締結に関して，EU運営条約207条3項は，連合の権限がEUの対内事項に限定されるのではなく，対外事項も対象とすることを明確にしている。この点に関して，この対外権限は，EU運営条約3条1項(e)により示されるように，同様に排他的な性質を有する。多数説によると，EU運営条約3条2項は，「連合は，国際協定の

締結が連合の立法行為の中に定められる場合，その締結が連合の対内権限の行使を可能にするために必要である場合，又は，その締結が共通法規に影響を与えもしくはその範囲を変更するものである場合には，国際協定の締結について排他的権限を有する」と定めるが，同条は，EU運営条約が国際協定の締結につき明示的な権限を定めていない限りにおいて適用される[36]。

それに対して，EUは，環境およびエネルギー政策の分野においては，共有（かつ黙示的）対外権限のみを有する。物品協定がEU運営条約2条1項に基づきEU（のみ）によって批准されるかどうかを審査するためには潜在的に関連する権限分野を水平的に境界づける必要がある。そのような批准の許可は，EU運営条約3条1項(e)により設定されるEUの排他的権限に照らして，当該協定が共通通商政策の範囲に入るとされればよい一方で，構成国は，環境（EU運営条約193条のより厳格な保護措置条項を考慮し）およびエネルギー政策の分野においては，EU運営条約3条2項に定められる法規に服しつつ，国際協定の交渉および締結を一般的に自由にすることができる。潜在的に適用可能な権限の境界づけは，EU運営条約207条3項および4項に含まれる特別の手続要件のために不可欠となる。他方，環境およびエネルギーの分野に関する国際協定の交渉および締結手続は，EU運営条約218条に定められる一般規定により規律される。

上述した原則によると，関連する3つの権限の分野は，その広い適用範囲により特徴づけられる。それゆえ，その境界づけは，関係する物品協定の目的，内容，重点を基礎に追求されなければならない。とりわけ，EUが共通通商政策に関して排他的権限を有するという事実は，境界づけの過程の結果に法的な効果をもたない。垂直的な権限の境界づけに適用可能な要素は，EUと構成国の関係のみにかかわるのであり，EUレベルの権限の関連分野の選択に影響を与えない。

EU運営条約192条1項および194条2項が関係する限り，これらの権限規範の広い性質は，水平的条項（横断条項，cf. EU運営条約11条）の存在およびEU運営条約194条1項に定められる広い目的（「域内市場の設立及び運営上の文脈の中で並びに環境を維持しかつ改善する必要性に鑑み」）への言及ならびにEU運営条約194条2項に含まれる構成国の権利の留保（「構成国が選択する異なるエネルギー資

源及びエネルギー供給の全体的構造を決定する構成国の権利」）により示される。同様にEU運営条約207条の広い範囲は，その要素を解釈し具体化する必要性を示し，また，EU司法裁判所が判例法の中で明示的に強調している「共通通商政策の広い性質」[37]に言及することによって設定される。協定の目的および重点が一般にエネルギー安全保障を確保することである限り，EU機関は権限規範としてEU運営条約216条および218条に結びついたEU運営条約194条2項に依拠しなければならない。これに対して，協定の主な重点が，第三国との貿易関係を容易にし，促進し，規律することと設定されうる限り，連合の機関はEU運営条約207条に依拠すべきである。

一方で環境，他方でエネルギーの権限分野の境界づけに関して，状況はより難しくなる。EUのエネルギー政策の目的が「域内市場の設立及び運営の文脈」で追求されるという事実に言及することによって，EU運営条約194条1項は，域内エネルギー市場を目標とする措置（および協定）は，もっぱらEU運営条約194条2項の対象となる。[38] 環境政策に関して，EU運営条約192条2項(c)が，特別立法手続の適用を定めていることに留意されるべきである。EU運営条約194条1項に定められる広い目的に照らして，また，EU運営条約192条2項(c)が「構成国が選択する異なるエネルギー資源及びエネルギー共有の全体的構成に重大な影響を与える措置」[39]にのみ言及している点を考慮すると，EUにおいてエネルギー安全保障を確保することを一般的に目的とする措置および協定は，EU運営条約194条2項に基づかなければならない。[40]

## Ⅳ　結　語

本章は，環境事項に適用可能なEU運営条約における個別分野の権限の存在がEUに環境保護に関する包括的な政策を発展させることを可能にしたことを示そうとした。構成国は，EU機関に対内および対外的権限を付与してきたが，同時に関連する分野において競合的な(concurrent)立法権限を維持することを主張してきた。これにかかわらず，第1次EU法は，環境権限の共有権限の性質，構成国がより厳格な保護措置をとる権限，環境保護の要請および原則が他

のEU政策を実施するときに考慮に入れられるべきであるという事実に特徴づけられつつ，環境権限分野に相当な重みを与えている。しかし，この政策分野の成功は，EU機関により採択された措置の構成国の合法的な実施および執行に拠っているだけでない。むしろ，第1次EU法レベルにおいてさえ，すべての法的な難しさ，とりわけ水平的な観点からの環境権限を境界づける必要性から生じる困難，垂直的・水平的観点の組み合わせから生じる困難は，EU運営条約3条，4条および6条における権限のリストの法典化により，また，異なる垂直的な権限カテゴリーを区別することによって除去されたと結論づけられる。

【注】

1　EEC条約は，1957年3月25日に署名され，1958年1月1日に発効した。
2　EU運営条約は，2007年12月13日に署名され，2009年12月1日に発効した。OJ 2008 C 115/47.
3　See, e.g., Council Directive 1984/360/EEC on the Combating of Air Pollution from Industrial Plants, OJ L 263/50 (1989); Council Directive 1979/409/EEC *on the Conservation of Wild Birds*, OJ L 103/1 (1979) (consolidated version: European Parliament and Council Directive 2009/147/EC on the Conservation of Wild Birds, OJ 2010 L 2/7; Council Directive 1976/464/EEC on Pollution Caused by Certain Dangerous Substances Discharged into the Aquatic Environment of the Community, OJ 1976 L 129/23.
4　単一欧州議定書は，1986年2月17日および28日に署名され，1987年7月1日発効した。OJ L169/1 (1987).
5　マーストリヒト条約は，1992年2月7日に署名され，1993年11月1日に発効した。OJ C191/1 (1992).
6　アムステルダム条約は，1997年10月2日に署名され，1999年5月1日に発効した。OJ C340/1 (1997). ニース条約は，2001年2月26日に署名され，2003年2月1日に発効した。OJ C80/10 (2001).
7　EU環境法の目的および原則は，第2章でとりあげる。
8　EU運営条約191条4項には「連合と構成国は，それぞれの範囲内において，第三国及び権限ある国際組織と協力する。連合の協力に関する取決めは，連合と関係第三国との間の協定の対象とすることができる」と定めているが，同条文は，国際条約を締結するための権限を規定しているわけではない。
9　See Council Decision 1993/626/EEC concerning the Conclusion of the Convention on Biological Diversity, OJ L 309/1 (1993).

10　See Council Decision 1994/69/EC concerning the Conclusion of the United Nations Framework Convention on Climate Change, O.J.L 33/11 (1994).

11　EU運営条約216条1項の意味における国際協定の規定が自動執行 (self-executing) である場合のみ，EU司法裁判所は，EU法秩序においてその範囲と意味を解する権限を有し，EU運営条約267条に基づく先決裁定手続の下で第2次法との合法性を審査するために国際協定の規定に言及することができる。See Case 9/73 Schlüter v Hauptzollamt Lörrach [1973] ECR 1135, para 27.

12　K. Meßerschmidt Europäisches Umweltrecht. C.H. Beck, München Europäisches Umweltrecht. C.H. Beck, München (2011), p.261 et seq.; see also Case C-379/92 Peralta [1994] ECR I-3453.

13　See European Parliament and Council Decision 1386/2013/EU on a General Union Environment Action Programme to 2020 "Living well, within the limits of our planet", OJ 2013 L 354/171.

14　see A Proelss, "Die Kompetenzen der Europäischen Union für die Rohstoffversorgung", in D Ehlers, C Herrmann, H Wolffgang, U Schröder (eds) *Rechtsfragen des internationalen Rohstoffhandels*. RUW, Frankfurt am Main (2012), p.174 et seq.

15　最小限の基準とは，最も小さな共通の分母において拘束力のある環境目標を規定する基準で，関連アクターによって越えられてもよいものを意味する。

16　See Case C-203/96 Dusseldorf [1998] ECR I-4075, paras 39 et seq.

17　Case C-2/10 Azienda Agro-Zootecnica [2011] ECR I-6561, para 53: "[…] neither the wording nor the purpose of the provision under examination therefore provides any support for the view that failure by the Member States to comply with their notification obligation under Article 193 TFEU in itself renders unlawful the more stringent protective measures thus adopted".

18　See Case C-178/03 Commission v Parliament and Council [2006] ECR I-107, paras 56 et seq.

19　See also M Nettesheim, Article 194 AEUV, Rn. 35, in E Grabitz, M Hilf, M Nettesheim (eds) *Das Recht der Europäischen Union*, vol II, Loose-Leaf-Collection. C.H. Beck, München (2015).

20　Case C-336/00 Austria v Huber [2002] ECR I-7699, para 30 et seq.; see also Case C-42/97 Parliament v. Council [1999] ECR I-869, para 36; Case C-411/06 Energy Star [2002] ECR I-12049, paras 39 et seq.

21　A Proelss, *Meeresschutz im Völker- und Europarecht*. Duncker & Humboldt, Berlin (2004), p.170; N Wolff, *Fisheries and the Environment*. Nomos, Baden-Baden (2002), p.170.

22　M Nettesheim, "Horizontale Kompetenzkonflikte in der EG", *EuR*, 1993, p.243, p.248; M Nettesheim, "Das Umweltrecht der Europäischen Gemeinschaften", *Jura*, 1994, p.337, p.338.

23 Proelss, note (21), p.314 et seq.
24 この点につき，see Proelss et al. "Protection of Cetaceans in European Waters – A Case Study on Bottom-Set Gillnet Fisheries within Marine Protected Areas", *IJMCL26*, 2011, pp.5-45.
25 COM (2001) 143 final of 16 March 2001, Elements of a Strategy for the Integration of Environmental Protection Requirements into the Common Fisheries Policy, p.7.
26 Armand Mondiet 事件では，EU 司法裁判所は，（黙示的にせよ）ここで示した方向性で判決を下していると考えられる。See Proelss et al., note (24), p.36 et seq., with reference to ECJ, Case C-405/92 Etablissements Armand Mondiet SA v Armement Islais SARL. [1993] ECR I-6133, paras 18, 19, 24.
27 Proelss, note (21), p.314 et seq. もっとも，共通漁業政策における海洋生物資源保護の分野とは異なり，EU は環境分野に関する排他的権限を有していないことに留意されるべきである。
28 ECJ, Case C-405/92 Etablissements Armand Mondiet SA v Armement Islais SARL. [1993] ECR I-6133, para 27; COM (2001) 143 final, supra note 25, p.4; see also J Jans, *European Environmental Law*, Europa Law Publishing, Groningen (2000), p.25 et seq.
29 Joined Cases C-164/97 and C-165/97 Parliament v Council [1999] ECR I-1139, para 9.
30 Ibid., para 19.
31 From a resource-oriented perspective see Proelss, note (14), p.181 et seq.
32 See also T Cottier and K Trinberg (2015), Article 207, Rn 60, in H von der Groeben, J Schwarze, A Hatje (eds) *Europäisches Unionsrecht*, vol 4, 7th ed. Nomos, Baden-Baden.
33 M Krajewski, "External Trade Law and the Constitution Treaty: Towards a Federal and More Democratic Common Commercial Policy", *CMLR*, 2005, p.91, p.114.
34 See C Tietje, "EU-Investitionsschutz und –förderung zwischen Übergangsregelungen und umfassender europäischer Auslandsinvestitionspolitik", *EuZW*, 2010, p.647, p.650; M Bungenberg, "Going Global? The EU Common Commercial Policy After Lisbon", *EYIEL1*, 2010, p.123, p.144; S Johannsen, *Die Kompetenz der EU für ausländische Direktinvestitionen nach dem Vertrag von Lissabon*, Universitätsverlag Halle-Wittenberg, Halle-Wittenberg (2009), p.16 et seq. – Note, however, that the Federal Constitutional Court of Germany took the view in its Lisbon decision that investment issues are subject to a mixed competence of the EU and the Member States (German Federal Constitutional Court 2 BvE 2/08 'Lisbon Judgment' (30 June 2009) BVerfGE Vol. 123, pp 267-437, at 422). An English translation of this decision is available at 〈https://www.bundesverfassungsgericht.de/entscheidungen/es20090630_2bve000208en.html〉.
35 COM (2010) 343 final of 7 July 2010, Towards a Comprehensive European International Investment Policy, p.11.
36 W Obwexer, Article 3 AEUV, Rn 29, in H von der Groeben, J Schwarze, A Hatje (eds) *Europäisches Unionsrecht*, vol 4, 7th ed. Nomos, Baden-Baden (2015); but see Proelss, note (14), p.172 et seq.

37　Opinion 1/94 [1994] ECR I-5267, para 41.
38　Contra see Nettesheim, note (19), Article 194 AEUV, Rn 35; EU運営条約194条は，EU運営条約114条に対して特別規定として位置づけられる。
39　下線部は筆者による。
40　See also W Kahl, "Die Kompetenzen der EU in der Energiepolitik nach Lissabon", *EuR* 2009, p.601, p.618.

# 第4章　オーフス条約における「司法へのアクセス」とEU環境影響評価指令
▶環境アセスメント違反の司法審査に関する国際基準の生成

南　諭子

## I　はじめに

　環境アセスメント (Environmental Impact Assessment: EIA) とは，ある意思決定をする際に，その意思決定がもたらす環境への影響に対する考慮を意思決定の内容へ反映させることを，事前に確保する手続である。環境アセスメントには，通常，環境への影響について住民等が意見を述べる手続が含まれる。よって環境アセスメントは，環境への配慮を確保する手続であるとともに，市民参加を確保する手続と考えることができる。環境アセスメントをいち早く法制化したのはアメリカで，国家環境政策法 (National Environmental Policy Act: NEPA) が1969年に成立している。[1]日本においては，長らく条例レベルでアセスメント手続が確保されていたが，1997年に環境影響評価法が制定されている。
　環境アセスメントをめぐっては，対象となる事業の種類，影響を評価すべき項目，評価の方法，意見を述べることのできる主体の範囲，評価の結果や意見の内容をどのように最終的な意思決定に反映させるべきかなど，多くの論点があり，様々な制度設計があり得る。[2]この点EUは1985年に環境影響評価指令を採択し，[3]加盟国に対して，環境アセスメントに関するEU基準を守るように要求してきた。また国際法レベルでも，国家に対して単に環境アセスメントの実施を要求するにとどまらず，内容に関する具体的な基準を提示する条約も誕生している。[4]
　一方，環境アセスメントについては，その違反についてどのような司法審査

47

が行われるかについても，多くの論点がある。環境アセスメントの違反については，行政訴訟，たとえば事業の許認可に関する取消訴訟や，民法上の不法行為責任を問う民事訴訟において，司法審査の対象となる可能性がある。その際，原告適格はいかなる範囲の主体に認められるのか，すなわち，自らの個別具体的な権利や利益の侵害を主張できない主体，たとえば環境NGOには，原告適格が認められるのか。そもそもアセスメント違反とはどのように認定されるのか，すなわち，手続上の瑕疵のみならず，実体的な違法性，つまりは，評価の結果や住民の意見等を考慮した上で行った意思決定の内容まで問われるのか。たとえば何らかの環境影響が明らかになった場合でも事業の中止という意思決定をしなかったことがアセスメントの違反として導かれ得るのか。そして，アセスメント違反が認定された場合の法的効果はいかなるものか，行政処分の取消しや事業の差止まで認められるのか，といった論点である[5]。これらの論点は，環境アセスメントが単なる手続の実施を義務づけているのか，それとも環境に配慮する意思決定そのものを求めているのか，というアセスメント義務の性質に関わる論点ともいえる。NEPAについては差止命令が一般的な救済手段となっているが，その原告適格や審査の範囲などについては争いがある[6]。

　このようなアセスメント違反に関する司法審査のあり方をめぐる論点の処理は，国内法や国内裁判所の判断にまかされてきた。他方，環境アセスメントの機能の1つである市民参加に関しては，国際基準の整備が進んでいる。この点に関して着目すべきは，オーフス条約である[7]。この条約には，環境法違反の司法審査のあり方に関連する規定が含まれており，アセスメント違反の扱い方に関する国際基準として機能する可能性がある。EUは，オーフス条約の批准にともなって必要なEU法の整備を行ったが，その一環として環境影響評価指令も改正され，司法審査に関する規定が加わった。

　以下では，まずオーフス条約の規定がアセスメント違反に関する司法審査にどのような基準を持ち込むのか，について確認した上で，EUの環境影響評価指令がオーフス条約の成立によってどのように改正されたのか，その改正部分に関する欧州司法裁判所の判例はどのようなものか，について検討することによって，環境アセスメント違反の司法審査に関する国際基準が生成していくの

ではないか，そしてそれは，国際法学の観点から見れば，新しい性質の国際基準となるのではないかという問題を提示したい。国際法は伝統的には主権国家間の法と理解されてきたが，その立憲化が議論されるなど[8]，国際社会の変容とともに，その性質の変化をどのようにとらえるべきかということが大きな課題となっている。その点で，加盟国の主権を委譲することで進んできたEUの「統合」の試みは，国際法の変容を先取りしているとみることも可能である。EUが環境アセスメント違反の司法審査に関して先進的な取組みを続けている一方で，日本では，アジア諸国のなかでも遅れた対応をとっているという批判が，学説上も実務レベルでも強い。日本における取組みの遅れは，この新しい国際基準の特殊な性質を反映しているのではないか。本章では，日本における環境アセスメント違反の司法審査の状況にも言及することで，アセス違反の司法審査に関して，オーフス条約が持ち込んだ国際基準が有する国際法上の意義を検討する。

## II　オーフス条約における「司法へのアクセス」と環境アセスメント違反

　環境問題において市民参加を重要な課題として提示したのは，1992年にリオデジャネイロで開催された，いわゆる地球サミットで採択されたリオ宣言である。リオ宣言は，今日では環境政策，環境法における基本的な原則として言及される持続可能な発展の原則を打ち出したもので（リオ宣言第4原則），その後の環境政策，環境法に大きな影響を与えてきた宣言だが，その第10原則は，情報公開と意思決定過程への参加，そして司法へのアクセスの必要性を提示しており[9]，環境問題における市民参加原則が国際社会，国際法において大きな課題となるきっかけとなった。

　この点で国際環境法上の大きな成果となったのが1998年に採択され，2001年に発効したオーフス条約である。オーフス条約はリオ宣言で示された情報公開と意思決定過程への参加，そして司法へのアクセスという市民参加に関する3つの柱を規定するものであり，具体的には，4条が第1の柱である情報公開の義務を，6条が意思決定過程への市民参加を確保する義務を定めている[10]。

そして 9 条が「司法へのアクセス」を確保することを締約国に要求する条文であり，その 1 項は，4 条で定められた情報公開の違反に関する司法審査を確保するように求めている[11]。9 条の 2 項は，6 条で定められた意思決定手続の違反に関する司法審査について規定しているが，この司法審査を請求することができる主体，原告適格の範囲としては，「関係する公衆」の構成員であって，(a)十分な利益を有する者か，または，(b)締約国の行政訴訟法が権利侵害を要件として要求している場合には，権利の侵害を主張する者とされ[12]，また，「何が十分な利益及び権利の侵害を構成するか」は，国内法の要件に従うが，「関係する公衆」にこの条約の範囲内で司法への広範なアクセスを付与するという目的に合致するように判断されなければならない，とされている。さらに，2 条 5 項に定められた一定の要件を満たす非政府組織の原告適格を認めるように要求している[13]。9 条 3 項では，環境法一般の違反についても司法審査を確保するように求めている[14]。なお，効果的な救済の確保を要求する 9 条 4 項では，差止命令を効果的な救済の 1 つに挙げている[15]。

　ここで，意思決定手続の違反に関する司法審査について規定している 9 条の 2 項に従うと，環境アセスメント違反の司法審査に関する論点については，以下のようなことがいえる。第 1 に，原告適格については，権利侵害のみではなく利益を有するものまで拡大し，特に環境 NGO の原告適格を認めるように要求している点が注目される。次に，司法審査の範囲については，「決定，作為又は不作為の実体的，及び手続的合法性について」審査するように要求しており，実体的側面も審査される。さらに，問われるのは「決定」そのものの合法性とされている。そして，違反の効果に関しては，4 項の「差止命令」への言及が注目される。オーフス条約については，締約国による遵守を確保するための委員会が設置されており，個別のケースに関する条約機関の判断が，これらの点に関する条約解釈をより精緻化させていく可能性もある[16]。

　このようにオーフス条約が導入した市民参加を確保する国家の義務については，様々な発展がみられる。1 つは2010年に国連環境計画 (United Nations Environment Programme: UNEP) で採択された「環境問題における情報へのアクセス，公衆の参加及び司法へのアクセスに関する国内法の発展に関するガイド

ライン」である。ガイドライン15以降の「司法へのアクセス」に関する文言は，オーフス条約の9条の1項から3項に沿った内容となっている。具体的にはガイドライン15[17]がオーフス条約の9条1項，ガイドラインの16[18]が9条2項，ガイドライン17[19]が3項に対応し，ガイドライン18[20]は原告適格に関する広い解釈に，ガイドライン21[21]は，差止を含む効果的な救済に言及している。

　このような新たな文書の採択だけではなく，既存の国際法にも，環境問題における市民参加の重要性が反映されつつある。1950年に成立した欧州人権条約は，環境に関わる権利に関する明示的な規定を含んでいない。しかし，様々な条文を根拠に，環境に関する権利侵害の事案が，欧州人権裁判所に持ち込まれている。本章との関係では，6条の「公正な裁判を受ける権利」や13条の「効果的な救済を受ける権利」に関する事例において，環境アセスメント違反の司法審査に関連する論点が議論されている[22]。

　以上のように，リオ宣言の第10原則，そしてその後のオーフス条約の成立を契機とした，環境問題における市民参加に関する国際基準の発展は，環境アセスメント違反の司法審査に関する国際基準を生成させる可能性があるといえる。

## Ⅲ　EUにおけるオーフス条約の実施

　EUは，オーフス条約の批准のために，次のようなEU法の整備を行った。第1の柱である情報公開については，既存のDirective90/313/EECを廃止し[23]，オーフス条約に沿った指令2003/4/ECを採択した[24]。この指令には，情報公開違反に関する司法アクセスの規定も含まれている。第2の柱である意思決定過程への市民参加については，指令2003/35/ECが採択され[25]，これによって，環境影響評価指令といわゆる統合的汚染防止管理（Integrated Pollution Prevention and Control: IPCC）指令が改正された[26]。この指令にも，違反に関する司法アクセスの規定が含まれている。第3の柱である司法へのアクセスについては，先に述べたように，情報公開と意思決定過程への市民参加を確保した指令に，それぞれについての司法へのアクセスに関する条文が含まれている。これらは，オーフス条約9条1項および2項に対応するものである。ところが，オーフス条約

9条3項に規定された環境法一般の違反に関する司法へのアクセスについては，指令案COM（2003）624[27]が提示されたものの，いまだ採択に至っていない。なお，EU機関については，規則1367/2006[28]によって対応がなされている。

オーフス条約の批准によって，環境影響評価指令は，とくに司法へのアクセスについてどのように改正されたのだろうか。環境影響評価指令は数度の改正を経て指令2011/92/EU[29]によって置き換えられた。この指令2011/92/EUも，すでに指令2014/52/EU[30]によって改正されている。この最新の条文でみると，司法へのアクセスは11条に規定されている。11条1項が，オーフス条約9条2項に対応する内容になっており，3項が，NGOに原告適格を認めるように求める規定である。

このように，オーフス条約の批准にともない，環境アセスメントに関するEU基準には司法審査に関する規定が加わり，アセスメント違反の司法審査に関して，原告適格の範囲や審査の範囲について一定の基準が導入された。こうした基準は，具体的なアセスメント違反の司法審査の場面で，どのような影響をもたらしているのだろうか[31]。

オーフス条約への対応以前の判例として，C-201/02がある[32]。欧州司法裁判所は，環境アセスメント違反の救済について，いったん与えられた許可の取消しや停止といった措置が含まれるとしながら，手続的なルールの詳細は，加盟国の手続的自律性の原則に従って加盟国の国内法秩序の問題となるのであり，要求されるのは，国内における同様の訴訟を規律する手続よりも不利なものであってはならないという同等性の原則と，共同体法秩序によって与えられた権利の行使を実質的に不可能または過度に困難とするものであってはならないという実効性の原則であるとしている[33]。すなわち，同等性の原則や実効性の原則が守られる限り，アセスメント違反の司法審査に関する手続の詳細は各加盟国の国内法に委ねられるということになる[34]。

オーフス条約への対応によって改正された環境影響評価指令について，司法へのアクセスに関する条文が問題とされたのがC-115/09である[35]。欧州司法裁判所は，同等性の原則と実効性の原則が守られる限りで，手続的ルールは国内法が決定するとしながらも，NGOの原告適格について，指令およびオーフス

条約によって認められたものを取り上げることはできない，とした[36]。

C-115/09において原告適格を限定したために問題とされた国内法は，ドイツの環境・法的救済法である。ドイツでは，行政裁判所法42条2項により，原則として，自己の権利侵害を主張するものにのみ行政訴訟の原告適格が認められている[37]。2006年に制定された環境・法的救済法（指令2003/35/ECのもとでの環境問題に関する訴訟を規律する補足的規定に関する法律）では，一定の要件を満たす団体については，権利侵害を主張することなく訴訟を提起できることを定めている。ただしこの場合，訴訟を提起する団体は，「個人の権利を付与している」環境法規の違反を主張しなければならない[38]。この点について，欧州司法裁判所は，環境保護を目的とする規定が公益のみを保護し，個人の利益を保護していないという理由によって，それらの規定違反を裁判所で主張する可能性を環境団体に対して認めないことは指令に違反すると判断した[39]。

欧州司法裁判所の判決をうけて，環境・法的救済法は2013年に改正され，「個人の権利」要件が除外された[40]。しかし改正後の条文についても，オーフス条約の遵守委員会が，オーフス条約の9条2項および3項違反を認定している（ACCC/C/2008/31）[41]。また，改正後の環境・法的救済法については，欧州司法裁判所に対しても再び訴訟が提起され，指令との適合性が問われた（C-72/12）。欧州司法裁判所は，決定の合法性を争う原因をアセスの「不実施」に限定することは指令の目的に反するため許されないのであり，手続的瑕疵に基づいて合法性を争うことも可能であるとした[42]。一方指令は，オーフス条約の文言に従って「権利侵害」という基準を提示している[43]。この点について判決は，何が権利侵害となるかについては加盟国に広範な裁量が認められており，手続的瑕疵が決定の内容に影響を及ぼした場合にのみ「権利侵害」を認めることは許されるが[44]，手続的瑕疵が意思決定の内容に影響を及ぼしたことの立証責任を原告に課すことはできないとした[45]。

環境・法的救済法についてはその後，ドイツが2つの判決を十分に実施していないとして，委員会が欧州司法裁判所に提訴する事態となった（C-137/14）。委員会は，そもそもドイツにおいては個人の司法的保護に関して，司法審査の範囲がいわゆる保護規範説にいう主観的権利を与える規定の違反に限定されて

いる点，また，アセス違反に基づく許認可の取消しについて，アセスの不実施の場合あるいは手続的瑕疵が許認可の決定に影響を与え，原告の法的地位が影響を受けたことを原告が立証する場合に限定されている点などを問題とした。[46] 欧州司法裁判所は，C-72/12に依拠しつつ，委員会の主張を部分的に認めて指令違反を認定した。[47]

以上のように，EUにおけるオーフス条約の実施に関連して，環境アセスメント違反の司法審査の文脈でドイツにおける国内法化が大きな問題となった背景には，保護規範説を中心としたドイツ行政法の枠組みが関係しているとも考えられる。環境影響評価指令の改正は，国内行政法の基本原則を変更させるような新しい要素を導入するものといえるのではないだろうか。[48]

## Ⅳ　日本における環境アセスメント違反の司法審査

日本においては，長らく条例によって環境アセスメントの実施が確保されていたが，1997年に環境影響評価法が制定され，2011年に改正されている。この改正の際には，アセス違反の司法審査の可能性を十分に確保することを目指して，特別な訴訟制度の導入が議論された。たとえば日弁連は，住民・団体等に対してアセスの瑕疵を是正するための不服申立権を認め，かつ不服申立てを行った者に対して許認可等の処分の違法性を争う行政訴訟の原告適格を認めることなどを提案した。[49] また，東京弁護士会は，事前の手続参加を要件とせずに，一定の環境保護団体に訴訟の提起を認める制度を提案した。[50] しかし，こうした議論は採用されず，現在でもアセス違反の司法審査の確保は大きな課題となっている。

日本において，アセス違反が問われ得るのは主に許認可等の取消訴訟と民事差止訴訟であるが，いずれについても原告適格等の問題がある。原告適格の問題を回避するために利用される住民訴訟は，本来，公金の支出等の違法を是正するための訴訟であることから，アセスに違法があってもこの違法によって財務会計行為の違法が成立するとは限らないことなど様々な限界がある。[51]

許認可等の取消訴訟とは，抗告訴訟，すなわち，行政庁の公権力の行使に関

する不服の訴訟のうちの1つであり，行政庁の処分その他公権力の行使に当たる行為の取消しを求める訴訟である（行訴3条2項）。取消訴訟に関しては，2004年の行政事件訴訟法の改正によって，救済範囲の拡大が図られたが，アセス違反の司法審査に関する課題が解決されたわけではない。

　取消訴訟の原告適格は，当該処分の取消しを求めるにつき法律上の利益を有する者に認められる（9条1項）。「法律上の利益を有する者」とは，当該処分により自己の権利若しくは法律上保護された利益を侵害され，又は必然的に侵害されるおそれのある者をいう。よって，許認可等の相手方ではない住民等が取消訴訟を提起できるか否かが問題となる。第三者の原告適格を検討する際には，当該処分等の根拠となる法令の文言のみによることなく，当該法令の趣旨及び目的，当該処分において考慮されるべき利益の内容及び性質，当該法令と目的を共通にする関係法令があるときはその趣旨及び目的，当該処分がその根拠となる法令に違反してされた場合に害されることとなる利益の内容及び性質，侵害の態様及び程度が考慮される（9条2項）。行政事件訴訟法の9条2項は，「法律上の利益を有する者」について，2004年の改正で原告適格を拡大するために挿入された。よって，環境影響評価法が「目的を共通にする関係法令」とされれば，環境影響評価法に基づき意見を述べる機会を与えられる「住民」についても9条2項に基づいて原告適格を認めることができる，とする見解もあるが，[52] 環境影響評価法を「関係法令」として考慮の対象としながらも，原告適格を否定した判例もある。[53]

　司法審査の範囲について，行政事件訴訟法は，取消訴訟においては，自己の法律上の利益に関係のない違法を理由として取消しを求めることができないとしている（10条1項）ため，ここでも「自己の法律上の利益」が問題となる。

　救済方法については，処分を取り消すことにより公の利益に著しい障害を生ずる場合において，原告の受ける損害の程度，その損害の賠償又は防止の程度及び方法その他一切の事情を考慮したうえ，取り消すことが公共の福祉に適合しないと認めるときは，裁判所は，請求を棄却することができる（31条1項）。よって，処分に瑕疵があったと認定されても，大規模な工事が完了している場合などにおいては，請求が棄却されることがある。この点，2004年の改正によ

り,「執行停止」の要件については,「重大な損害を避けるため緊急の必要があるとき」と従来より緩和されている (25条2項)。また改正前は差止訴訟についての明文の規定は存在していなかったため,差止訴訟が認められるかどうかは解釈に委ねられていた。改正後は差止訴訟を抗告訴訟の新たな訴訟類型として法定し,その要件は「重大な損害を生ずるおそれがある場合」と規定された (37条の4第1項)。このように差止訴訟についての明文の規定が設けられたのに伴い,差止めの訴えに係る処分がされることにより生ずる償うことができない損害を避けるため緊急の必要があり,かつ,本案について理由があるときには,裁判所は仮の差止めを命ずることができるとされた (37条の5第2項)。

　オーフス条約批准国,またEUにおけるオーフス条約の実施状況に鑑みて,アセス違反の司法審査をめぐる以上のような課題の解決のためには,日本においてもオーフス条約の内容の実現,そしてそれにともなう環境団体訴訟の導入が必要だとする主張が,環境訴訟に関わる実務家や環境法研究者の間で広がっている。[54]

## V　おわりに

　環境アセスメントは,環境の利益の特殊性,つまり,特定の個人の利益としてはとらえがたいこと,また,利益の内容も特定することが困難であることを踏まえた制度であるといえる。すなわち,特定の個人の利益,あるいは水や大気といった特定の環境媒体に関して明確に設定された保護水準を守るだけではなく,ある意思決定がもたらす環境全体に対する影響を評価し,その評価結果と多様な法主体の意見を考慮することで,より,環境に配慮した意思決定を獲得していく手続として理解できる。環境アセスメントが単なる手続の実施を義務づけているのか,それとも環境に配慮する意思決定そのものを求めているのか,という点が大きな論点になることも,環境アセスメントのこのような特質を反映しているといえる。

　環境の利益の特殊性に応じた制度である環境アセスメントについて,その違反を司法の場で問うときに,上記のような特質が問題となると考えられる。す

なわち，原告適格の範囲を特定の利益の主体に設定するわけにはいかない。ではどのように原告適格を限定すべきなのか。また，アセスメント違反とは何か，そしてその効果は何か，という論点については，手続的違法性と実体的違法性をどのように司法審査のなかで取り扱うか，という課題が提起される。

　環境アセスメント違反の司法審査をめぐるこのような論点は，公的な利益を，本来個人の権利保護のために機能する司法の場で実現することの意味を問うことにつながっている。環境アセスメント違反に関連して，日本においては環境団体訴訟の必要性に関する議論が盛んになっているが，環境のような法的利益については，個別の人権のように普遍的な基準をたてることが難しく，価値評価を集約する民主的な政治過程において取り扱われるべきではないかとみることもできる。すなわち，公益の判断について，民主的正統性を持たない裁判所に担わせるのか，という問題である[55]。さらに，環境団体訴訟の導入は，個人の権利利益の保護のための制度としての裁判制度を掘り崩し，裁判制度の変質を招く可能性があることを指摘する見解もある[56]。環境団体訴訟を許容する立場であっても，行政の適法性統制に限定されればよい，すなわち，民主的に制定された行政権限発動に関する立法があればよいとし，環境の質を裁判所が決めることはできないことを指摘する見解もある[57]。

　これに対して，環境の利益は他の経済的な利益などに比べて政治過程にのりにくい過小代表される利益であることを理由に，このような集合的利益の保護としては，通常の民主政の過程と主観的権利・利益の司法的保護のシステムのみでは構造的に不十分であるとして，訴権と選挙権の中間に位置するルートとして団体訴訟を積極的に位置づける見解もある。すなわち，個々人の権利利益の保護・実現の方法として，代表民主制の機構を通じた公益実現過程への平等な参加と，個々人に帰属する権利利益の承認およびその司法的保護という方法のみならず，いわばその中間に団体を形成しその団体を通じて法の保護範囲に含まれる集合的利益を追求する第3の経路を措定する考え方である[58]。

　以上見てきたとおり，オーフス条約の成立を背景として生成しつつある環境アセスメント違反の司法審査に関する国際基準は，裁判所の役割，さらには政治過程と司法機能の関係など，国家における様々な利益の実現をどのように確

保するのか，ひいては，国家における統治のあり方にかかわる基準であるといえるのではないか。こういった基準の生成は，新たな性質の国際規制であるともいえる。[59]こうした基準を国際法学はどのように評価し位置づけていくのか。それは伝統的な国際法学の概念や理論にいかなる影響をもたらすのか。今後とも，環境アセスメント違反の司法審査をめぐる国際基準やEU環境法の進展に着目する必要がある。

【注】
1 42 U.S.C. §4321 *et seq*.
2 日本法の課題に関する最近の論考として，大塚直「改正アセスメント法の現状と課題」環境法研究39号（2014年）3-28頁。
3 Council Directive 85/337/EEC of 27 June 1985 on the assessment of the effects of certain public and private projects on the environment, O.J.L 175/40 (1985).
4 たとえば，1991年に成立した越境環境影響評価に関するエスポー条約（Convention on environmental impact assessment in a transboundary context）がある。この条約は国境を越える環境影響に関して規定するものであるが，条約義務を実施するためには，条約によって定められた対象事業や評価書の内容に関する基準を満たす環境アセスメント制度を導入する必要がある。
5 日本法について，大塚・前掲注2，15-18頁。
6 最近の論考としては，及川敬貴・森田崇雄「米国環境アセスメント制度をめぐる近時の動向——環境審査とNEPA訴訟を中心に——」環境法研究39号（2014年）87-116頁。
7 環境問題における情報へのアクセス，意思決定への公衆の参加及び司法へのアクセスに関するオーフス条約（Convention on access to information, public participation in decision-making and access to justice in environmental matters）。
8 世界法学会2013年度研究大会の統一テーマは「国際法の『立憲化』——世界法の視点から——」であった。世界法年報33号（2014年）に掲載の諸論考を参照。
9 「環境問題は，それぞれのレベルにおいて，関係するすべての市民が参加することにより最も適切に扱われる。国内レベルにおいては，各個人が，その地域における有害な物質及び活動の情報を含め，公的機関が有する環境関連情報を適切に入手し，かつ，意思決定過程に参加する機会を有しなければならない。各国は，情報を広く利用可能なものとすることにより，市民の認識及び参加を促進し，かつ，奨励しなければならない。補償及び救済を含む司法及び行政手続への効果的なアクセスが与えられなければならない。」
10 オーフス条約全般については，高村ゆかり「情報公開と市民参加による欧州の環境保護——環境に関する，情報へのアクセス，政策決定への市民参加，及び，司法へのアクセスに関する条約（オーフス条約）とその発展——」法政研究（静岡大学）8巻1号（2003年）

178頁。
11 「各締約国は，その国内法の枠組みにおいて，4条に基づく情報の開示請求が，無視され，一部若しくは全部が不当に拒否され，不適切に回答がなされ，又は同条の規定に従った取扱いを受けられなかったと考える者が，司法裁判所又は法によって設置されたその他の独立かつ公平な機関による審査手続にアクセスできるように確保しなければならない。」
12 「各締約国は，その国内法の枠組みにおいて，以下のことを確保しなければならない。
関係する公衆の構成員であって，
(a)十分な利益を有する者
又は，その代わりに，
(b)締約国の行政手続法がそのような要件を要求する場合は，権利の侵害を主張する者が，6条の規定，及び国内法において定められ，かつ次の3項の規定を害しない場合にはこの条約の他の関連規定に服する，決定，作為又は不作為の実体的及び手続的合法性について争うために，司法裁判所及び／又は法によって設置されたその他の独立かつ公平な機関による審査手続にアクセスできること。」
13 「何が十分な利益及び権利の侵害を構成するかは，国内法の要件に従い，かつ，関係する公衆にこの条約の範囲内で司法への広範なアクセスを付与するという目的に合致するように決定されなければならない。このため，2条5項に示された要件を満たすいかなる非政府組織の利益も，(a)のために十分であるとみなされなければならない。そのような組織はまた，(b)のために侵害される可能性のある権利を有するとみなされなければならない。」
14 「1項及び2項に示された審査手続に加え，かつ，これを害することなく，各締約国は，国内法において規定されている要件がある場合には，その要件に合致する公衆の構成員が，環境に関連する国内法の規定に違反する私人及び公的機関の作為及び不作為について争うための行政又は司法手続にアクセスできるように確保しなければならない。」
15 「1項に加え，かつ，これを害することなく，1項，2項，及び3項で示された手続は，適切な場合には差止命令による救済を含む，十分かつ効果的な救済を提供し，また，公正かつ衡平で，時宜に適った，不当に高額でないものでなければならない。」
16 オーフス条約15条は，締約国会合に対して，条約規定の遵守を審査するための取決めを成立させるように要求しており，締約国会合は，これに従って遵守委員会を設置する決定を採択している。ECE/MP.PP/2/Add.8, 2 April 2004 (http://www.unece.org/fileadmin/DAM/env/pp/documents/mop1/ece.mp.pp.2.add.8.e.pdf, accessed 20 October 2015). 遵守委員会については，岩田成恭「オーフス条約の遵守委員会——公衆による不遵守通報制度の検討を中心として」名古屋大学法政論集224号（2008年）135-156頁。
17 「国家は，環境情報の開示請求が，一部若しくは全部が不当に拒否され，不適切に回答がなされ，無視され，又はその他適用可能な法に従った取扱いを受けられなかったと考えるいかなる自然人又は法人も，関係する公的機関によるそのような決定，作為又は不作為を争うために，司法裁判所又はその他の独立かつ公平な機関による審査手続にアクセスできるように確保しなければならない。」

18 「国家は，関係する公衆の構成員が，環境問題に関する意思決定への公衆参加に関する決定，作為又は不作為の実体的及び手続的合法性を争うために，司法裁判所又はその他の独立かつ公平な機関にアクセスできるように確保しなければならない。」
19 「国家は，関係する公衆の構成員が，環境に悪影響を与える，又は，その主張によると環境に関する国家の実体的又は手続的法規範に違反する，公的機関又は私的主体の決定，作為又は不作為を争うために，司法裁判所，その他の独立かつ公平な機関，又は行政手続にアクセスできるように確保しなければならない。」
20 「国家は，司法への効果的なアクセスを達成するため，環境問題に関する訴訟手続における原告適格について，広い解釈を提示しなければならない。」
21 「国家は，暫定及び本案の差止命令による救済のような，環境に関する訴訟において適切で，十分かつ効果的な救済のための枠組みを提供しなければならない。国家は，また，賠償，原状回復及びその他の適切な措置の利用を検討しなければならない。」
22 Council of Europe, *Manual on human rights and the environment*, second edition, 2012, pp.93-109 (http://www.echr.coe.int/LibraryDocs/DH_DEV_Manual_Environment_Eng.pdf, accessed 20 October 2015).
23 Council Directive 90/313/EEC of 7 June 1990 on the freedom of access to information on the environment, O.J.L 158/56 (1990).
24 Directive 2003/4/EC of the European Parliament and of the Council of 28 January 2003 on public access to environmental information and repealing Council Directive 90/313/EEC, O.J.L 41/26 (2003).
25 Directive 2003/35/EC of the European Parliament and of the Council of 26 May 2003 providing for public participation in respect of the drawing up of certain plans and programmes relating to the environment and amending with regard to public participation and access to justice Council Directives 85/337/EEC and 96/61/EC, O.J.L 156/17 (2003).
26 Council Directive 96/61/EC of 24 September 1996 concerning integrated pollution prevention and control, O.J.L 257/26 (1996).
27 Proposal for a Directive of the European Parliament and of the Council on access to justice in environmental matters/COM/2003/0624 final.
28 Regulation (EC) No 1367/2006 of the European Parliament and of the Council of 6 September 2006 on the application of the provisions of the Aarhus Convention on Access to Information, Public Participation in Decision-making and Access to Justice in Environmental Matters to Community institutions and bodies, O.J.L 264/13 (2006).
29 Directive 2011/92/EU of the European Parliament and of the Council of 13 December 2011 on the assessment of the effects of certain public and private projects on the environment, O.J.L 26/1 (2012).
30 Directive 2014/52/EU of the European Parliament and of the Council of 16 April 2014 amending Directive 2011/92/EU on the assessment of the effects of certain public and private projects on the environment, O.J.L 124/1 (2014).

31 EU法の直接効果の観点から関連するEU判例を分析するものとして，Jan Darpö, "Article 9.2 of the Aarhus Convention and EU law: Some remarks on CJEUs case-law on access to justice in environmental decision-making", *Journal for European environmental & planning law*, Vol.11, 2014, pp.367-391.
32 Case C-201/02 *Wells* [2004] ECR I-723, ECLI: EU: C: 2004: 12. 判例評釈として，中西優美子『EU権限の判例研究』(信山社，2015年) 379-384頁。
33 Case C-201/02, paragraph 65, 67.
34 加盟国の手続的自律性については，庄司克宏『新EU法 (基礎編)』(岩波書店，2013年) 299-316頁。Diana-Urania Galetta, *Procedural autonomy of EU Member States: Paradise lost?: A study on the "functionalized procedural competence" of EU Member States*, Springer, 2010.
35 Case C-115/09 *Bund für Umwelt und Naturschutz Deutschland, Landesverband Nordrhein-Westfalen* [2011] ECR I-3673, ECLI: EU: C: 2011: 289. 判例評釈として，大久保規子「環境アセスメント指令と環境団体訴訟——リューネン石炭火力訴訟判決 (欧州司法裁判所二〇一一年五月一二日) の意義——」甲南法学51巻4号 (2011年) 65-88頁。
36 Case C-115/09, paragraph 43, 44.
37 *Ibid.*, paragraph 13.
38 *Ibid.*, paragraph 18. 環境・法的救済法については，大久保規子「ドイツにおける環境・法的救済法の成立 (一)・(二)——団体訴訟の法的性質をめぐる一考察——」阪大法学57巻2号 (2007年) 1-14頁・58巻2号 (2008年) 25-35頁，小澤久仁男「環境法における団体訴訟の行方——ドイツ環境・権利救済法を参考にして——」香川大学法学会編『現代における法と政治の探求』(成文堂，2012年) 51-90頁。
39 Case C-115/09, paragraph 50.
40 改正後の環境・法的救済法について，大久保規子「混迷するドイツの環境団体訴訟——環境・法的救済法2013年改正をめぐって——」新世代法政策学研究20巻 (2013年) 227-255頁。
41 ECE/MP.PP/C.1/2014/8 (http://www.unece.org/fileadmin/DAM/env/pp/compliance/CC-45/ece.mp.pp.c.1.2014.8_adv_edited.pdf, accessed 20 October 2015).
42 Case C-72/12 *Gemeinde Altrip and Others*, ECLI: EU: C: 2013: 712, paragraph 37, 38.
43 *Ibid.*, paragraph 48.
44 *Ibid.*, paragraph 50, 51.
45 *Ibid.*, paragraph 53. 大久保規子「環境分野の司法アクセスとオーフス条約——ドイツの環境訴訟への影響を中心として——」松本和彦編『日独公法学の挑戦——グローバル化社会の公法——』(日本評論社，2014年) 311-312頁参照。本判決が出される前の論考ではあるが，手続的瑕疵の争訟可能性の観点から環境・法的救済法について分析するものとして，高橋信隆「環境アセスメントに伴う手続的瑕疵の争訟可能性」大塚直ほか編『社会の発展と権利の創造——民法・環境法学の最前線——』(有斐閣，2012年) 611-634頁。
46 Case C-137/14: Action brought on 21 March 2014——European Commission v Federal Republic of Germany, O.J.C 159/16 (2014).

47 Case C-137/14 *European Commission v Federal Republic of Germany*, ECLI: EU: C: 2015: 683.
48 Eva Julia Lohse, "Unrestricted access to justice for environmental NGOs?: The decision of the ECJ on the non-conformity of § 2(1)Umweltrechtsbehelfsgesetz with Directive 2003/35 on access to justice in environmental law and the Aarhus Convention (Case C-115/09)", *Environmental law network international review*, No.2/2011, 2011, pp.96-103, Eva Julia Lohse, "Surprise? Surprise!-Case C-115/09 (*Kohlekraftwerk Lünen*): A victory for the environment and a loss for procedural autonomy of the Member States?", *European public law*, Vol.18 No.2, 2012, pp.249-268.
49 日本弁護士連合会「環境影響評価法改正法案に対する意見」(http://www.nichibenren.or.jp/library/ja/opinion/report/data/100521_3.pdf, accessed 20 October 2015)。
50 東京弁護士会「環境影響評価法改正に係る意見書」(http://www.toben.or.jp/message/ikensyo/pdf/20090209_02.pdf, accessed 20 October 2015)。
51 大久保規子「環境影響評価と訴訟」環境法政策学会誌14号（2011年）59-65頁。
52 柳憲一郎「環境影響評価法施行後の訴訟の動向」法律論叢83巻2=3合併号（2011年）369-370頁。
53 大久保・前掲注51，60頁。
54 たとえば，大久保規子「オーフス条約と環境公益訴訟」環境法政策学会誌15巻（2012年）140-146頁を参照。
55 憲法学の立場から，環境団体訴訟と代表民主制の関係について分析するものとして，松本和彦「環境団体訴訟の憲法学的位置づけ」環境法政策学会誌15巻（2012年）153-154頁。
56 桑原勇進「環境団体訴訟の法的正統性」環境法政策学会誌15巻（2012年）164頁。
57 たとえば，松本・前掲注55，154頁を参照。
58 島村健「環境団体訴訟の正統性について」高木光ほか編『行政法学の未来に向けて』（有斐閣，2012年）529-532頁，同「環境法における団体訴訟」論究ジュリスト12号（2015年）127-129頁。
59 行政訴訟法に関する国際基準は希であるという指摘もある。斎藤誠「グローバル化と行政法」磯部力ほか編『行政法の新構想Ⅰ——行政法の基礎理論——』（有斐閣，2011年）362-363頁。

# 第5章 地球温暖化防止に関する日本とEUの取組み
▶WTO整合性に関する考察を中心に

森田 清隆

## I はじめに

　人口の増大と経済活動の拡大に伴い，人為起源の温室効果ガス（greenhouse gas）の排出は増加の一途をたどっており，大気中における二酸化炭素（$CO_2$），メタンガス（$CH_4$），窒素酸化物（NOX）の濃度は過去80万年で最高に達しているといわれている。[1] とくに，大気中の$CO_2$濃度については，1750年代の産業革命以降，約40％増えており，その傾向に歯止めがかからないのが現状である。[2] これら温室効果ガスの排出増大は，その他の人為的行為と相まって，20世紀中盤から顕著化している地球温暖化の主要な要因となっていると考えられている。すなわち，太陽光が地球に達した場合，一部は宇宙空間に反射され，一部は地球に吸収される。地球に吸収された太陽光は大気中に熱エネルギーとして放出されるが，$CO_2$をはじめとする温室効果ガスがそのエネルギーを吸収するため，熱が宇宙空間に放出されるのを妨げる。これがいわゆる温室効果である。[3]

　実際　過去30年間を10年単位でみると，地球の表面温度は継続的に上昇し，1850年以降のいずれの10年単位よりも高温となっている。とくに北半球では，1983年から2012年までの30年間が，検証可能な限り，過去1400年間で最も高温となっている。また，海面と地表面の温度のデータの平均値を線形トレンドで算出すると1880年から2012年の間に0.85℃上昇しており，[4] このまま温室効果ガスの排出が続くと，エコシステム全体に重大かつ後戻りができないほどの影響

が生じると考えられ，排出削減が急務となっている。[5]

温暖化防止を推進すべく，京都議定書は同附属書Ⅰに掲げられた39の国・地域（主に先進国）に対して，$CO_2$をはじめとする温室効果ガスの排出量を1990年比で一定以内に抑えるよう義務付けている（3条1項）。2008年—12年末の第1約束期間において，日本は1990年比6％，EUは同8％の削減義務を負っており，日本は1990年比8.4％[6]，EUは同11.8％[7]とそれぞれ義務を達成している。

2012年のCOP18において，2013年—20年末を京都議定書第2約束期間とすることが決定した。[8]日本は，2010年12月の時点で京都議定書第2約束期間には参加しない旨表明している。[9]一方，EUは第2約束期間において1990年比20％の削減義務を負うことを表明している。[10]なお，京都議定書第2約束期間に参加しない日本も，2020年以降のポスト京都議定書の枠組策定には参画し，すべての主要排出国が参加することを前提に，国際的な排出削減義務に再度コミットすべく，2030年までに2013年比26％削減という新たな排出削減目標を設定している。[11]

このように地球温暖化防止のための排出削減が急務となっている一方，技術基準や規格の導入，排出権取引制度，国境税調整等は，世界貿易機関（WTO）協定上の諸規則をはじめとする国際協定との整合性が問われる可能性もある。本章では，日本，EUの温室効果ガス排出削減に向けた取組みを紹介しつつ，その国際的整合性について法的観点から分析する。

## Ⅱ　技術基準・規格の導入

### 1　製品に対する強制規格の導入

排出削減は，エネルギー効率の向上，すなわち省エネと表裏一体である。自動車の燃費効率向上による化石燃料使用量の減少，省エネ家電の導入による節電は$CO_2$排出削減に直結する。そこで，製品のエネルギー効率性，再生可能エネルギーや排出の少ないエネルギーの利用に関する義務的な基準を設定するケースが多数存在する。

たとえば，日本では「エネルギーの使用の合理化に関する法律」（省エネ法）

に基づき「トップランナー制度」が採用されている。同制度は，市場に出回る製品をある程度区分し，その中から最もエネルギー効率の高い製品を「トップランナー」に見立て，一定期間内ですべての製品に対してこの「トップランナー」と同等以上に省エネ化を求めるものであり，現在，規制対象は，冷蔵庫，エアコン，テレビ受像機，VTR，自動車，ガス器具等26機器に及んでおり[12]，省エネの推進，排出削減の面で成果を挙げている[13]。

　EUでも，2010年6月に採択した新成長戦略Europe 2020の中で，2020年までにエネルギー効率を20％高めるという目標を掲げ[14]，これを受けて，各加盟国において具体的な行動計画が策定されている。英国では，住宅・建築物分野が国内エネルギー消費量の40％を占めていることから，予てより建築基準法（Building Regulation）において，新築および増改築時における建築物の省エネ基準を義務化している。省エネ基準は定期的に強化されており，2006年基準に基づく一般的な住宅を想定した場合の$CO_2$排出量（暖冷房，換気，給湯，照明）は2002年基準に比し20％強化されている。また，2013年以降は2006年基準に比して44％削減となるよう基準強化を図り，2016年以降はネットでゼロ・エミッションとなるよう基準を強化する方針である[15]。フランスでは，新築建築物について，1㎡当たりの一時エネルギー消費量を年平均50kWh未満に抑える低消費建築の普及を目指し，2013年よりすべての新築建築に同基準を適用している[16]。

　もっとも，このような技術基準を義務化する場合，WTO「貿易の技術的障害に関する協定」（以下TBT協定）との整合性が論点となり得る。TBT協定は，「国際貿易に対する不必要な障害をもたらすことを目的として又はこれらをもたらす結果となるように強制規格が立案され，制定され又は適用されないことを確保する」（2条2項）と定めており，トップランナー制度のように技術基準を強制規格として導入する場合は，WTOに通報し，加盟国からのコメントを受付け，国際的な透明性を確保する必要がある。実際，日本が自動車へのトップランナー基準を決定した際，いくつかのWTO加盟国がTBT協定違反を指摘した経緯がある（ただし，紛争処理に付託されるには至っていない）[17]。この点，WTO紛争処理パネルは「米国畜産物ラベリング事件」において，強制規格のTBT協定2条2項との整合性について，

① 申立国側に当該強制規格が貿易制限的であることの挙証責任がある
② 貿易制限的であると認められた場合，その正当性が検討される
③ 正当性が認められた場合，当該措置によって目的を達成できるか否かが検討される
④ 当該措置によって目的が達成できるとされた場合，目的を達成するためにより制限的でない代替措置があり得るかを検討する

という手法で判断するとしている。[18] 今後，製品の省エネ技術基準のWTO整合性が問われるようなことがあった場合，このような手法が適用され得る可能性があると考えられよう。

## 2 PPMsに対する強制規格の導入
### (1) PPMsとWTO諸規程

次に，製品そのものではなく製品の生産方法・生産工程 (PPMs) を対象とした強制規格についてはどのように考えるべきであろうか。PPMsは，「製品関連PPMs」と「非製品関連PPMs」に大別できる。前者は製品の特性とPPMsとの間に直接的連関がある場合であり，たとえば，製品に有害物質が入らないよう生産方法・生産工程について基準・規格を設け，これに合致した製造を義務付けるケース等が該当する。後者は製品の特性とPPMsとの間に直接的連関がない場合であり，たとえば，木材について持続可能な管理がなされた森林から伐採されたものである旨表示するよう義務付けるケース等が該当する。持続可能な森林から伐採された木材であろうと，なかろうと，木材自体は温暖化と無関係である。同様に，自動車を生産する場合，$CO_2$を大量に発生する工場で生産しようと，排出が少ない工場で生産しようと，製品たる自動車の燃費効率が同じならば，自動車自体の温暖化への寄与度は同じである。このような「非製品関連PPMs」を強制規格とすることは，上記同様，TBT協定2条2項の「不必要な障害」に該当しかねないことに加え，同種の産品 (like products) でありながら，生産方法が違うという理由で異なった扱いをするという点で，「1994年のGATT」(以下GATT) 1条の無差別原則にも違反する可能性があるため，製品の場合以上にWTO整合性が問題となる。

「キハダマグロ・ラベリング事件」では，米国がマグロ漁に際してイルカの混獲を防止する措置が取られていることを証明するラベルの添付を事実上義務化していることについて，メキシコがTBT協定2条2項違反を主張した。この非製品関連PPMsに関する事件においても，WTO上級委員会は，上記「米国畜産物ラベリング事件」同様の判断基準の下，申立国であるメキシコに挙証責任を求めた。その上で，「メキシコが提案する代替案では，当該措置ほどの効果が得られない」として，メキシコ側の主張を退けている[19]。

しかし，かつて，TBT委員会において，カナダが非製品関連PPMsは任意規格としてのみ認めるべきであると主張したことがある[20]。また，オランダにおいて，上記のような木材に対するラベリングが強制規格として導入されようとした際，WTO加盟国からTBT協定に抵触する可能性が提起され，結局導入が見送られたケースも存在している[21]。このような経緯を踏まえると，非製品関連PPMsに対する強制規格の適用にはより慎重であるべきではないかと考える。たとえば，PPMsへの強制規格の導入を1994年のGATT 1条の無差別原則への例外と捉え得ることを根拠に，例外を主張する側（すなわち，被申立国側）がPPMsへの強制規格導入が正当であり，当該措置に代替する手段がないことを挙証すべきではないかと考える。

(2) EUにおけるPPMsの扱い

EUでは1992年にエコラベルを導入している[22]。当初は冷蔵庫，洗濯機，食器洗浄機，給湯器，照明，エアコン等を対象にスタートし[23]，現在では，生産に際して使用電力量の少ない紙類など非製品関連PPMsも対象となっている[24]。しかし，あくまでもエコラベルの取得は任意であるため[25]，TBT協定2条2項との関連で問題はないと考えられる。

また，EUは2010年に「木材規制[26]」を導入している。同規制は，森林の乱伐による温室効果ガスの排出を防止する観点から，輸入木材が輸出国において「違法に伐採された」ものではないことを証明するラベルを義務付けている。確かに，違法に伐採された木材であろうとなかろうと，製品である木材自体に差異はないので，本件はPPMsへの強制規格の導入と考えることも可能であろう。しかし，「木材規制」における「違法に伐採された」の定義は，「伐採され

た国の国内法に違反すること[27]」であり，EUの基準を強制するものではない。したがって，TBT協定2条2項との関連で一義的に問題となることはないと考えられる。しかし，同規制は，木材ならびに木材製品をEU市場に導入する事業者に対して，違法木材が含まれないよう「相当の注意義務」（due diligence）を課しており[28]，これが必要以上に負担となる場合はTBT協定との整合性が問題となり得ることも排除はできないであろう。

③　日本におけるPPMsの扱い　日本でも，2000年8月に任意規格としてエコラベルが導入され，2012年4月現在，エアコン，電気冷凍庫，照明器具，テレビ受信機，ストーブ，ガス調理機器，石油温水機器，電子計算機，磁気ディスク等18品目が対象となっているが[29]，あくまでも製品そのものを対象としており，PPMsは対象となっていない。

## III　環境自主行動計画ならびに低炭素社会行動計画

### 1　環境自主行動計画

日本では，日本経済団体連合会（経団連）のイニシアティブにより，「環境自主行動計画」が実施され，温室効果ガスの排出削減に貢献してきた。「環境自主行動計画」は，「環境問題への取組みは企業の存続と活動に必須の要件である」との理念のもと，京都議定書の採択に先立ち，1997年6月に策定された。以来，「2008年度～2012年度の平均における産業・エネルギー転換部門からの$CO_2$排出量を，1990年度レベル以下に抑制するよう努力する」という統一目標を掲げると共に，自主行動計画に参加する各業種・企業が自らの目標を設定し，目標達成を社会的公約と捉え，達成に向けた努力を続けてきた[30]。

2013年度フォローアップ調査（2012年度実績）に参加した産業・エネルギー転換部門34業種からの$CO_2$排出量は，基準年の1990年度において5億551万t-$CO_2$であり，これは，わが国全体の$CO_2$排出量（1990年度11億4120万t-$CO_2$）の約44％を占めている。また，この排出量は，わが国全体の産業・エネルギー転換部門の排出量（1990年度6億1230万t-$CO_2$）の約83％に相当していた[31]。今回のフォローアップの結果，2012年度の$CO_2$排出量は4億5369万t-$CO_2$であり，

1990年度比で10.3％減少を達成した。また，「2008年度―2012年度の平均における産業・エネルギー転換部門からの$CO_2$排出量を，1990年度レベル以下に抑制するよう努力する」という統一目標に対しては，2008年度〜2012年度平均で1990年度比12.1％削減という，目標を大幅に上回る成果を挙げている。[32]

## 2 低炭素社会実行計画

上述の通り，わが国は京都議定書の第2約束期間には参加していない。しかし，経団連では，2013年度以降も空白期間を設けることなく，$CO_2$排出削減努力を継続すると共に，長期的視野に立って世界の$CO_2$排出削減に貢献することが不可欠であるとの認識の下，「低炭素社会実行計画」を策定している。同計画は，「2050年における世界の温室効果ガスの排出量の半減目標の達成に日本の産業界が技術力で中核的役割を果たすこと」を産業界共通のビジョンとして掲げ，現在，55の業種が，$CO_2$排出削減に取り組んでいる。[33]

2014年度フォローアップの結果，産業部門（31業種）における2013年度の$CO_2$排出量は3億9566万t-$CO_2$であり，2005年度との比較で，5.6％の減少となった。各業種における$CO_2$排出量の削減に向けた2013年度の具体的な取組みとしては，省エネ設備・高効率設備の導入，排出エネルギーの回収，燃料転換，運用の改善等が報告されている。[34] また，エネルギー転換部門（3業種）における2013年度の$CO_2$排出量は8867万t-$CO_2$であり2005年度との比較では，7.5％の増加となった。[35] 運輸部門（6業種）については，2013年度の$CO_2$排出量が，1億2112万t-$CO_2$であり，2005年度との比較では，14.2％の減少を記録している。各業種の具体的な主な取組み事例としては，省エネ性能に優れた機材（車輛，船舶，航空機等）への更新・新規導入のほか，機材の大型化，道路・鉄道・船舶・航空を組み合わせた複合輸送の推進等による輸送効率向上等が報告されている。[36]

「環境自主行動計画」や「低炭素社会実行計画」については，文字通り自主的であり，義務化されたものではないため，その実効性はひとえに日本の産業界の善意に依拠していると捉えることもできよう。実際，「環境自主行動計画」の成功は「ひとたび約束したらあらゆる手段を用いて（より具体的にはコストを

度外視して）達成する」という日本の文化と伝統が要因であるという主張も存在している[37]。しかし，省エネの推進はエネルギー購入費の削減と資源の枯渇防止に直結する。したがって，日本の産業界はコストを度外視して「環境自主行動計画」や「低炭素社会実行計画」を推進しているというよりは，むしろ，中長期的にコストを削減する目的で取り組んでいると考えるべきであろう。

なお，「環境自主行動計画」や「低炭素社会実行計画」は，義務的な基準や排出削減目標を設定するものではないので，WTO整合性が問題となることはない点は言を俟たない。

## IV　Cap & Trade型排出権取引制度

### 1　制度と問題点

Cap & Trade型排出権取引制度とは，政府が自国の産業に対して一定の排出枠（絶対量）を付与し，各産業はその枠内に温室効果ガスの排出を抑え，枠内に排出が収まらない場合は他から余剰排出枠を購入することが義務付けられるというスキームである。

ここで問題となるのが，排出枠を産業別に割当てる際，特定の産業に対して実際の排出量よりも多く割当てれば，当該産業は余剰排出枠を売却して利益を得ることができるので，これが事実上の補助金に該当するのではないかという点である。たとえば，産業Aが100，産業Bが100，合計で温室効果ガスを200排出しているとしよう。いま，排出総量を180に削減するために，産業Aに120，産業Bに60の排出枠を割り当てるとする。この場合，産業Aは余った20の排出枠を産業Bに売って，売却益を得ることができる。他方，産業Bは，Aから20の排出枠を買った上で，さらに自ら20削減しないといけない。

「WTO補助金及び相殺措置に関する協定」（SCM協定）3条1項(a)は，「法令上又は事実上，輸出が行われることに基づいて交付される補助金」，いわゆる輸出補助金を禁止している。したがって，上記の事例において，産業Aが輸出志向型の産業である場合，かかる排出枠の割り当てはSCM協定に違反する可能性を否定できない。確かに，排出枠の割当はそもそも資金面の補助ではな

いことを理由に余剰排出枠の割当はSCM協定に違反しないという考えもある[38]。しかし,「US Softwood Lumber事件」のWTOパネル裁定において,資金面での貢献 (financial contribution) には金銭の移転のみならず,森林伐採権の付与のような非金銭的便宜供与も含まれる旨言及されていること[39]に鑑みれば,売却可能な余剰排出枠の付与は補助金と見なし得るであろう。

　もちろん,必ずしもCap & Trade型の排出権取引制度そのもの (as such) がSCM協定に違反するわけではない。たとえば,「カナダの航空機に対する輸出信用事件」では,カナダ政府100％出資企業に設置された「EDC Canada Account」が自国の航空機産業を支援することを目的としているとして,SCM協定違反の可能性が指摘された。本件に関し,WTOパネルは,「EDC Canada Account」の活用条件が必ずしも補助金に限定されるとは認められないことを理由に,「EDC Canada Account」そのもの (as such) はSCM協定に違反しないと判じた[40]。その一方で,WTOパネルは,「EDC Canada Account」を活用したAir Wisconsinへの融資について,「OECD輸出信用ガイドライン」に整合的であることが挙証されておらず,かかる形で「EDC Canada Account」を活用することは,その使用方法ゆえに (as applied),SCM協定が禁止する輸出補助金に該当するとしている[41]。これと同様,Cap & Trade型の排出権取引制度において,特定の産業に余剰排出枠を割当てた場合は,その適用方法ゆえに (as applied),SCM協定に違反する可能性があるということである。

## 2　欧州排出権取引制度 (EUETS)
### (1)　第1, 第2フェーズ

　排出削減を目的に,EUでは2005年1月～2007年末の3年間を第1フェーズ,2008年1月～2012年末の5年間を第2フェーズとし,欧州排出権取引制度 (EUETS) が導入された[42]。

　EUETSの第1フェーズにおいて,英国は,2003年の排出実績2億7155万t-$CO_2$に対し,総排出枠を2億4543万t-$CO_2$ (−9.6%) に設定していた。しかし,その産業別配分をみると,電力は2003年の排出実績1億7437万t-$CO_2$に対し排出枠が1億3690万t-$CO_2$ (−21.5％) であったのに対し,鉄鋼は2003年の排出実

績1985万t-CO₂に対し，排出枠が2370万t-CO₂（+19.4％）であり，大幅な余剰排出枠が与えられていた。また，第2フェーズでは，電力への排出枠が1億742万t-CO₂に縮小する半面，鉄鋼については排出枠が2438万t-CO₂に拡大した。すなわち，コストをユーザーに転嫁できる電力には厳しい割当を行う反面，輸出競争に曝されている鉄鋼については余剰排出枠が与えられていたということである[43]。確かに，「カナダ航空機事件」上級委員会報告にある通り，補助金の受け手が輸出志向型産業であるというだけでSCM協定違反が認定されるわけではない[44]。また，「EU航空機事件」上級委員会報告は，輸出補助金に該当すると認定する場合は，補助金の形態，構造，機能ならびに補助金が支給された背景等，事実関係を総合的に勘案しなければならないとしている[45]。しかし，総排出量を削減し，しかも，電力セクターには厳しい排出削減義務を課している中で，鉄鋼に対してこのように大幅な余剰排出枠を割当てることは，事実関係を総合的に勘案し，輸出補助金に該当すると言わざるを得ないのではないか。

なお，EUETS第1，第2フェーズはすでに終了しており，この間，WTOに本件が付託されることはなかったので，いまさらそのWTO整合性を問題とすることは意義に乏しい。しかし，今後，Cap & Trade型の排出権取引制度を導入する国がある場合，このような余剰排出枠の付与はWTO整合性の問題を惹起するという点を指摘しておくべきであろう。

（2） 第3フェーズ

2013年1月より，EUETS第3フェーズが開始した。その概要は以下の通り。

① 電力ならびに固定施設に対し排出枠を毎年1.74％ずつ減らすことで，2020年に当該セクターの排出を2005年の21％減とすることを目指す[46]。

② 2013年より，電力セクターは全ての排出枠をオークションによって購入しなければならない[47]。

③ 電力以外のセクターは，順次オークションによる排出枠割当に移行する。製造業については，2013年分の排出枠の80％が無償で割当てられるが，2020年には無償割当は30％に減少する[48]。

④ オークション収入の半分，航空部門へのオークションによる排出枠割当の収入の全額について，欧州または海外での温暖化対策に活用しなければ

ならない[49]。

このように，第3フェーズでは，無償割当が厳しく制限されるようになり，オークションの割合が増えていることから，余剰排出枠が生じ，事実上の補助金として機能する可能性は少なくなったといえる。ただし，欧州委員会によると，第1，第2フェーズ終了時点で18億EUA[50]の余剰排出枠が確認されている[51]。第2フェーズから第3フェーズへ排出枠のキャリーオーバーが認められているため，この余剰排出枠が事実上の輸出補助金として機能することがないよう，注視する必要があろう。

(3) EUETSの航空部門への適用

上述の通り，Cap & Trade型の排出権取引制度は，余剰排出枠が生じる場合，輸出補助金として機能し，SCM協定との整合性が問われる可能性がある。他方，排出権を購入しないとけない場合は，WTO以外の国際協定との法的整合性が問題となることがある。

2012年1月より，航空セクターがEUETSの対象となり[52]，EU域内の空港に離着陸するすべての国際航空会社に対し，前年度の温室効果ガス排出について，排出枠に収まらない場合，超過分の排出権を購入することが義務付けられた[53]。これに対して，米国航空輸送協会ほかが訴訟を提起し[54]，EUが国家管轄権の範囲を超える国際慣習法違反行為を行ったと主張した。すなわち，EUは域外の航路をEUETSの対象に含めるという域外適用を行うことで，第三国の主権ならびに公海自由原則を侵害しているということである。これに対して，欧州司法裁判所は以下の判断を示し，外国航空会社をEUETSの対象とすることを正当化した。

① 国際航空会社へのEUETS適用は，当該航空機の出発地または目的地の属地主義の原則や第三国の主権を侵害するものではない。なぜなら，（EU域内の空港に離着陸する以上）当該航空機は物理的にEU加盟国の領域内に存在し，EUの包括的管轄権に服するからである[55]。

② また，公海上を飛行する航空機自体はEUETSの対象外なので，EU法が公海自由の原則を侵害することもない[56]。

③ あくまでも，EU域内に存在する空港に離着陸するという航路を選んだ

73

航空会社のみが，排出権取引制度の対象となるのである[57]。

すなわち，欧州司法裁判所は，外国航空会社の航空機がEU域内の空港に離着陸し，物理的にEU域内に存在する点を根拠に，属地主義に基づく管轄権の行使が認められるという立場をとっている。しかし，航路の大半が公海上を含むEU域外である外国航空会社に対し，EU域内の空港に離着陸するというだけで属地主義に基づく管轄権を行使できるのか，やや疑問が残る。

これに対し，ココット法務官は本件に関する意見の中で，温室効果ガスはどこで排出されようと，EU加盟国を含むすべての国の環境と気候に影響を及ぼすことを理由に，EUが外国航空会社を排出権取引制度の対象とすることを正当化している[58]。これは，外国人の域外行為であっても自国に影響を与える場合は管轄権行使の対象となるという「効果主義」に基づく考え方と捉えることができよう。もっとも，「効果主義」が国際法上の原則として確立しているかどうかは必ずしも明らかではない。確かに，「制限的取引規制法の域外適用に関する国際法協会決議」[59]5条は，「国家は，自国の領域外でなされ，効果が自国に及ぶ行為に関する法律を制定する管轄権を有する[60]」としている。しかし，権威のある学術団体が「効果主義」を承認しているということだけで，「効果主義」が国際法上確立されていると断言することはできない。実際，わが国は「ファックス感熱紙事件」の法定助言者陳述書の中で「国際法上有効な管轄権が存在するためには，少なくとも行為の一部は当該国領域内で行われたか，又は，普遍主義，保護主義が適用される場合でなければならない。又，効果主義は国際法と適合的であると国際的に受け入れられているわけでもない。効果主義に基づく管轄権の主張の正当化は一般に受け入れられておらず，論争の渦中にある[61]」として，「効果主義」を国際法上の原則として認めない立場をとっている。

外国航空会社をEUETSの対象とすることが，属地主義によっても，効果主義によっても正当化されないと仮定した場合でも，常設国際司法裁判所による「ローチュス号事件」判決で打ち出された，「域外の人，財産，行為に自国法と管轄権を行使することについて，国際法は国家に広い裁量を与えており，これを禁止する規則が存在する場合のみ制限される」という原則[62]，換言すれば，「国

際法上明示的に禁止されない事項は許容される」という原則に基づき正当化される可能性はある。すなわち，外国航空会社をEUETSの対象とすることを明示的に禁止する規則が存在しない限り，EUは管轄権を行使することが許容され，外国航空会社もEU域内の空港に離着陸以上，その管轄権に対抗できないということである。

「国際法上明示的に禁止されない事項は許容される」という原則についても，詳細な検証が必要であるが，仮に同原則が適用されるとした場合，外国航空会社をEUETSの対象とすることを明示的に禁止する規則は存在するのであろうか。この点について，上記の米国航空輸送協会ほかが提起した訴訟において，原告は，航空会社が排出権の購入を余儀なくされることが，国際航行に関する物品やサービスに対する税や手数料の免除を定めた「オープンスカイ協定」11項1項，同2項(c)に違反すると主張している。はたして，「オープンスカイ協定」はEUの管轄権を制限する法的根拠となり得るのかという点について，欧州司法裁判所は以下の通り判断している。

① 航空機が消費した燃料と，排出権取引に伴う当該航空会社の費用負担との間に直接的な関連性はない。確かに，排出量は，当該航空会社による燃料消費をベースに算定される。しかし，実際の費用は，当初どれだけ排出枠が割り当てられていたのか，又，排出枠を追加的に購入しないといけない場合は，排出権価格に左右される。

② 又，航空会社は，排出権取引に参加することで費用負担が発生しない，さらには，余剰排出枠を売却することで利益を得る可能性すら排除できない。

③ したがって，EUETSが航空部門を対象としていることは，「オープンスカイ協定」に違反するものでない。

しかし，この欧州司法裁判所の判決はやや問題があると言わざるを得ない。航空輸送サービスを提供するために投入した燃料をベースに排出量が算定され，排出枠を購入するための費用が発生するのであれば，排出枠の初期割当や排出権価格によって費用総額が前後することがあるにせよ，これは「オープンスカイ協定」が禁止する税や手数料に事実上該当すると考えるのが自然であろ

う。もちろん，欧州司法裁判所も指摘する通り，費用負担が発生しないことや，余剰排出枠の売却によって利得する可能性もあるので，航空部門を対象としたEUETSそのもの (as such) が「オープンスカイ協定」違反ということではない。しかし，排出枠を購入するための出費を強いられる場合は，「オープンスカイ協定」に違反すると考える。

なお，2013年10月に国際民間航空機関 (ICAO) は2016年までに国際航空による温室効果ガス排出に対応するためのメカニズムを構築し，2020年までに適用することを決定し，これと引き換えに，EUはEUETSの対象を域内の航空会社に限定することに合意している。

### 3　日本における排出権取引の議論
#### (1)　地球温暖化対策基本法案の廃案

日本でも，かつて排出権取引制度導入に関する議論が行われたことはある。2010年3月に閣議決定された「地球温暖化対策基本法案」の13条には，国内排出権取引制度を創設し，このために必要な法制上の措置について，同法施行後1年以内を目途に成案を得ることが明記されていた[68]。しかし，同法案は2012年12月に廃案となっており，以後，排出権取引制度に関する具体的な制度設計は進んでいない。現に，日本の産業界からは，排出権取引制度は，地球温暖化対策税や再生可能エネルギーの固定価格買取制度等と並んで，ライフサイクル全体での取組みや革新的技術の開発を阻害するとして，導入に反対する声が根強い[69]。

#### (2)　二国間オフセット・メカニズム

むしろ，日本は，国内の排出権取引ではなく，国際的な排出枠の取引である二国間オフセット・メカニズムの導入に力を入れている。同メカニズムは，日本が海外（主に新興国）に環境にやさしいインフラ（高効率火力発電所，再生可能エネルギー関連機器等）を輸出した場合，当該インフラによって削減された温室効果ガスの排出量相当分を日本による削減としてカウントするものであり，現在，14カ国と二国間協定が成立している[70]。二国間オフセット・メカニズムを活用することで，日本よりも一般的にエネルギー効率が低水準にある（すなわち，

エネルギー効率が1単位向上することに伴う排出削減の余地が大きい）新興国において，大幅な排出削減を達成し得る。また，インフラ輸出による排出削減が日本によるものと認定されるので，日本国内で同量の排出削減を行う際にかかるコスト相当分だけ，安い価格で当該インフラを輸出できるというメリットもある。

### （3） 二国間オフセット・メカニズムのWTO整合性

国連気候変動枠組条約（UNFCCC）の下，締約国は，気候変動緩和の費用対効果を高めるために個別に，または，共同で市場メカニズムの活用を含むあらゆる手法を創設し，実施することができるとしており[71]，二国間オフセット・メカニズムもこれに該当する。しかし，UNFCCCの下で二国間オフセット・メカニズムが認められているということは，必ずしもWTOをはじめとする国際協定と整合的であることを意味するものではない。とくに，本件については，環境に優しいインフラ輸出促進を念頭に置いているため，SCM協定上の輸出補助金に該当しないかどうか検証する必要があると考える。

SCM協定1条1項(a)(1)(i)は，政府が資金の直接的な移転を伴う措置，資金の直接的な移転の可能性を伴う措置または債務を伴う措置をとる場合，補助金が存在するとみなすと定める。二国間オフセット・メカニズムの対象となるインフラ輸出案件は，両国政府の代表者で構成される合同委員会が，第三者機関による妥当性確認を経て登録される[72]。したがって，本件は，「政府」の措置に該当すると考えるのが妥当であろう。

他方，二国間オフセット・メカニズムは，取引を行わないクレジット制度として開始する[73]ことになっている。すなわち，インフラ事業者は，環境に優しいインフラを輸出することによって削減された温室効果ガスの排出量相当分（クレジット）を第三者に転売して利得することができない。したがって，現状では「資金の直接的な移転を伴う措置」あるいは「資金の直接的な移転の可能性を伴う措置」に該当することはなく，SCM協定1条1項(a)(1)(i)に違反する可能性は少ないといえよう。もっとも，二国間オフセット・メカニズムを「取引可能なクレジットを発行する制度へ移行するために二国間協議を継続的に行い，できるだけ早期に結論を得る[74]」ことも視野に入っている。転売して利益を挙げることが可能なクレジットの発行は，事実上，政府によるインフラ事業者

に対する資金の移転に該当する蓋然性が高く，絶対に慎むべきであろう。

次に，SCM協定1条1項(a)(1)(ii)は，政府がその収入となるべきものを放棄し又は徴収しない場合，補助金が存在すると見なすと定める。クレジットを転売できなくても，インフラ事業者は，環境に優しいインフラの輸出によって得たクレジットを自己の排出削減分として計上できるので，自ら国内で排出削減を行うコストを節約できる。確かにこの点については，本来発生すべき義務的出費が事実上免除されているのに等しく，SCM協定1条1項(a)(1)(ii)との整合性が問われると考えることも不可能ではない。しかし，わが国の場合，上述の通り，「環境自主行動計画」ないしは「低炭素社会実行計画」に基づき，自主的に排出削減が推進されており，そもそも，政府から排出削減のために義務的な支出を求められているわけではない。したがって，SCM協定との整合性が問題となることはないと考える。

以上の通り，二国間オフセット・メカニズムは，取引を行わないクレジットである限り，SCM協定第1条に定める補助金の定義に該当しないと考えられるため，同3条1項(a)の輸出補助金との関係でも整合的であるといえよう。

## V　国境税調整

### 1　国境税調整のWTO整合性
#### (1)　GATT2条，3条との整合性

世界最大の温室効果ガス排出国である中国，同2位の米国，経済成長に伴い排出が急増しているインドやASEAN諸国は，現行の京都議定書の下排出削減義務を負わない。このような場合，温室効果ガスの排出削減の実効性を確保することが難しくなるばかりでなく，厳しい排出削減義務を負いコスト負担の大きい国が輸出競争力の面で不利になる可能性を否めない。そこで，十分な排出削減義務を果たさない国からの輸入品に対して，厳しい排出削減義務を負うことにコミットしている国が炭素税を賦課する，いわゆる国境税調整の必要性に関する議論があり，とくに，京都議定書第1約束期間（2008年—2012年）の開始前の2006年頃—2007年頃にかけて，EUにおいて導入の是非が論じられた。[75]

GATT2条2項(a)は、産品の輸入に際して、同3条2項の規定に合致する限り、内国税、課徴金の賦課を妨げない旨定めている。そして、同3条2項は、輸入される産品に対して、同種の国内産品に直接又は間接に課される内国税、内国課徴金を超えて内国税、内国課徴金を課してはならないとしている。したがって、文理解釈上、排出削減義務を果たさない国からの輸入品に対して、国内産品と同じ条件で課税することは許容されるとも考えられる。確かに、排出削減義務を負い、製品xを製造する生産者Xに対して炭素税を課しているA国では、排出削減義務を負わないB国から輸入される製品xに対して、生産者Xが負担している炭素税を超えない範囲で課税できるというのは一見合理的であろう。しかし、A国において炭素税が課されているのは生産者Xの生産方法・製造工程（PPMs）に対してであり、製品xそのもの（as such）ではない。そこで、A国で製造された製品xそのもの（as such）に課税されない中、B国で製造された製品xそのもの（as such）に課税した場合、GATT1条の無差別原則の観点から問題があるのではないか。現に、「キハダマグロ事件」において、GATTパネルは、「GATT3条及び3条の注釈は、産品そのものに関する措置を対象としており、キハダマグロではなく、その捕獲方法を問題視した規制は正当化できない」とした。[76]また、かつてWTO事務局は、「鉄鋼を1トン製造するのに必要なエネルギーに対して一定の課税をする場合、これを輸入された鉄鋼にも適用することは認められない。たとえそのような扱いの違いによって、輸入された鉄鋼の方が安価でかつ環境への負荷が大きいとしても是認されない」との見解を示していた。[77]これを類推するならば、B国で製造された製品xについて、製品そのものに問題があるからではなく、排出削減義務を負わない国で製造されたという生産方法・製造工程（PPMs）を対象に国境税調整を行うことは、GATT1条に整合的でなく、GATT2条、3条も正当化する根拠とはなり得ないのではないか。

(2) GATT20条による正当化の可能性

 仮に、国境税調整がGATT2条、3条で正当化されないとしても、「人、動物又は植物の生命又は健康の保護のために必要な措置」に対する例外を認めたGATT20条bに基づいて正当化され得るのだろうか。「中国鉱物資源輸出制限

事件」[78]において，WTOパネルは，GATT20条bの「必要な措置」に該当するかどうか判断する際には，目的達成の重要性と当該措置に伴う貿易制限の影響を比較衡量するとしている[79]。その上で，パネルは，

① 中国による鉱物資源に対する輸出関税の付加や輸出制限に公害防止の目的があることは，同国の「第11次環境保護5ヶ年計画」から読み取れない[80]
② 中国は，単に環境保護と汚染物質への対応措置に関するリストを提出するだけではなく，これらの措置がどのように目的達成に繋がるのかを証明しなければならない[81]

との理由で，GATT20条bの援用を認めなかった[82]。国境税調整によって排出削減義務を負わない国からの輸入品に課税することで，自国製品を保護することはできるとしても，これが排出削減という目的達成になぜ直結するのか具体的に挙証することは困難であると言わざるを得ない。よって，GATT20条bによって国境税調整を正当化することはできないのではないか。

次に，国境税調整はGATT20条gの「有限天然資源の保存に関する措置」として正当化され得るのであろうか。まず，そもそも地球温暖化防止が有限天然資源の保存に該当するのかという点については，昨今の議論に鑑み，肯定的に捉えるべきであろう。気候変動に関する政府間パネル（IPCC）は，その報告書の中で，人為起源による気温の上昇を1861年—1880年の気温の＋2℃以内に抑えるためには，1870年以降の人為起源の$CO_2$排出総量を2900Gt以内とする必要があるが，このうち，2011年までにすでに1900Gtが排出されていると指摘している[83]。今後排出可能な$CO_2$に限りがあるという点で，地球温暖化防止を有限天然資源と同列で考えることは合理的である。しかし，「中国レアアース輸出制限事件」において，WTO上級委員会は，

(i) GATT20条gを援用する加盟国は，当該GATT非整合的措置が正当な政策目的と関連していることを挙証しなければならない[84]
(ii) 措置と目的の間には密接かつ真正の連関がなければならない[85]

としている。ここでも，GATT20条bの場合同様，国境税調整が排出削減という目的達成に直結することを具体的に挙証するのは困難であろう。よって，GATT20条gによっても国境税調整を正当化することはできないのではないか。

## 2　国境税調整に関する日本とEUの立場

日本では，現在のところ，国境税調整の導入は検討の俎上にあがっていない。なぜ国境税調整の議論が回避されているのかを詳しく理解するために，2008年12月に有識者が行った調査では，国境税調整という手法に対し，ほぼ全回答者が複数の問題点を掲げた[86]。それらは以下の通りである。

① WTO協定に反する[87]
② 技術的な課題が多い。ある製品が生産過程においてどれだけ排出したかといった情報が本当に正確に得られるのか，よほど大がかりな制度を設けない限り難しい[88]。
③ 対象国からの製品に国境税調整が設けられることになっても，第三国を通じて輸入するなど，回避する方法は可能である[89]。

もっとも，実際に国境税調整を導入するかどうかはさておき，日本においても，先進国だけが対策をとった場合の炭素リーケージの定量化やWTO整合性等について検討しておくことは意義深いであろう[90]。

EUでは，上述の通り，京都議定書第1約束期間開始前に国境税調整に関する議論が行われたが，現在では，選択肢の1つとしては排除していないものの，WTO諸規則や，UNFCCC 3 条 1 項の「共通だが差異ある責任」(Common but Differentiated Responsibilities: CBDR)との整合性観点から実際に導入することは難しいとの立場である[91]。

# VI　むすびにかえて

以上の通り，日本，EUは地球温暖化防止のために排出削減が不可欠であるという認識を共有し，実際，京都議定書第1約束期間の目標を共に達成している。また，両者とも，省エネの推進が排出削減に貢献するとの認識の下，省エネ技術基準・規格（強制規格ならびに任意規格）を設定している。他方，EUが排出権取引制度を導入しているのに対して，日本では低炭素社会実行計画が効果をあげているなど，政策面での違いもある。そもそも，排出削減を推進するための画一的な手法は存在しない。各国・地域の置かれた状況の違いを踏まえ，

社会的なコンセンサスを得て，WTO等の国際協定との整合性を確保しつつ排出削減を推進することが求められている。

## 【注】

1 Intergovernmental Panel on Climate Change (IPCC), *Climate Change 2014 Synthesis Report*, Summary for Policymakers, p.4.
2 http://ec.europa.eu/clima/policies/brief/causes/index_en.htm.
3 http://www.epa.gov/climatechange/science/causes.html.
4 See *supra* note 1, at p.1.
5 *Ibid.*, p.8.
6 地球温暖化対策推進本部「京都議定書目標達成計画の進捗状況」(平成26年7月1日) 4頁。
7 http://ec.europa.eu/clima/policies/g-gas/index_en.htm.
8 Decision 1/CMP.8, *Amendment to the Kyoto Protocol pursuant to its Article 3, paragraph 9 (the Doha Amendment)*, I. para.4.
9 Decision 1/CMP.7, *Outcome of the work of the Ad Hoc Working Group on Further Commitments for Annex I Parties under the Kyoto Protocol at its sixteenth session*, p.6 at footnote q
10 *Ibid.*, p.4.
11 地球温暖化対策推進本部「日本の約束草案」(平成27年7月17日)。
12 2013年現在。(http://www.enecho.meti.go.jp/policy/saveenergy/data/tr-seido.pdf.)
13 トップランナー制度により，乗用自動車については2005年度において1995年度比約23％，エアコンについては2004年度において1997年度比約68％の省エネが実現している。(http://www.enecho.meti.go.jp/policy/saveenergy/data/tr-kaizen.pdf.)
14 http://ec.europa.eu/europe2020/targets/eu-targets/
15 JETRO編「欧州各国の省エネルギー政策」13頁。
16 JETRO編・前掲注15，17頁。
17 Steve Charnovitz,"Trade and Climate: Potential Conflicts and Synergies", in *Beyond Kyoto: Advancing the International Effort Against Climate Change*, Pew Center on Global Climate Change, 2003, p.149.
18 *United States――Certain Country of Origin Labeling (COOL) Requirements*, Report of the Panel, WT/DS384/R, WT/DS386/R, paras. 7.554-7.558, November 18, 2011.
19 *United States――Measures Concerning the Importation, Marketing and Sale of Tuna and Tuna Products*, Report of the Appellate Body, WT/DS381/AB/R, paras. 330-331, May 16, 2012.
20 WTO, Committee on Technical Barriers to Trade, Minutes of the Meeting Held on 1 March 1996, para., 80.
21 Charnovitz, *supra* note 17, at p.151.

22 Council Directive 92/75/EEC of September 1992 on the indication by labeling and standard product information of the consumption of energy and other resources by household appliances.
23 *Ibid.*, Article 1.1.
24 http://ec.europa.eu/environment/ecolabel/facts-and-figures.html.
25 *Ibid.*
26 Regulation (EU) No 995/2010 of the European Parliament and of the Council of 20 October 2010 laying down the obligations of operators who place timber and timber products on the market.
27 *Ibid.*, Article 2 (g).
28 *Ibid.*, Article 4.2.
29 http://www.enecho.meti.go.jp/policy/saveenergy/data/tr-label.pdf.
30 一般社団法人日本経済団体連合会「環境自主行動計画〔温暖化対策編〕2013年度フォローアップ結果概要版〈2012年度実績〉」(2013年11月19日) 1頁。
31 前掲注30。
32 前掲注30, 2頁。
33 一般社団法人日本経済団体連合会「低炭素社会実行計画2014年度フォローアップ結果総括編〈2013年度実績〉」(2014年12月16日, 2015年4月15日改訂) 1頁。
34 前掲注33, 4頁。
35 前掲注33, 6頁。
36 前掲注33, 9頁。
37 Mitsutsune Yamaguchi, *Climate Change Mitigation: A Balanced Approach to Climate Change*, (Springer 2012), p.152.
38 Annie Petsonk, "The Kyoto Protocol and the WTO: Integrating Greenhouse Gas Emissions Allowance Trading into the Global Marketplace", *Duke Environmental Law & Policy Forum*, Vol. 10, 1999, 208-209.
39 *United States——Preliminary Determinations with Respect to Certain Softwood Lumber from Canada*, Report of the Panel, WT/DS236/R, paras. 7.17-7.29, November 1, 2002.
40 *Canada-Export Credits and Loan Guarantees for Regional Aircraft*, Report of the Panel, WT/DS222/R, paras. 7.95-7.97. 28 January, 2002.
41 *Ibid.*, paras. 7.180-7.182.
42 森田清隆『WTO体制下の国際経済法』(国際書院, 2010年) 193-194頁。
43 森田・前掲注42, 196頁。
44 *Canada——Measures Affecting the Export of Civilian Aircraft*, Report of the Appellate Body, WT/DS70/AB/R, para. 173. August 2, 1999.
45 *European Communities and Certain Member States——Measures Affecting Trade in Large Civil Aircraft*, Report of the Appellate Body, WT/DS316/AB/R, para. 1052. 18 May 2011.

46 *The EU Emissions Trading System (EUETS)*, http://ec.europa.eu/clima/publications/docs/factsheet_ets_2013_en.pdf, p.2.
47 *Ibid.*, p.3.
48 *Ibid.*, p.4.
49 *Ibid.*, p.4.
50 EUA: European Union Allowances, 1EUA=1t-CO2
51 Sixth National Communication and First Biennial Report from the European Union under the UN Framework Convention on Climate Change (UNFCCC), SWD (2014) 1 final, Brussels, 10. 1. 2014, p.27.
52 DIRECTIVE 2008/101/EC OF THE EUROPEAN PARLIAMENT AND OF THE COUNCIL of 19 November 2008 amending Directive 2003/87/EC so as to include aviation activities in the scheme for greenhouse gas emission allowance trading within the Community.
53 *Ibid.*, ANNEX 1. (c).
54 *Air Transport Association of America and Others v. Secretary of State for Energy and Climate Change*, Case C-366/10.
55 *Ibid.*, para. 125.
56 *Ibid.*, para. 126.
57 *Ibid.*, para. 127.
58 Air Transport Association of America and Others, Opinion of Advocate General Kokott delivered on 6 October 2011, para. 154.
59 The International Law Association, *Report of the Fifty-Fifth Conference Held at New York*, August 21st to August 26th, 1972.
60 ただし、(a)その行為及び効果が、その法律の適用される活動を構成する要素であること、(b)自国の領域内における効果が実質的なものであること、かつ、(c)その効果が、自国の領域外でなされた行為の直接的かつ主として意図された結果として生ずるものであることが条件。
61 *Nippon Paper Industries Co., Ltd., vs. United States of America*, Brief of Amicus Curiae the Government of Japan in Support of the Petitioner, p.14.
62 PCIJ Series A, No.10, p.19.
63 「国際法上明示的に禁止されない事項は許容される」という原則に関する法的分析については、森田・前掲注42、213-225頁参照。
64 Case C-366/10, at para. 136.
65 *Ibid.*, para. 142
66 *Ibid.*,
67 *Ibid.*, para. 147
68 https://www.env.go.jp/press/files/jp/15294.pdf.
69 一般社団法人日本経済団体連合会「地球規模の削減に向け実効ある気候変動政策を求める」(2015年4月6日)6頁。

70 「二国間クレジット制度（Joint Crediting Mechanism（JCM））の最新動向」（平成27年7月）8頁。
71 Decision 1/CP.18, *Agreed outcome pursuant to the Bali Action Plan*, FCCC/CP/2012/8/Add.1, para. 41.
72 前掲注70，4頁。
73 前掲注70，5頁。
74 前掲注70。
75 森田・前掲注42，185-186頁。
76 *United States──Restrictions on Imports of Tuna*, Panel Report, BISD 39S/155 paras. 5.11 and 5.14. September 3, 1991. 併せて，森田・前掲注42書187頁〜188頁。
77 Charnovitz at *supra* note 17, pp.147-148.
78 *China - Measures Related to the Exportation of Various Raw Materials, Reports of the Panel*, WT/DS394/R, WT/DS395/R, WT/DS398/R, 5 July 2011.
79 *Ibid.*, para. 7.480.
80 *Ibid.*, para. 7.502.
81 *Ibid.*, para. 7.511.
82 *Ibid.*, para. 7.516.
83 IPCC, *supra* note 1, at p.10.
84 *China──Measures Related to the Exportation of Rare Earths, Tungsten, and Molybdenum, Report of the Appellate Body*, para. 5.88. WT/DS431/AB/R, WT/DS432/AB/R, WT/DS433/AB/R, August 7, 2014.
85 *Ibid.*, para. 5.90.
86 亀山康子，高村ゆかり「気候変動対策に関連した国境調整に対する認識の日欧米比較」環境経済・政策学会2009年大会報告6頁。
87 亀山・高村・前掲注86。
88 亀山・高村・前掲注86。
89 亀山・高村・前掲注86。
90 亀山・高村・前掲注86，9頁。
91 駐日欧州委員会代表部へのヒアリングに基づく。

※ 【追記】2020年以降のポスト京都議定書の枠組策定（64頁）について。本稿脱稿後の2015年12月，パリで開催されたCOP21において，すべての国が参加する「パリ協定」が採択された。

# 第6章　EUにおける動物福祉措置の意義と国際的な影響

中西優美子

## I　問題設定

　イマニュエル・カント自身は，理性を備えた生物のみが敬意の対象となり，動物には理性がないとしたが，動物を虐待すると乱暴な行動をする癖が身についてしまうことになるため，肝心の人間を相手に行動するときにまで相手に十分な敬意を払わない行動をとってしまいかねないから動物も虐待してはならないことになると説明される[1]。

　黒人差別，女性差別，外国人差別など，様々な差別があり，社会はこれらの差別の克服に取り組んできた。ロデリック・ナッシュは，その書『自然の権利』において，「次第に人々は，『民族主義』(nationalism)，『人種差別』(racism)，『性差別主義』(sexism)から開放されるようになった」とし，倫理の進化が自己，家族，部族，地域，国家，人種，人類，動物，植物，生命，岩石，生態系，惑星，宇宙と進んでいく図を示した[2]。現在は，人類から進んで動物の福祉，動物の権利が倫理の対象となっている。とくに，ピーター・シンガーの「動物解放」(animal liberation) 思想はそれらに影響を与えている[3]。

　EUは，そのような倫理の発展を受け入れ，動物福祉を考慮した措置を採択することによって実践している。今日，そのようなEUの動物福祉を考慮した措置が企業行動や国際貿易に影響を与えるようになってきている。たとえば，日本に関して言えば，化粧品に対するEUの動物実験廃止措置に対応して，日本の化粧品業界の大手である，資生堂とマンダムが動物実験を行わないことを

宣言した。また，カナダとノルウェーは，EUのアザラシの毛皮取引禁止措置の影響を受けている。

本章では，EUにおける動物福祉措置の意義を明らかにし，それが現在国際共同体においてどのような影響を及ぼしているかを考察することを目的とする。検討の順序としては，まず，EU動物福祉措置の意義を，措置の発展，動物福祉の位置づけ，裁判所の判例の発展から明らかにする（Ⅱ）。次に，具体例として，化粧品における動物実験の禁止指令を取り上げ，日本における動物倫理を検討する（Ⅲ）。さらに，具体例として，EUアザラシ毛皮取引禁止措置とその国際貿易への影響を提示する（Ⅳ）。とくに，同措置のEUにおける合法性と国際的な平面，WTOにおける合法性を取り扱う。

## Ⅱ　EUの動物福祉措置の意義

### 1　EUの動物福祉措置の発展
### (1)　畜殺における動物の保護

EUにおける動物福祉に関する措置は，すでに1970年代に見られる。1974年11月18日，理事会は，畜殺前の気絶に関する指令74/577を採択した。その前文においては，動物保護の分野において既存の国内法に相違があり，共同市場の運営に直接影響を与え得ること，共同体で動物へのあらゆる残酷な行為を避ける措置をとるべきこと，その第１段階として，畜殺の際に動物への不必要な苦痛を避けるための条件を定めるべきこと等が挙げられている。同指令は，EEC条約43条（現EU運営条約43条）および100条（現EU運営条約115条）を法的根拠条文にした。EEC条約43条（現EU運営条約43条）は，共通農業政策分野の権限，EEC条約100条（現EU運営条約115条）は，共同市場（現域内市場）の設立または運営に直接影響を与えるような構成国の法の平準化のための指令採択のための権限である。国際的には，1979年に欧州審議会による畜殺に対する動物の保護のための欧州条約が調印された。その後，理事会は同条約を承認する決定88/306を，同条約の規定事項は共通農業政策の範囲に入るとしてEEC条約43条（現EU運営条約43条）に基づき採択した。1993年12月には，理事会は，畜殺時にお

ける動物の保護に関する指令93/119を採択した[7]。これにより畜殺時に動物ができるだけ痛みや苦しみを被らないようにすることが定められた。

(2) 農業の目的のために飼われる動物の保護

また，1976年に欧州審議会による農業目的のために飼われる動物の保護に関する欧州条約[8]が署名された。同条約には，3条から7条において動物福祉の原則が定められ，苦痛や障害を引き起こさないように食糧，水，ケア及び適当な空間等が供されるようにと定められている。この条約を受け，EU（当時のEC）は，その承認のための理事会決定を1978年6月19日に採択した[9]。同決定は，EEC条約43条（現EU運営条約43条）および100条（現EU運営条約115条）を法的根拠条文にした。同決定の前文においては，動物の保護が共同体の目的の1つではないことが示されている。しかし，動物保護に関する既存の国内法規定に相違があることが，競争の不平等な条件を生み出したり，共同市場の円滑な運営に間接的な影響を持ち得ること，また，同条約の規定事項が共通農業政策の対象となっていることから同条約への参加が共同体の目的の達成に必要であるとした。動物保護のための権限はEC（現EU）には付与されていなかったが，これら両者の条文に依拠することで同条約を批准承認した。その後，1998年に，上述した欧州条約を実施するために理事会が農業目的のために飼われる動物の保護に関する指令98/58/ECをEC条約43条（現EU運営条約43条）に基づき採択した[10]。

(3) 個別の動物の保護

加えて，EUにおいては，鶏，豚および牛についての個別の措置が採択されてきた。まず，鶏については，以下のようになっている。1980年7月22日，理事会は，鶏の苦しみを考慮し，動物の保護を確保するために，ケージ飼いの鶏の保護について欧州委員会に立法提案をするように要請した[11]。これを受け，委員会は，1981年8月3日にバタリーケージにおかれる鶏の保護の最小限の基準を規定する理事会指令案を提出した[12]。この提案を受け，1986年3月25日に理事会指令86/113/EECがEEC条約42条（現EU運営条約42条）および43条（現EU運営条約43条）を法的根拠条文にして採択された[13]。同指令では，とりわけケージのサイズについての最小限の基準が規定された[14]。もっとも，同指令は，理事会で

合意された立法案とは異なる文言が前文および本文において含まれていたため，イギリスが取消訴訟を起こし，いったん欧州司法裁判所により無効と宣言され[15]，あらためて，理事会指令88/166としてだされた[16]。その後，1999年に採択された鶏の保護のための最小限の基準を定める理事会指令1999/74が指令88/166にとってかわった[17]。指令1999/74は，EC条約37条（現EU運営条約43条）のみを法的根拠条文としており，前文5段では，鶏の保護は，共同体の権限の事項であると述べられている。また，鶏肉製品のために飼われる鶏について，2007年に理事会は最小限のルールを定める指令2007/43/ECをEC条約37条（現EU運営条約43条）に基づき採択した[18]。同指令において，動物福祉が実施されるよう食糧，寝藁，空調，騒音，光，掃除等についてのルールが定められている。豚については，1991年に理事会がEEC条約43条（現EU運営条約43条）を法的根拠にして豚の保護のための最小限の基準を定める指令91/630/EECを採択した[19]。同指令は，理事会指令2001/88/ECにより修正されている[20]。子牛に関しては，理事会が2008年に指令2008/119/ECを採択した[21]。

### （4） 運輸時における動物の保護

EUは，家畜動物の殺傷時または住環境のみならず，運輸されるときについても動物福祉を考慮した措置を採択してきた。1977年に，理事会は，国際運輸の際における動物の保護についてEEC条約43条（現EU運営条約43条）および100条（現EU運営条約115条）を法的根拠条文にして指令77/489を採択した[22]。その前文では，欧州審議会による，1968年の国際運輸の際における動物の保護のための欧州条約を構成国のほとんどが批准していることに触れられており[23]，動物の保護に関する規定は，共同市場に直接の影響をもたないが，動物運輸に関する国内法の差異が共同市場の運営に影響を与えると説明がなされている。同欧州条約については，EUは，2004年に署名した[24]。その後，EUでは，1991年の理事会指令91/628/EECが指令77/489にとってかわった[25]。同指令の法的根拠条文は，EEC条約43条（現EU運営条約43条）のみである。その後，国内レベルでの指令の国内法化における相違による問題を受けて，規則の形で共同体法規を設定することがより適当であるとして，2004年12月に理事会規則1/2005が採択された[26]。

(5) 小　括

　EUでは，1970年代から動物福祉のための措置が採択されてきた。部分的には，欧州審議会の動物保護のための条約による影響がある。つまり，それらの条約を実施するためにいくつかの措置が採られてきた。上述した措置の多くの前文においても言及されている。

　EEC条約（後のEC条約，現EU運営条約）には，動物福祉そのもののための法的根拠条文（legal basis）は存在しない。上述したように，措置の前文で，共通農業政策の適用範囲に入る，あるいは，共同市場（現在域内市場）の運営に直接に影響を及ぼすということで，EEC条約43条（後のEC条約43条，37条，現EU運営条約43条）のみ，あるいは同条およびEEC条約100条（後のEC条約100条，現EU運営条約115条）に基づき措置が採択されてきた。

## 2　動物福祉配慮原則
### (1)　動物福祉配慮原則の確立

　上述したようにEUにおいて1970年代から動物福祉に関する措置が採択されてきた。動物福祉のための個別的な権限はEEC条約（現EU運営条約）に規定されていなかったが，動物福祉のための措置の採択するように求める原則は次第に確立されてきた。

　上述した措置は，すべて共通農業政策または共同市場の運営に直接影響を与える構成国法の接近のための措置であり，理事会が単独で採択してきた。リスボン条約発効以前は，欧州議会はこれらの分野において立法権限を付与されていなかった。しかし，動物福祉のための活動は，欧州議会においてもなされていた。欧州議会は，1987年2月20日に動物福祉政策に関する決議を採択した[27]。この決議において，欧州議会は子牛や豚の育成，家畜動物の福祉など幅広い事項にわたって欧州委員会に提案するように要請した。たとえば，同決議は，運輸の際における動物の保護に関する理事会指令91/628の前文において言及されている[28]。

　EU条約（別名マーストリヒト条約）は，1992年2月7日に署名され，1993年11月1日に発効した。マーストリヒト条約に付属する宣言の中に以下のような動

物福祉に関するものが見られた。「会議は，欧州議会，理事会，委員会及び構成国に，共通農業政策，運輸，域内市場及び研究に関する共同体立法の策定及び実施の際に動物の福祉の要請に注意を払うように求める」。たとえば，畜殺時における動物の保護に関する理事会指令93/119は，その前文においてこの宣言に言及している[29]。

　さらに，その後，EU条約を改正するアムステルダム条約が1997年10月2日に署名され，1999年5月1日に発効した。アムステルダム条約の付属議定書の1つとして，動物の保護及び福祉に関する議定書がつけられた。付属議定書は，宣言と異なり，条約と同様に法的拘束力を有する[30]。付属書の文言は以下の通りである。「条約当事国は，感覚ある生き物としての動物の保護を改善し，動物の福祉を尊重することを確保し，欧州共同体を設立する条約に付属する以下の規定に同意した。共同体の農業，運輸，域内市場及び研究政策を策定及び実施する際に，共同体及び構成国は動物の福祉要請に十分な配慮を払わなければならない。また，同時にとりわけ宗教，文化的伝統及び地域的遺産に関する構成国の立法もしくは行政措置および慣習を尊重する。」ヴァン・クラスターは，この議定書につき，「福祉」は，（EU運営条約36条に定められる）動物の「健康および生命」を超えていることを示しているとした[31]。後述するが，この議定書に依拠しつつ，欧州司法裁判所は，共同体（現EU）の利益である動物福祉を，比例性原則審査の際に考慮しなければならないとした[32]。また，アムステムダム条約発効後，動物福祉に関するEUの措置は，前文においてこの付属議定書に言及している。たとえば，理事会指令2001/88[33]，理事会規則1/2005[34]，理事会指令2007/43[35]などである。

　現行のリスボン条約は，2007年12月13日に署名され，2009年12月1日に発効した。同条約により，EC条約はEU運営条約となった。EU運営条約13条は，以下のように規定する。

　「連合の農業，運輸，域内市場，研究技術開発及び宇宙政策の策定と実施において，連合及び構成国は，感覚ある生物としての動物の福祉を十分に尊重する。他方で，とくに宗教儀式，文化的伝統及び地域的遺産に関する構成国の立法上若しくは行政上の規定及び慣習が尊重される。」

このように動物福祉配慮原則が，宣言，付属書，現在では条約条文に規定され，確立されてきた。現在では，とくに，列挙されている農業，運輸，域内市場，研究技術開発および宇宙政策分野では，EUの機関と構成国は動物の福祉を十分に考慮することを義務づけられている。

（2）　動物福祉配慮原則の意義と位置づけ
① 動物福祉配慮原則と環境統合原則との相違

　動物福祉配慮原則はEU運営条約13条に定められ，他方，環境統合原則は，EU運営条約11条に定められている。環境統合原則は，EU政策の策定と実施において環境保護の要請を組み入れなければならないという原則である[36]。同原則は，動物福祉配慮原則より歴史が長く1986年署名，翌年発効の単一欧州議定書によるEEC条約の改正により，当時EEC条約130r条2項に規定されていた。また，動物配慮原則および環境統合原則は，横断条項であり，複数の分野において適用されることは共通している。しかし，EU運営条約13条の動物福祉配慮原則については，農業，運輸，域内市場，研究技術開発および宇宙政策分野という5つの分野が列挙されているのに対して，EU運営条約11条の環境統合原則はEUのすべての政策に適用されることになっている。さらに，動物福祉配慮原則は，「十分に尊重する」との規定ぶりなのに対して，環境統合原則より強く「統合されなければならない」と規定されている。また，環境統合原則を定めるEU運営条約11条は，「環境保護の要請は，とくに持続可能な発展のために，……統合されなければならない」と規定する。他方，動物福祉配慮原則を定めるEU運営条約13条には持続可能な発展への言及はない。もっとも，欧州議会の文書の中では，高度な動物福祉のレベルは，持続可能な発展の一部であると認識されている[37]。

② 動物福祉と環境政策

　環境統合原則はEU運営条約11条に定められているが，環境政策はEU運営条約191条〜193条に定められている。環境政策の措置をとるための法的根拠条文は，EU運営条約192条1項および2項である。これまで，とくにEU運営条約192条1項に基づき，数多くの措置がとられてきた。環境に関する措置は，EU運営条約192条1項に基づくものの他，環境統合原則に従い，域内市場の

運営にかかわるEU運営条約114条，農業政策にかかわるEU運営条約43条など，他のEUの政策の法的根拠条文を用いても採択されている。他方，動物福祉に関する措置は，個別分野の権限が付与されていないため，農業や運輸などの他の政策の措置がとられる中で組み込まれる形となっている。

環境政策の目的を定めるEU運営条約191条は，明示的に動物に言及していないが，動物に関する措置もとられてきた。たとえば，野鳥の保護に関する（現在欧州議会と理事会指令2009/47/EC[38]（旧理事会指令79/409/EEC）ならびに自然生息地および野生動植物相の保護に関する理事会指令92/43/EEC[40]などが挙げられる。これらは，指令の前文にも言及されているように種(species)の保存を目的としている。この意味で，感覚ある生物としての動物の苦しみや痛みに注目する動物福祉措置とは異なっている。つまり，動物の保護は，種の保護とは同一ではない[41]。なお，動物の福祉にかかわる，わなの使用禁止に関する理事会規則3254/91[42]の法的根拠条文は，現行のEU運営条約192条と通商政策に関するEU運営条約207条であるが，前文において目的としては，絶滅危惧種などの種の保存につながることが挙げられている。

③ 小 括

動物は，環境の一部を構成するが，動物福祉は，環境保護とは次元が異なるところに位置する。動物福祉に関する措置は，ある動物が絶滅しそうであるからその種を保護することにあるのではなく，動物は感覚ある生物(sentient beings, fühlende Wesen, êtres sensibles)であるということを前提としている。このことを明示的に規定しているのが，EU運営条約13条である。そこに同条の意義がある。

3 判例における動物福祉の位置づけ

動物福祉が判例の中でどのような意味を有するのかをみていくことにする。

動物福祉の位置づけについて欧州司法裁判所が見解を示したのが，2001年のJippes (Case C-189/01) 事件である[43]。同事件では，原告のJippesおよび動物保護団体がオランダの農業自然管理漁業担当大臣に対してオランダの裁判所に動物の口蹄疫に対する予防接種に関して訴えを起こし，同裁判所が欧州司法裁判所

に先決裁定を求めたものである。そこでは，口蹄疫管理のための共同体措置を導入する理事会指令85/511/EECの有効性が問題となった。同指令13条は，構成国が口蹄疫ワクチンの利用を禁止することを確保しなければならないと規定していた。このワクチン禁止は，必然的に畜殺を伴うことになる。

オランダの裁判所は，当該指令13条により課されているワクチンの禁止が共同体法，とりわけ比例性原則に反するという理由で無効であるか否かという問題を欧州司法裁判所に付託した。原告らは，必要である場合を除いて，動物が痛みや苦しみにさらされず，その健康や福祉が害されないという，共同体法の一般原則（動物福祉原則（principle of animal welfare））が存在すると主張し，同原則は集団的法意識（collective legal consciousness）の一部を形成し，それは農業の目的のために飼われる動物の保護に関する欧州条約（以下欧州条約）を批准した際の構成国および共同体により表明された意図，1987年の欧州議会の決議，同原則を適用した様々な共同体指令ならびに共同体法の一部を形成するアムステルダム条約によりEC条約に付けられた議定書（以下議定書）から導き出されうるとした。また，口蹄疫にかかった動物やその疑いのある動物の殺生を伴うワクチンの禁止は，比例性原則にも反するとした。他方，被告側は，口蹄疫管理の最も効果的な方法は，ワクチン禁止政策であるとし，動物福祉原則の存在を否定し，比例性原則にも反しないとした。

欧州司法裁判所は，動物福祉が共同体法（現EU法）の一般原則であることを以下のように否定した。[44] まず動物福祉の確保は，EC条約2条に定められる，条約の目的の一部を構成しておらず，そのような要請は，共通農業政策の目的を定めるEC条約33条（現EU運営条約39条）にも言及されていないとした。欧州条約の締結に関する理事会理事会指令78/923/EECの前文第4段においても，動物保護，それ自体は，共同体の目的の1つではないと述べられている。議定書に関していえば，それが共同体機関を拘束する共同体法の一般原則を定めていないことは明らかである。同議定書は，共同体政策の策定と実施において動物福祉の要請に十分な考慮がなされなければならないと定めているが，その義務は共同体活動の4つの特定分野に限定され，構成国の立法または行政的規定ならびに慣習が，とりわけ宗教行事，文化伝統および地域的な遺産に関して尊

重されなければならないと規定している。明確に定義され，厳格な義務を課していない欧州条約，また，マーストリヒト条約の付属宣言24からも一般的な適用の原則を導きだすことは可能ではない。同様に，EC条約30条は，同等の効果をもつ措置の禁止の例外としてのみ動物の生命について言及しており，判例法において裁判所はその規定に基づく正当化事由を受け入れたことを示すものは存在しない。動物福祉に言及した様々な第2次法の規定が存在するが，動物福祉の必要が共同体法の一般原則であると見なされることを示すものを含んでいない。このように欧州司法裁判所は，動物福祉原則が共同体法の一般原則であることを否定した。

そのうえで，欧州司法裁判所は，動物福祉について以下のように判示した。[45] 裁判所は，これまで共同体の利益が動物の健康および保護を含むと判示してきた。裁判所は，イギリス対理事会事件判決の17段において共通農業政策の目的を達成する努力は，人間や動物の健康及び生命の保護のような公益（public interest）の必要性を無視することはできないとし，共同体機関は権限行使の際にそれらを考慮しなければならないとした。さらに，議定書は，共同体政策，とりわけ共通農業政策に関して，の策定および実施において動物の福祉の要請に十分な考慮が払われなければならないと規定することによって動物の健康および保護を考慮する義務を強化することを追求している。同時に，各構成国の立法において相違が存在すること，また様々な感情が構成国に存在することを認識している。そのような義務の履行は，とりわけ措置の比例性審査の文脈において評価されうるとした。

本件の判示おいては，動物福祉原則が共同体法の一般原則でないと位置づけられるとともに，EUの機関が裁量を行使する際に，考慮に入れなければならない公益であることが明確にされた。[46]

2005年のTempelman（Joined Cases C-96/03 and C-97/03）事件[47]では，Jippes事件と同様に口蹄疫管理する理事会指令85/511が問題となった。Jippes事件では，ワクチン接種の禁止が争点であったが，Tempelman事件では，同指令によるすでに口蹄疫の疑いのある動物の殺生の義務から構成国が逸脱することができるか否かが争点になった。欧州司法裁判所は，構成国により採られる予防

95

的措置が比例性原則を遵守していなければならないとし、その審査においては、かかわるすべての保護された利益、とりわけ財産権と動物の福祉の要請を考慮に入れることが必要であるとした[48]。後者については、Jippes事件判決の79段を引用した。

また、2006年のAgrarproduktion Staebelow (Case C-504/04) 事件[49]では、BSEに代表される感染性海綿状脳症の予防、管理および撲滅のための法規を規定する欧州議会および理事会規則999/2001の13条(1)の(c)が比例性原則に違反して無効か否かについて先決裁定が求められた。(c)は、BSEと認定された場合の殺生について定めたものであった。欧州司法裁判所は、比例性原則の審査にあたって、共同体の立法者は、かかわるすべての利益、とりわけ財産権と動物の福祉の要請を考慮にいれたかどうかを確定することが必要であるとした[50]。

このように動物福祉原則は、比例性原則審査において考慮にいれられなければならないものであるということは確立していると言えるであろう。

2008年1月のViamex Agrar Handels (Joined Cases C-37/06 and C-58/06) 事件[51]においては、運輸の際における牛の福祉に関する欧州委員会規則615/98が問題となった。同措置は、牛の福祉を考慮した条件を遵守した、牛を輸出する運輸会社にリファンドを支払うというものであった。そこで、そのように共通農業政策に入る輸出リファンドと共同体の動物福祉立法のリンクが存在してよいのかについてドイツの財政裁判所から先決裁定が求められた。欧州司法裁判所は、以下のように判示した[52]。まず、運輸の際の動物保護に関する理事会指令91/628/EECの経験から、動物の福祉が動物輸出の際に常に尊重されているわけではないことが明らかになり、実際的な理由からルールの適用について詳細な実施措置を定める任務を委員会にまかせる必要が認識されていた。第2に、動物福祉の保護は、公益における正当な目的であり、その重要性は、とりわけ（アムステルダム条約による）EC条約に付属する動物の保護および福祉に関する議定書の構成国による採択、ならびに、国際運輸の際の動物の保護のための欧州条約の共同体による署名に反映されている。また、EU条約の最終文書に付属する動物の保護に関する宣言24にも反映されている。第3に、欧州司法裁判所は、共同体の利益が動物の健康および保護を含むことを多くの機会に判示して

きた。とりわけ，裁判所は，共通農業政策の目的を達成する努力は，動物の健康および生命の保護のような公益に関する要請を無視することはできないと判示してきた。その要請は，共同体機関がとりわけ共通市場組織に関して権限を行使する際に考慮しなければならないものである。したがって，共同体の動物福祉立法の遵守と牛の輸出リファンド支払いのリンクさせることによって，共同体立法者は，公益の必要性を維持しようとし，その目的の追求は当該規則の無効へと導かない。2008年6月のNationale Raad van Dierenkwekers (Case C-219/07) 事件[53]においてもこのViamex Agrar Handels (Joined Cases C-37/06 and C-58/06) 事件判決が引用され，確認された[54]。

　Zuchtvieh-Export (C-424/13) 事件[55]においては，牛の運輸に関して規則1/2005がEUの領域を越えて第三国においても適用されうるか否かが問題となった。原告の輸出会社は，ドイツからポーランド，白ロシア，ロシアおよびカザフスタンを経由してウズベキスタンに牛を運輸する際，同規則とは異なり，途中で牛をいったん降ろして休憩させるという計画を立てなかったため，当局により拒否された。このことを不服として，ドイツの裁判所に提訴した。同裁判所から先決裁定が求められたのが，本件である。欧州司法裁判所は，まず，当該規則がアムステルダム条約により，EC条約に付属する，動物の保護及び福祉に関する議定書33に基づいていることに確認し，同議定書の内容が現在はEU運営条約の一般的適用性を有するEU運営条約13条に規定されているとした[56]。そのうえで，当該規則14条1項は，EUの領域からそれを越えて続く長距離運輸を予定する場合，運行会社は，現実的でかつ第三国においても当該規則の規定を遵守することを示す走行予定を，その開始時点の管轄機関に提出し，許可を得なければならず，当局は，予定の変更を求めることができると解釈されるとした。このような裁判所の判決は，当該規則の前文5段及び11段から，同規則は，動物福祉の理由から，長距離の動物の運輸はできるかぎり制限されるべきであることを考慮し，動物への不当な取扱いや苦痛を引き起こすような方法で動物は輸送されてはならないという原則を基礎にしているという認識に基づいている[57]。

## 4 　行動計画・戦略

### （1）　行動計画2006年―2010年

　2006年1月に，欧州委員会は，2006年―2010年の動物の保護及び福祉に関する共同体行動計画を公表した[58]。同計画は，計画されている動物福祉のイニシアティブの見取り図に対して市民，ステークホルダー，欧州議会および理事会に委員会のコミットメントを具体化するものである[59]。また，アムステルダム条約により，EC条約に付属する動物の保護及び福祉に関する議定書により設定された原則に応えるものであるとされた[60]。同計画により委員会の達成したい主要な目的は，以下のものとされた。①動物の保護及び福祉に関する共同体政策の方向性をより明確に定めること，②EUにおいて又国際的なレベルにおいて高度な動物福祉の促進の継続，③将来の必要性を明確にしつつ既存の資源のより広い調整の供与，④動物福祉の研究における将来動向を支援し，又，3Rの原則（代替法の利用（Replacement），使用数の削減（Reduction），苦痛の軽減（Refinement））への支援の継続，⑤共同体政策分野横断的な動物の保護及び福祉へのより一貫したかつ調整されたアプローチの確保[61]。

### （2）　動物保護及び福祉のためのEU戦略2012年―2015年

　行動計画2006年―2010年は，アムステルダム条約に付属する動物保護及び福祉に関する議定書を受けてだされた。他方，動物保護及び福祉のためのEU戦略2012年―2015年は，2009年12月1日にリスボン条約が発効し，それによりEU運営条約13条に感覚ある生物としての動物の福祉配慮原則が規定されたことを受けている。同文書は，2012年2月15日に欧州委員会により公表された[62]。

　そこでは，課題として，①構成国によるEU立法の執行は不十分であること，②動物福祉の側面についての消費者への情報が不十分であること，③ステークホルダーが動物福祉に関する十分な知識を欠いていること，④動物福祉のための明確な原則を発展させる必要性が挙げられている[63]。欧州委員会は，既存の行動を強化するとともに，これまで特定の動物に対するEUの措置は存在したが，これまで規制のないペットを含め，経済活動の文脈で飼われるすべての動物に対する動物福祉原則を取り入れた立法枠組みを導入することを検討したいとしている[64]。また，EUの事業者が競争力を失わないように，二辺間および多

辺間において動物福祉促進活動をするとしている[65]。さらに，一貫したかつ統一的な技術情報の受容のための動物福祉レファレンスセンターネットワーク案についても言及がなされた[66]。

　欧州議会は，この委員会による戦略文書を受け，2012年6月27日付で同文書に関する報告書をだした[67]。同報告書は，欧州議会における農業及び地域開発小委員会（Committee on Agriculture and Rural Development）において報告者のマリット・ポールセンによりまとめられた。そこでは欧州動物福祉枠組法が好意的に受け入れられた[68]。また，そのような法によるEU内における共通の動物福祉基準の設定は，第三国からの輸入品が同様の基準に合うように要求するのを容易にするだろうとされた[69]。

　理事会は，委員会の戦略文書を受け，2012年6月の農業漁業理事会会合で動物の保護及び福祉に関する決定（conclusions）を採択した[70]。理事会は，委員会の提示したすべての動物に適用される動物福祉枠組法の考えにつき，動物保護のためのEU立法枠組の単純化は，事業者と当局の行政負担を軽減するのに有用な手段であるとし，同時に，それが動物の保護の基準を下げたり，EUレベルでの動物福祉を改善する野心を減じるものになってはいけないとした[71]。また，理事会は，欧州委員会に動物福祉の価値を増加させるために動物福祉に関する国際戦略を強化し，競争の歪みを緩和し，とくに二辺貿易協定におけるEUと第三国の事業者の間の対等性を確保することを目的とすることを求め，さらに，委員会にOIE[72]，WTO[73]およびFAO[74]のような多角的フォーラムにおいて動物の保護及び福祉に関してのEUの基準と知識を促進することを奨励するとした[75]。

（3）小　括

　これまで上述したように動物福祉に関し，鶏，豚，子牛などに関する措置，運輸の際の措置，後述するように実験動物の措置など個別的な措置がとられてきた。しかし，構成国によるそれらの措置の執行の不十分さやペット動物がそれらの措置によっては対象とならないなど問題が生じていた。そこで，リスボン条約により動物福祉配慮原則が明示化されたことを受け，戦略文書において，委員会は，すべての動物に適用される動物福祉のための枠組法を制定する

ことを提示した。この戦略文書に提示された動物福祉枠組法について，欧州議会も理事会も歓迎した。これにより，今後欧州委員会がそのようなEUの措置の提案をする可能性が高まった。

## Ⅲ　EUにおける動物実験禁止の発達と日本

### 1　EUにおける化粧品に関する動物実験禁止の発達

　化粧品に関する構成国法の接近に関する理事会指令76/768/EEC[76]が1976年に採択された。同指令の法的根拠条文は，共同市場（現域内市場）の設立および運営に直接影響を与える国内法を接近させるための，EEC条約100条（現EU運営条約115条）である。この指令の目的は，化粧品の構成，ラベリングおよび包装に関して共同体レベルで遵守されるべきルールを決定すること，また，他方で人間の健康を保障することであった。この指令には，動物への言及は存在しなかった。その後，1993年に指令76/768/EECを修正する理事会指令93/35/EEC[77]が採択された。同指令は，域内市場の設立と運営を対象とする，EEC条約100a条（現EU運営条約114条）を法的根拠条文とした。同指令の前文7段では，製品の利用安全性評価は，実験及び他の科学目的のために利用される動物の保護に関する，指令86/609/EEC[78]，とりわけ7条(2)の要請を考慮すべきであるとされた。なお，指令86/609/EECの7条(2)は，「動物の利用を伴わない，求められる結果を得るという他の科学的に満足のいく方法が合理的かつ実際的に利用できる場合，実験はなされてはならない」と定めていた。また，指令93/35/EECの前文8段では，原料および原料の配合の動物実験は，1998年1月1日から禁止されるべきであるとされた。同指令93/35/EECの1条により，指令76/768/EECの「2条からの一般的な義務を損なうことなく，構成国は，以下を含む化粧品の上市を禁止する」とする4条(1)の(h)の後に次の条文が追加された。

　「(i)　本指令の要請を満たすために1998年1月1日以降，動物実験された原料又はその配合

　　動物実験に取ってかわる満足できる方法を発展させるなかで不十分な進歩に

とどまっている場合，とりわけ，すべての合理的な試みにかかわらず他の代替的な方法が同等なレベルの消費者保護を供するほど十分に承認されていない場合，OECDの有毒性指針を考慮しつつ，委員会は，10条に定められる手続に従い，1997年1月1日までにこの規定の実施日の延期，十分な期間，いずれにせよ2年以上の間，のための措置案を提出する。そのような措置を提出する前に委員会は，化粧品学に関する科学委員会と協議する。

　委員会は，動物実験にかかわる，代替的方法の発展，承認及び認可における進歩を欧州議会及び理事会に年次報告を提出する。同報告書は，動物に関して実施された化粧品に関する実験の数及び種類についての正確なデータを含む。構成国は，実験及び他の科学的目的に利用される動物の保護に関する指令86/609/EECにより定められる統計収集するのに追加してそれらの情報を収集することを義務づけられる。」

　ここでは指令93/35/EECにおいては，動物実験の代替措置が存在しない場合に配慮しながら，1998年1月1日以降，動物実験された原料またはその配合を含む化粧品の上市が禁止された。

　2003年の欧州議会と理事会の指令2003/15/EC[79]により，この指令76/768/EEC，とりわけ指令93/35/EECにより追加されたその4条(1)(i)が修正された。なお，指令2003/15/ECは，EC条約95条（現EU運営条約114条）に基づき採択されたが，1993年11月1日に発効したマーストリヒト条約により欧州議会が理事会とともに採択権限を有するようになった。指令2003/15/ECの前文2段では，アムステルダム条約によりEC条約に付属する動物の保護及び福祉に関する議定書に言及がなされた。同指令前文3段では，上述した指令86/609/EECおよびとりわけその7条に，また，指令93/35/EECに言及がなされた。また同段では，これらの措置は，動物を利用しない代替的方法にのみ関係するものであり，実験に利用される動物の数を減らしたり，苦しみを減らしたりするために発展した代替的方法を考慮に入れていないとし，それゆえ，化粧品実験に利用される動物の最適な保護を与えるために，代替方法の体系的な利用を与えるようこれらの規定が修正されるべきであるとされた。同指令前文7段では，共同体レベルで承認された，または，欧州代替方法承認センター（European Centre for the Validation of Alternative Methods, ECVAM)により科学的に承認されたものとして認可された。また，OECDにおける承認の発展により，非動物代替的方法を利用した化粧品に用いられる原料の安全性を確保することが徐々に可能になってきているとされた。また，同前文8段では，動物実験された化粧品，最終処方，原料またはその配合の上市の禁止ならびに動物を用いて実施される実験の禁止の期限を指令の発効から最長6年までに設定すべきであり，代替措置がないという状況の場合は，指令の発効から最長10年までの期限を設定することが適当であるとされた。同指令2003/15/ECにより，指令76/768/EECの4a条が4条(1)(i)に取って代わることになった。指令76/768/EECの4a条は，以下のように規定している。

「1．2条から導き出される一般的な義務を損なうことなく，構成国は，以下のものを禁止しなければならない。
 (a) 代替的な方法がOECDにおける承認の発展を考慮して共同体レベルで承認され，採用された後，最終処方が代替方法以外の方法を用いた動物実験の対象である場合の化粧品の上市……
 (b) 代替方法がOECDにおける承認の発展を考慮して共同体レベルで承認され，採用された後，……代替方法以外の方法を用いた動物実験の対象である原料又はその配合を含む化粧品の上市
 (c) ……完成化粧品の動物実験の構成国領域における実施
 (d) 原料又はその配合の動物実験の構成国領域における実施……

 2．委員会は，消費者のための化粧品及び非食品に関する科学委員会(SCCNFP)及びECVAMと協議し，OECDにおける承認の発展を考慮し，様々な実験の段階的廃止の期限を含む1項(a), (b)及び(d)の下での規定の実施の期限を設定する。……実施の期限は，1項(a), (b)及び(d)に関して指令2003/15/ECの発効後最長6年に限定される。

 2.1．検討中の代替が存在しない，反復投与毒性，生殖毒性及びトキシコキネティクスに関する実験については，1項(a)及び(b)の実施期間は，指令2003/15/ECの発効から最長10年に限定される。……」

構成国はこれらを2004年9月11日までに指令2003/15/ECを遵守するのに必

要な措置，国内法化・実施措置をとらなければならないとした。

この修正により，単に動物実験を減らさなければならないという義務のみならず，それを実質的に支える，共同体レベルでの体系的な代替方法の利用が規定されることになった。また，この修正により，代替方法がある場合の上市の禁止 (marketing ban) と動物実験の禁止 (testing ban) とが規定されることになった。さらに，動物実験そのものの段階的廃止期限を2009年3月11日（同指令発効後6年後）にし，また，同日以降，動物実験をした化粧品，原料を含む製品の上市を禁止した。加えて，指令発効から10年後の2013年3月11日には，原則的に動物実験した化粧品およびその原料を用いた化粧品の上市を禁止した。

その後，上述した修正も含め，何度も修正された指令76/768/EECは，2009年の欧州議会および理事会の規則1223/2009により取って代わられた[80]。同規則は，EC条約95条（現EU運営条約114条）を法的根拠にして採択された。これまでは指令の形で採択されていた。指令は，結果のみを拘束し，手段や方法は構成国の裁量にまかされている。指令の場合は，各構成国において国内法化・実施されなければならない。今回は，「規則は，構成国による異なる実施の余地を与えない明確で詳細なルールを課すための，適当な法的手段であり，規則は共同体を通じて法的要請が同時に実施されるよう確保するものである」（同規則前文2段）ため，規則の形で採択された。同規則の前文38段は，アムステルダム条約によりEC条約に付属した動物の保護と福祉に関する議定書に言及している。また，同前文43段では，委員会が化粧品の上市の禁止期限を2009年3月11日に設定し，反復投与毒性等については，2013年3月11日を最終的な期限とすることが適当であるとされた。同規則の目的は，域内市場の運営を確保し，高水準の人間の保護を確保するために市場で入手可能な化粧品により遵守されるべきルールを設定することである（同規則1条）。同規則の対象は，市場で入手可能な化粧品すべてであるとされた。動物実験については，同規則5章「動物実験」18条が次のように規定している。

「1．3条から導かれる一般的な義務を損なうことなく，以下が禁止される。
(a) 代替的な方法がOECDにおける承認の発展を考慮して共同体レベルで承認され，採用された後，最終処方が代替方法以外の方法を用いた動物実

験の対象である場合の化粧品の上市
  (b)　代替方法がOECDにおける承認の発展を考慮して共同体レベルで承認され，採用された後，……代替方法以外の方法を用いた動物実験の対象である原料又はその配合を含む化粧品の上市
  (c)　……完成化粧品の動物実験の共同体における実施
  (d)　……原料又はその配合の動物実験の共同体における実施……
  2．委員会は，消費者安全の科学委員会（SCCS）と代替方法承認のための欧州センター（ECVAM）と協議した後，様々な実験の終了期限を含む，1項の(a)，(b), (c)及び(d)の観点における規定の実施のための期限を設定した。予定表は，2004年10月1日に公衆に入手可能になり，欧州議会と理事会に送付された。実施の期限は，1項の(a), (b), (c)及び(d)に関して2009年3月11日とされた。
  検討中の代替が存在しない，反復投与毒性，生殖毒性およびトキシコキネティクスに関する実験については，1項(a)及び(b)の実施期間は，2013年3月11日となる。……」
  また，同規則37条は，「構成国は，本規則の規定の違反に適用可能な罰則に関する規定を定め，それらが実施されるのを確保する必要なすべての措置をとらなければならない」と義務づけている。
  上述した修正された指令76/768では，確かに上市の禁止と動物実験の禁止が規定されており，内容的には，規則1223/2009とはあまり相違がない。しかし，規則であることにより同規則はすべての構成国において直接適用され，さらに，構成国は，その遵守を確保するための罰則規定を定め，それを遵守しない自然人や法人がいた場合，構成国がそれらに罰則を課さなければならないことが定められている。
  2013年3月に欧州委員会は，化粧品の分野における代替方法に関する動物実験および上市の禁止ならびに現段階の状況についてのCOM文書を公表した[81]。そこでは，EUにおける完成化粧品の動物実験が2004年から，また，化粧品原料の動物実験が2009年3月から禁止されている（実験の禁止）とし，また，2009年3月11日からは指令の要請に合うように動物実験がなされた化粧品およびその原料の上市が禁止されたこと（上市の禁止），さらに，最も複雑な人間の健康

への効果（最終点）に関して，化粧品の安全性（反復投与毒性，皮膚感作性，発がん性，生殖毒性およびトキシコキネティクス）を示す実験についての上市の禁止は，2013年3月11日が期限とされた（2013年上市の禁止）ことが報告された。[82] また，代替方法の利用可能性に関しては，以下のような報告がなされた。第1のステップは，2013年までに化粧品とその原料の実験に対する代替方法を利用可能にすることを設定したことであった。[83] 委員会は欧州議会と理事会に2011年9月に代替方法の利用可能性について報告書を作成したが，この技術的報告書の認定はまだ有効で，代替的方法による完全な代替はまだ可能ではない。代替的利用可能性は相当な進歩が見られる。とくに，これは，欧州委員会の共同研究センター（JRC）により運営されている動物実験の代替のためのEUレファレンスラボ（EURL ECVAM）[84]の尽力に負うところが大きい。また，消費者安全に関する科学委員会（SCCS）[85]が，化粧品の安全評価における代替方法の利用概観を与える指針覚書の改訂版を採択した。[86] 第2のステップは，代替方法のフルセットが利用できないことに照らして2013年上市禁止についてインパクト評価を実施したことであった。この結果により，2013年上市の禁止を続行するか，延期するかまたは逸脱メカニズムを導入するかを決めることにし，委員会としては，2013年上市禁止をそのまま発効させ，延期または逸脱のための新しい提案はしないという結論に達した。[87] つまり，現在のところ，化粧品の安全性の観点からすべての原料が承認されているわけではないが，原則的に2013年3月11日の上市の禁止は予定通り効力をもつとした。その理由としては，次のようなことが挙げられた。[88] まず，2013年の上市の禁止の延期は，欧州議会および理事会の政治的選択に影響を与えないことが挙げられた。動物実験された化粧品の上市の禁止に関する最初の規定が導入されたのは20年前，最初の禁止は1993年であり，上市の禁止は，完全な代替可能性に依らないこと，また，EU運営条約13条に動物福祉がヨーロッパの価値であり，EUの政策において考慮されるべきことが規定されたことも言及された。次に，2013年の上市の禁止の変更は，代替テスト方法を迅速に発展させることに水をさすことになると指摘された。加えて，化粧品に用いられている原料は，一般的に化学物質規制のREACH要請[89]に服することになる。[90] 動物実験は最終手段であるが，2013年上市の禁止後実験

が行われる場合，製品情報ファイルは，実験が指令・規則の要請に合うように実施されたか否かの評価を認めるべきである[91]。ファイルは，化粧品のみならず，製品における物質の他の利用並びに他の規制枠組（REACHあるいは他の法的枠組み）との遵守についての文書を含むべきである。

この委員会の文書において，2013年の上市の禁止に合わせて，代替方法の体系的確立に尽力がなされていることが報告され，および，化粧品以外にも用いられる物質の審査のリンクが提案された。

## 2 EUにおける動物実験保護の発展

科学的目的に利用される動物の保護については，上述した指令86/609/EECの後，それを廃止し，取って代わったのが欧州議会と理事会の指令2010/63/EU[92]である。同指令は，リスボン条約発効後採択された。同指令の法的根拠条文は，域内市場の運営と設立にかかわるEU運営条約114条である。

同前文1段では，指令86/609/EECに関し，高水準の動物の保護を確保するためにいくつかの構成国で実施措置がとられる一方で他の構成国においては同指令の最小限の要請のみを適用していることが指摘され，その差異を縮めるためにより詳細なルールが必要であるとの認識が示された。その前文2段において，動物福祉がEUの価値（value）であり，それがEU運営条約13条に規定されていると述べられている。また，前文3段において，1986年の実験および他の科学的目的のために利用される脊椎動物の保護に関する欧州条約をEC（現EU）が理事会決定1999/575/ECにより締結し，その当事者になったことに言及[93]がなされている。さらに，前文6段では，痛み，苦しみ，悩み，害の継続を感知し，表現する能力と同様に動物福祉に影響を与える要因につき，新しい科学的知見が得られたことを受け，最新の科学的発展に合致した最小限基準を上げることによって科学的手続において利用される動物の福祉を改善する必要があるとされた。加えて，前文12段では，動物が尊重されなければならない固有の価値（intrinsic value）を有し，また，動物の利用に関して一般大衆の倫理的関心も存在するとし，それゆえ，動物は常に感覚ある生物として取り扱われるべきであり，その利用は，人間もしくは動物または環境に究極的な利益を与えうる

分野に限定されるべきであるとされた。

また、上述した欧州委員会の文書の中で言及されていた、ECVAM、アメリカおよび日本の同等の機関（ICVVM[94]、JACVAM[95]）、並びにカナダの環境保健科学研究局は、2009年4月27日にアメリカメリーランド州ベセズダにおいて動物実験代替法の国際協調合意書に署名した。[96]

## 3　動物実験と日本
### （1）　日本における動物愛護管理法の発展

1949年（昭和24年）頃から動物愛護団体などの間で動物虐待防止を求める運動が何度から起こったものの、戦後間もないこの時期には、動物の愛護や適正な飼養に関する社会的な関心は低く、法律の制定には至らなかったとされている。[97]その後、昭和40年代半ばになり、犬による咬傷事故が多発して社会問題化するとともに、天皇の訪英を前にして、英国の新聞等に「日本には動物愛護に関する法律がなく、犬が虐待されている」との非難記事が掲載されるなど、日本の動物愛護施策の遅れについて海外から批判されることが相次いだとされる。[98]そこで、1973年（昭和48年）に動物の保護及び管理に関する法律が議員立法により制定され[99]、1974年（昭和49年）4月1日より施行された。

そこには、すでに動物実験における動物の苦痛に言及した条文が存在した。同昭和48年法律の10条は、以下のように規定していた。

「1　動物を教育、試験研究又は生物学的製剤の製造の用その他の科学上の利用に供する場合には、その利用に必要な限度において、できる限りその動物に苦痛を与えない方法によってしなければならない。

2　動物が科学上の利用に供された後において回復の見込みのない状態に陥っている場合には、その科学上の利用に供した者は、直ちに、できるだけ苦痛を与えない方法によってその動物を処分しなければならない。

3　略」[100]

これは、動物実験は、「動物に苦痛を与えない方法」で実施されなければならないと定めた日本における最初の条文になる。ただ、「できる限り」とあり、これを遵守しなくても、とくに罰則を課せられるものではなかった。

この法律から24年経った，1999年（平成11年）に第1次の改正がなされた。この際に，法律の名称が「動物の保護及び管理に関する法律」から「動物の愛護及び管理に関する法律[101]」に変更された。この名称変更に関し，青木人志は，保護という客観主義的な言葉に代えて，「愛護」という主観的・情緒的な含みのある言葉を使ったことの意味は，日本においては動物を虐待せず適正に飼養するということが，人間界の「重要な倫理」もしくは「尊敬すべき技術」として広く承認されるための基盤が脆弱であるため，まずは動物への関心を喚起し啓蒙する必要があったのではないかとしている[102]。正式訳ではないと断られているが，環境省のホームページに掲載されている英語版では，"Act on Welfare and Management of Animals"と訳されており，愛護に対して"Welfare"の単語が与えられている。

　1999年（平成11年）に第1次の改正が行われたが，この契機となったのが，平成9年に神戸で発生した児童連続殺傷事件である。この事件では，加害者の中学生に猫を虐待していた経歴があった。凶悪犯罪につながる可能性の高い，生命を軽視する心理が動物虐待という行為になって現れていたということが報道された[103]。この改正により，虐待や遺棄にかかわる罰則の適用動物の拡大，罰則の強化とともに動物取扱業の規制，飼主責任の徹底などが行われることになった。1999年（平成11年）動物愛護管理法の目的を定める1条において，「動物の虐待の防止，動物の適正な取扱いその他の動物の保護に関する事項を定めて」が「動物の虐待の防止，動物の適正な取扱いその他の動物の愛護に関する事項を定めて」に変更された。また，基本原則を定める2条2項は，「何人も，動物をみだりに殺し，傷つけ，又は苦しめることのないようにするのみではなく，その習性を考慮して適正に取り扱うようにしなければならない」から，大幅に変更され，以下のようになった。「動物が命あるものであることにかんがみ，何人も，動物をみだりに殺し，傷つけ，又は苦しめることのないようにするのみでなく，人と動物との共生に配慮しつつ，その習性を考慮して適正に取り扱うことにしなければならない。」ここでは，動物は感覚ある生物として捉えるEUとは異なり，命あるものとして捉えられている。また，EUでは，人間の健康が第1の目的として位置づけられているが，ここにおいては，「人と

動物との共生に配慮」するという日本独特の考え方が示されている。

　2005年（平成17年）6月22日，全会派一致での議員立法により改正動物愛護管理法が公布され，2006年（平成18年）6月1日に施行された。これが第2次の改正である。この改正では，①基本指針及び動物愛護管理推進計画の策定，②動物取扱業の適正化，③個体識別措置及び特定動物の飼養等規制の全国一律化，④動物を科学上の利用に供する場合の配慮等がなされた。実験動物について，上述したように，すでに1973年（昭和48年）動物保護管理法において動物の苦痛を減らす考え方が取り入れられていたが，第2次の改正により，41条に次のように規定された。

　「1　動物を教育，試験研究又は生物化学的製剤の製造用のその他の科学上の利用に供する場合には，科学上の利用目的を達することができる範囲において，できる限り動物を供する方法に代わり得るものを利用すること，できる限りその利用に供される動物の数を少なくすること等により動物を適切に利用することに配慮するものとする。

　2　動物を科学上の利用に供する場合には，その利用に必要な限度において，できる限りその動物に苦痛を与えない方法によってしなければならない。

　3　動物が科学上の利用に供された後において回復の見込みのない状態に陥っている場合には，その科学上の利用に供した者は，直ちに，できる限り苦痛を与えない方法によってその動物を処分しなければならない。

　4　略。」

　これにより，動物実験等に関するいわゆる3Rの原則のうち，従来から規定されていたRefinement（科学上の利用に必要な限度において，できる限り動物に苦痛を与えない方法によってしなければならないこと）に加え，Replacement（科学上の利用の目的を達することができる範囲において，できる限り動物を供する方法に代わり得るものを利用すること）およびReduction（科学上の利用の目的を達することができる範囲において，できる限りその利用に供される動物の数を少なくすること）が追加された。ただ，「科学上の利用目的を達することができる範囲において」，「その利用に必要な限度において」，「配慮するものとする」という二重三重の制限文句により無力化されているという見解も存在する。[104]

2012年（平成24年）9月5日に，議員立法による改正動物管理法が公布され，2013年（平成25年）9月1日に施行された。この改正では，①動物取扱業者の適正化，②多頭飼育の適正化，③犬及び猫の引き取り，④災害対応などが規定された。また，同改正では，目的を規定する1条が大幅に変更された。現行の条文では，「この法律は，動物の虐待及び遺棄の防止，動物の適正な取扱いその他動物の健康及び安全保持等の動物の愛護に関する事項を定めて国民の間に動物を愛護する気風を招来し，生命尊重，友愛及び平和の情操の涵養に資するとともに，動物の管理に関する事項を定めて動物による人の生命，身体及び財産に対する侵害並びに生活環境の保全上の支障を防止し，もって人と動物の共生する社会の実現を図ることを目的とする。」と規定されている。この改正について，NGOである地球生物会議ALIVEは，以下のような見解を示した。法の目的を定める条文の中に「動物の健康及び安全の保持等」の文言が盛り込まれた。これは，動物の福祉を意味する。また，法の目的は従来どおり，人間のために動物を愛護する気風を招来し，動物による侵害から人間を守るという人間中心のものであるが，今回，「人と動物の共生する社会」の言葉が加わることによって，動物のためでもあることが間接的に示された。また，岡本英子は，この改正につき，同改正で目的に掲げられた「人と動物の共生する社会の実現」に向けて，着実に次のステップにつなげていくために，その前提となる体制の整備や改善が必要であるとする。また，この改正には，参議院環境委員会による附帯決議がつけられている。その附帯決議7項では，「実験動物の取扱いに係る法制度の検討に際しては，関係者による自主管理の取組及び関係府省による実態把握の取組を踏まえつつ，国際的な規制の動向や科学的知見に関する情報の収集に努めること。また，関係府省との連携を図りつつ，3R（代替法の選択，使用数の削減，苦痛の軽減）の実効性の強化等により，実験動物の福祉の実現に努めること。」とされた。

（2）　動物管理に関する日本的手法

　1973年（昭和48年）動物保護管理法により動物に苦痛を与えない方法で動物を殺すべきことが10条（動物を殺す場合の方法）および11条2項（動物を科学上の利用に供する場合の方法および事後措置）に規定されていた。ただ，これらの条文自体

は「できる限り」という努力目標的な規定になっており，ゆるやかな規定として捉えられる。ただ，まったく意味のない規定であるというわけではない。

1973年（昭和48年）動物保護管理法を受け，その後，平成7年7月4日に「動物の殺処分方法に関する指針」総理府告示40号がだされた。[109] 同指針は，平成12年12月1日環境省告示第59号，同19年11月12日環境省告示第105号により改正され，現在に至っている。指針においては，より具体的に規定がなされている。第1の「一般原則」では，「管理者及び殺処分実施者は，動物を殺処分しなければならない場合にあっては，殺処分動物の生理，生態，習性等を理解し，生命の尊厳性を尊重することを理念として，その動物に苦痛を与えない方法によるよう努めるとともに，殺処分動物による人の生命，身体又は財産に対する侵害及び人の生活環境の汚損を防止することに努めること。」とされている。第2の「定義」の(4)苦痛においては，「痛覚刺激による痛み並びに中枢の興奮等による苦痛，恐怖，不安及びうつの状態等の態様をいう。」とされている。第3においては，殺処分方法が定められている。第4の「補則」において，「実験動物の飼養及び保管並びに苦痛の軽減に関する基準」（平成18年環境省告示第88号）等の趣旨に沿って適切に措置する努めることとされている。

また，「実験動物の飼養及び保管等に関する基準」[110]が1980年（昭和55年）3月27日に総理府告示第6号としてだされた。これは，罰則のない，いわゆる努力目標であるとされるが，実効性がないわけではないとされる。[111] 通常，大学で動物実験を行う際は，動物実験を管理する委員会により実験計画が細かくチェックされ，実務上は総理府告知の遵守が強制されているとされる。[112] さらに，2006年（平成18年）に「実験動物の飼養及び保管並びに苦痛の軽減に関する基準」（環境省告示第88号）が出された。現在，平成25年環境省告示第84号による最終改正版では，上述した3Rの原則が一般原則の基本的な考え方の中に採用されたうえで，細かく飼養および保管の方法，施設の構造，輸送時の取扱いの基準などが示されている。[113]

2005年（平成17年）動物愛護管理法の第2次改正により第1章「総則」の後に新たに第2章「基本指針等」が追加された。追加された5条は，「環境大臣は，動物の愛護及び管理に関する施策を総合的に推進するための基本的な指針（以

下「基本指針」という。)を定めなければならない。……」と定めた。これを受け，2006年(平成18年)環境省告示第140号として，「動物の愛護及び管理に関する施策を総合的に推進するための基本方針[114]」がだされた。

また，2005年(平成17年)動物愛護管理法の第2次改正により動物愛護管理法にRefinement(苦痛の軽減)の他，Replacement(代替法の利用)およびReduction(動物利用数の削減)が規定され，2006年(平成18年)6月1日から施行されることになった。これに合わせ，文部科学省は，2006年(平成18年)6月1日に「研究機関等における動物実験等の実施に関する基本指針[115]」を公表し，同日，厚生労働省は「厚生労働省の所管する実施機関における動物実験等の基本指針[116]」を公表した。また，同日，農林水産省は，「農林水産省の所管する研究機関等における動物実験等の実験に関する基本指針[117]」を制定した。指針には，動物愛護管理法および指針等の内容が遵守されているかを審査する動物実験委員会を設置することが規定され，3Rの実施が図られている。

学者による動きとしては，2006年6月1日に「動物実験の適正な実施に向けたガイドライン」がだされた[118]。その中の前文では，以下のことが示されている。1973年(昭和48年)動物保護管理法等により，実験動物の取扱いに関する具体的配慮の必要性が示された。それらを受け，動物実験については，科学研究の進歩を支える重要性に鑑み，法令ではなく行政指導によってその適正化が図られてきた。生命科学を推進するには，その必要性を最もよく理解している研究者が責任をもって動物実験等を自主的に規制することが望ましい。その一方で，動物実験等の適正な実施に関して国としてのよりどころを求める声もあると。そのような考え方に基づき，日本学術会議は2004年(平成16年)に「動物実験に対する社会的理解を促進するために(提言)」を報告した。

もっとも，このように基本指針が示されているものの十分ではないという指摘が存在する。動物実験の法制度改善を求めるネットワークの藤沢顕卯は，日本の動物実験は全く闇の中で無法状態であり，行政ですら，実験施設や実験を行っている組織がどこに何ヶ所あるか，実験動物が何匹，何の実験に使われているか把握していないとする[119]。また，その背後には，旧態依然とした業界(産業界および研究・学術界)の保守的姿勢と強い抵抗があるとする[120]。

このように日本では動物愛護管理法に3Rの原則が導入されているが、それらは努力目標にとどまっているので、基準や指針で具体的な内容が補充されている。また、3Rが実効性を持つように指針には動物実験委員会の設置が定められている。ただ、基準や指針には拘束力はなく、自主管理制度にとどまる。動物実験の法制度改善を求めるネットワークからは、施設の登録など、実効性を確保する具体的措置が必要であるとの認識が示されている。[121]

(3) EU法の日本への影響

EUにおいては、上述したように、1993年（平成5年）の理事会指令93/35/EECにより、同指令の要請を満たすために1998年（平成10年）以降、動物実験の代替となる方法が存在する場合は、原料および原料の配合の動物実験は禁止されるべきであるとされ、それを含む化粧品の上市が禁止されるという原則が打ち出された。この際には、構成国に猶予が与えられ、報告書や情報の収集などに重点がおかれた。さらに、2003年の理事会指令2003/15/ECは、より厳しい形で、ECVAMやOECDを通じ、共同体レベルで承認された代替方法がある場合は、動物実験された化粧品または動物実験された原料またはその配合を含む化粧品の上市を禁止し、また、動物実験を禁止した。さらに、同指令により、2009年（平成21年）3月11日以降は化粧品およびその原料のための動物実験が禁止され、また、動物実験した化粧品およびその原料を含む化粧品の上市が禁止されることになった。2013年（平成25年）3月11日以降は、当時代替方法が存在しないものも含め、動物実験した化粧品とその原料を含む化粧品の上市が禁止されることになった。加えて、何度も修正された指令76/768/EEC（第7次修正は指令2003/15/EC）は、2009年（平成21年）の欧州議会および理事会の規則1223/2009により取って代わられた。規則になったことですべて構成国において直接適用されるものになった。

日本の最大手化粧品メーカー資生堂は、このEU第7次修正指令により2013年（平成25年）3月11日より動物実験した化粧品およびその原料を用いた化粧品が市場で販売できなくなるということを受け、2013年（平成25年）2月28日の取締役会において、2013年（平成25年）4月から開発に着手する化粧品・医学部外品における社内外での動物実験を廃止することを決定した。資生堂の他、2013

年（平成25年）にマンダムも動物実験を行わない方針を表明，2014年（平成26年）にはコーセーが，そして2015年1月1日からポーラが動物実験を廃止することを表明した。EUでは，代替方法の承認のためのECVAMが存在し，日本でもJACVAMが設立されたが，規模と予算がEUのものに比較し小さいことが問題視されている。資生堂は，動物実験に代わる試験法の国内特許の使用を2014年（平成26年）12月より無償化した。[122] この特許は，2003年（平成15年）より花王株式会社と共同開発してきた皮膚感作性試験代替法の基本技術である。日本では，1986年に設立されNPO法人，JAVAが動物実験の廃止を求める活動を進めている。[123]

## Ⅳ　アザラシ毛皮製品取引禁止

欧州委員会は，2007年7月23日にアザラシ製品取引に関する規則を提案した。[124] 同提案は，2009年9月16日に規則1007/2009として欧州議会および理事会により採択された。同規則は，前文と8ヶ条から構成される。同規則は，2009年11月20日に発効し，EUのすべての構成国に直接に適用される。その法的根拠は，EC条約95条（現EU運営条約114条）である。同規則の前文1段は，「アザラシが痛み，苦痛，おそれ及びその他の苦しみを経験する感覚のある生物である」と規定している。前文1段は，動物の保護および福祉に関する共同体行動計画2006年―2010年に言及しており，同9段は，「EC条約に付属する動物の保護及び福祉に関する議定書に従い，共同体はとくに域内市場政策を策定し実施する際に，動物の福祉に十分な考慮を払わなければならない」と述べている。規則の3条によると，市場におけるアザラシ製品の販売は，そのようなアザラシ製品がイヌイットおよび他の土着の共同体により伝統に行われている狩猟から生じるものである限り許される。この規定は，2010年8月20日に発効した。

原告イヌイット・タピリト・カナタミ他は，2010年11月11日の一般裁判所において規則の無効を求める訴訟を起こした。[125] 自然人および法人は，自己を名宛人とするまたは直接かつ個人的に向けられた法行為に対して訴訟を提起することができる。EU運営条約263条4項に基づき，自然人および法人は，自己に

直接関係しかつ実施行為を必要としない，規制的行為に対しても異議申し立てをすることができる。しかし，一般裁判所は，原告は当該規則に直接関係しないとして，訴訟を却下した。そこで，原告らは，司法裁判所に提訴したが，敗訴した。[126] 委員会は，2010年8月10日付のアザラシ製品に関する規則1007/2009の実施のために詳細なルールを定めた規則737/2009を採択した。[127] その後，2010年11月9日に，原告らは，規則737/2010の無効を求めて，一般裁判所に提起した。T-526/10事件において，一般裁判所は，手続的効率のため，訴訟の許容性を事前に審査することなく，本案を検討した。[128] 当該規則は法的根拠を有さないという第1の主張および権限の濫用という第2の主張の両方が，一般裁判所により受けいれられなかった。原告らは，基本規則の第一義的な目的は，動物福祉の保護であり，域内市場の機能ではないとし，欧州議会および理事会がEC条約95条（現EU運営条約114条）を基本規則1007/2009の採択のための法的根拠として用いたことは法的に誤りであると主張した。しかし，一般裁判所は，その主張を退けた。原告らは司法裁判所に上訴したが，棄却された。[129]

規則1007/2009の合法性および実施規則737/2009の合法性は，EUのみならず，国際場裏においても争われた。カナダおよびノルウェーは，貿易の技術的障害に関する協定（以下，TBT協定），とりわけ2.1条および2.2条ならびにGATTの下でそれらの規則に異議申し立てを行った。両国は，パネルが設置されるよう要求した。パネルの判断は，EUに好意的なもので，EUアザラシ制度は，アザラシの福祉に関するEUの公的福祉事項（public moral concerns）に向けられた目的を満たしているため，貿易の技術的障害に関する規定の2.2条と合致しないわけではないとして，アザラシ製品の貿易禁止に対する両者の主張を退けた。[130] さらに，代替的な措置は，その目的の履行に対するEUアザラシ制度より同等もしくはより大きな寄与を形成するものが示されなかったと記した。パネルは，2013年11月23日に貿易の禁止が正当な目的を追求しているとした。

カナダとノルウェーは，上級委員会に上訴した。同委員会は，EUアザラシ制度は，TBT協定の付属書1.1の意味における「技術的規則」であるというパネルの判断を変更し，TBT協定の2.1条，2.2条，5.1.2条および5.1.2条の下

でのパネルの結論が法的効果のないものであると宣言した。しかし，同委員会は，EUアザラシ制度は，GATT1947のXX条(a)の意味における「公衆道徳の保護のために必要」であるとした。2014年6月18日に，WTO紛争解決機関（DSB）は，その報告書を提出した。WTO報告書では，アザラシ製品の取引禁止は，原則的にアザラシの福祉（welfare）に関する公衆道徳（moral concerns）のために正当化され得ると結論づけられた[131]。動物福祉に基づく貿易の禁止が公衆道徳のため正当化されるのは初めてである。このことは，将来，動物福祉に基づく貿易制限措置が合法とされる可能性を意味している。実際，EUとカナダの包括的自由貿易協定案（CETA）などの中には，公衆道徳（public moral），動物，動物の健康という言葉とともに動物福祉への言及が見られ，その広がりが認識されるようになってきている。

## V　結　論

　EUにおける動物福祉の措置は，1970年代に開始され，欧州審議会の欧州条約の影響を受け，急激に発展した。動物福祉の措置の採択のみならず，判例法もEUの利益として動物福祉の認識に寄与してきた。また，欧州委員会は，動物福祉のための共通行動および戦略を公表してきた。

　EUにおける動物福祉に関する措置は発展してきたが，動物福祉のための法的根拠条文は存在しない。これは，動物福祉に関する措置が共通農業政策，環境政策，運輸政策および域内市場などの他の法的根拠条文を基礎としていることを示している。たとえば，アザラシ製品の貿易に関する規則の法的根拠は，EU運営条約114条である。それらの措置は，動物福祉を考慮している一方で，その目的は，公衆衛生または域内市場の機能の確保である。それらの動物保護の措置は，人間中心主義を基礎としている。

　日本における動物福祉は，EUと比較すると遅れている。しかし，動物保護管理法がヨーロッパからの圧力のもと1975年に制定された。その制定から24年後，1999年に同法が改正され，動物愛護及び管理に関する法律と改称された。2005年に法律の2度目の改正によりいわゆる3Rの原則が導入された。この改

正により，環境省のみならず，文科省，農林水産省が動物実験の適正実施のための指針を作成した。もっともそれらには法的拘束力はない。同法の3度目の改正により，1条は，目的として，「人間と動物の共生する社会の実現」を挙げた。潜在的に日本のアニミズムを基礎としたこの考え方は，人間中心主義を超えるものであろう。化粧品に対する動物実験の禁止は，日本の化粧品会社に影響を与え，多くの会社に動物実験の廃止を決定させた。

さらに，EUにおける動物製品の貿易の禁止は，第三国，とくにカナダとノルウェーに影響を与えた。WTO紛争解決機関は，アザラシの福祉に関する公徳事項により正当化されうることを認めた。この決定により，将来，EUのみならず国際的な平面で，動物福祉がより考慮されることになる。

## 【注】

1 伊勢田哲治「第6章 動物解放論」加藤尚武編『環境と倫理』新版（有斐閣，2005年）115頁。Kristin Köpernik, *Die Rechtsprechung zum Tierschutzrecht: 1972 bis 2008*, (Peter Lang, 2010) pp.12-13.
2 ロデリック・F・ナッシュ／松野弘訳『自然の権利』ちくま学芸文庫（筑摩書房，1999年）32-33頁。
3 ピーター・シンガー編／戸田清訳『動物の解放』（技術と人間，1998年）。
4 Council Directive 74/577/EEC of 18 November 1974 on stunning of animals before slaughter, OJ 1977 L316/10.
5 European Convention for the protection of animals for slaughter, http://conventions.coe.int/Treaty/en/Treaties/Html/102.htm.
6 88/306/EEC: Council Decision of 16 May 1988 on the conclusion of the European Convention for the Protection of Animals for Slaughter, OJ 1988 L137/25.
7 Council Directve 93/119/EC of 22 December 1993 on the protection of animals at the time of slaughter or killing, OJ 1993 L340/21.
8 European Convention for the protection of animals kept for farming purposes, http://conventions.coe.int/Treaty/EN/Treaties/Html/087.htm.
9 78/923/EEC: Council Decision of 19 June 1978 concerning the conclusion of the European Convention for the protection of animals kept for farming purposes, OJ 1978 L323/12.
10 Council Directive 98/58/EC of 20 July 1998 concerning the protection of animals kept for farming purposes, OJ 1998 L221/23.
11 Council Resolution of 22 July 1980 on the protection of layer hens in cages, OJ 1980 C 196/1.

12　COM (1981) 420.
13　Council Directive 86/113/EEC of 25 March 1986 laying down minimum standards for the protection of laying hens kept in battery cages, OJ 1986 L95/45.
14　Directive 86/113, article 3.
15　Case 131/86 UK v Council [1988] ECR 905.
16　Council Directive 88/166/EEC of 7 March 1988 complying with the Judgment of the Court of Justice in Case 131/86, OJ 1988 L74/83.
17　Council Directive 1999/74/EC of 19 July 1999 laying down minimum standards for the protection of laying hens, OJ 1999 L203/53.
18　Council Directive 2007/43/EC of 28 June 2007 laying down minimum rules for the protection of chickens kept for meat production, OJ 2007 L182/19.
19　Council Directive 91/630/EEC of 19 November 1991 laying down minimum standards for the protection of pigs, OJ 1991 L340/33.
20　Council Directive 2001/88/EC of 23 October amending Directive 91/630/EEC laying down minimum standards for the protection of pigs.
21　Council Directive 2008/119/EC of 18 December 2008 laying down minimum standards for the protection of calves, OJ 2009 L10/7.
22　Council Directive 77/489/EEC of 18 July 1977 on the protection of animals during international transport, OJ 1977 L200/10.
23　European Convention for the protection of animals during international transport; 同条約は，1968年12月13日に署名され，1970年2月20日に発効した。同条約は，2003年に改正された。http://conventions.coe.int/treaty/en/Treaties/Html/193.htm
24　Council Decision (2004/544/EC) of 21 June 2004 on the signing of the European Convention for the protection of animals during international transport, OJ 2004 L241/21.
25　Council Directive 91/628/EEC of 19 November 1991 on the protection of animals during transport and amending 90/425/EEC and 91/496/EEC, OJ 1991 L340/17.
26　Council Regulation (EC) No 1/2005 of 22 December 2004 on the protection of animals during transport and related operations, OJ 2005 L3/1.
27　Doc. A2-211/86, Resolution on animal welfare policy, OJ 1987 C76/185.
28　OJ 1991 L340/17.
29　OJ 1993 L340/21.
30　Jana Glock, *Das deutche Tierschutzrecht und das Staatsziel "Tierschutz" im Lichte des Völkerrechts und des Europarechts*, Nomos, 2004, p.130.
31　Geert Van Calster, 6 *Columbia Journal of European Law*, 2000, 115-123, p.122.
32　Case C-189/01 Jippes and others v Minister van Landbouw, Natuurbeheer en Viseerij [2001] ECR I-5689, para. 79.
33　OJ 2001 L316/1.
34　OJ 2005 L3/1.

35 OJ 2007 L182/19.
36 Ex. Nele Dhont, *Integration of Environmental Protection into other EC policies*, (Europa Law Publishing, Amsterdam, 2003); 中西優美子「第3章 EU法における環境統合原則」庄司克宏編『EU環境法』(慶應義塾大学出版会, 2009年) 115-150頁。
37 Report on the European Union Strategy for the Protection and Welfare of Animals 2012-2015, A7-0216/2012, p.14.
38 Directive 2009/147/EC of the European Parliament and of the Council of 30 November 2009 on the conservation of wild birds, OJ 2010 L20/71
39 Council Directive 79/409/EEC of 2 April 1979 on the conservation of wild birds, OJ 1979 L103/1; 法的根拠条文はEEC条約235条 (現EU運営条約352条)。
40 Council Directive 92/43/EEC of 21 May 1992 on the conservation of natural habitats and of wild fauna and flora, OJ 1992 L206/7.
41 Gieri Bolliger, *Europäisches Tierschutzrecht*, Stämpfli Verlag, 2000, p.4.
42 Council Regulation (EEC) No 3254/91 of 4 November 1991 prohibiting the use of leghold traps in the Community and the introduction into the Community of pelts and manufactured goods of certain wild animal species originating in countries which catch them by means of leghold traps or trapping methods which do not meet international humane trapping standards, OJ 1991 L308/1.
43 Case C-189/01 Jippes and others v Minister van Landbouw, Natuurbeheer en Viseerij [2001] ECR I-5689.
44 Case C-189/02, paras. 71-76.
45 Case C-189/02, paras. 77-79.
46 Elanor Spaventa, *Common Market Law Review* 39, 2002, p.1159, p.1170.
47 Joined Cases C-96/03 and C-97/03 Tempelman and others v Directeur van de Rijksdienst voor de keuring van Vee en Vlees [2005] ECR I-1895.
48 Joined Cases C-96/03 and C-97/03, para. 48.
49 Case C-504/04 Agrarproduktion Staebelow GmbH v Landrat des Landkreises Bad Doberan [2006] ECR I-679.
50 Case C-504/04, para. 37.
51 Joined Cases C-37/06 and C-58/06 Viamex Agrar Handels GmbH and Zuchtvieh-Kontor GmbH v Hauptzollamt Hamburg-Jonas [2008] I-69
52 Joined Cases C-37/06 and C-58/06, paras. 20-24.
53 Case C-219/07 Nationale Raad van Dierenkwekers en Liefhebbers VZW v Belgische Staat [2008] ECR I-4475.
54 Case C-219/07, para. 27.
55 Case C-424/13 Zuchtvieh-Export GmbH v Stadt Kempten, ECLI: EU: C: 2015: 259.
56 Case C-424/13, para. 35.
57 Case C-424/13, para. 36.
58 Communication on a Community Action Plan on the Protection and Welfare of

Animals 2006-2010, COM (2006) 13 final.
59  Ibid., p.2.
60  Ibid., p.2.
61  Ibid., pp.2-3.
62  Communication on the European Union Strategy for the Protection and Welfare of Animals 2012-2015, COM (2012) 6 final.
63  Ibid., pp.4-5.
64  Ibid., pp.6-9.
65  Ibid., p.10.
66  Ibid., p.8.
67  Report on the European Union Strategy for the Protection and Welfare of Animals 2012-2015, A7-0216/2012.
68  Ibid., pp.12 and 14.
69  Ibid., pp.12 and 17.
70  Council conclusions on the protection and welfare of animals, 3176th Agriculture and Fisheries Council meeting, 18 June 2012, Press Release, http://www.consilium.europa.eu/uedocs/cms_data/docs/pressdata/en/agricult/131032.pdf.
71  Ibid., p.4.
72  OIEは，国際獣疫事務局 (World Organisation for Animal Health) の略。日本は，1930年に加入。
73  WTOは，世界貿易機関 (World Trade Oragnisation) の略。
74  FAOは，国際連合食糧農業機関 (Food Agriculture Oragnisation) の略。
75  Council conclusions on the protection and welfare of animals, 3176th Agriculture and Fisheries Council meeting, 18 June 2012, Press Release, p.7.
76  Council Directive 76/768/EEC of 27 July 1976 on the approximation of the laws of the Member States relating to cosmetic products, OJ 1976 L262/169.
77  Council Directive 93/35/EEC of 14 June 1993 amending for the sixth time Directive 76/768/EEC on the approximation of the laws of the Member States relating to cosmetic products, OJ 1993 L151/32.
78  Council Directive 86/609/EEC of 24 November 1986 on the approximation of law, regulations and administrative provisions of the Member States regarding the protection of animals used for experimental and other scientific purposes, OJ 1986 L358/1.
79  Directive 2003/15/EC of the European Parliament and of the Council of 27 February 2003 amending Council Directive 76/768 on the approximation of the laws of the Member States relating to cosmetic products, OJ 2003 L66/26.
80  Regulation (EC) No 1223/2009 of the European Parliament and of the Council of 30 November 2009 on cosmetic products, OJ 2009 L342/59.
81  Communication on the animal testing and marketing ban and on the state of play in

relation to alternative methods in the field of cosmetics, COM (2013) 135 final.
82 COM (2013) 135, p.3.
83 COM (2013) 135, p.4.
84 EURL ECVAMとは，the European Union Reference Laboratory for Alternatives to Animal Testingの略である。https://eurl-ecvam.jrc.ec.europa.eu/
85 SCCSは，the Scientific Committee on Consumer Safety (SCCS) の略である。欧州委員会が管轄する科学小委員会である。
86 COM (2013) 135, p.5.
87 COM (2013) 135, p.5.
88 COM (2013) 135, pp.5-6.
89 Regulation 1907/2006 concerning the Registration, Evaluation, Authorisation and Restriction of Chemicals (REACH).
90 COM (2013) 135, p.8.
91 COM (2013) 135, p.9.
92 Directive 2010/63/RU of the European Parliament and of the Council of 22 September 2010 on the protection of animals used for scientific purposes, OJ 2010 L276/33; これについての解説と日本語訳は，植月献二「EUの実験動物保護指令」外国の立法No.254, 2012年，91-125頁。
93 European Convention for the protection of vertebrate animals used for experimental and other scientific purposes, http://conventions.coe.int/treaty/en/treaties/html/123.htm.
94 ICCVAMとは，Interagency Coordinating Committee on the Validation of Alternative Methods（機関間協調代替法評価委員会）の略である。
95 JACVAMとは，日本動物実験代替法検証センター。http://www.jacvam.jp/jp/
96 EU代表部 EU News 101/2009 http://www.euinjapan.jp/media/news/news2009/20090427/120000/.
97 動物愛護管理法令研究会編『改正動物愛護管理法－解説と法令・資料』（青林書院，2001年）3頁。
98 前掲注97，3-4頁。
99 動物の保護及び管理に関する法律昭和48年10月1日法律第105号。
100 ト線部は筆者による。
101 この改正は，「動物の保護及び管理に関する法律の一部を改正する法律（平成11年法律221号）」による。これは，146回国会において成立し，平成11年12月22日公布，平成12年12月1日より施行された。これに関しては，動物愛護管理法令研究会編『改正動物愛護管理法──解説と法令・資料──』（青林書院，2001年）が詳しい。
102 青木人志「新・動物愛護法の成立と『法文化仮説』」『一橋論叢』124(1)2000年18頁，25頁。
103 前掲注97，5頁。
104 藤沢顕卯「実験動物の法改正を求める」消費者ニュースNo.92，2012年，356頁。
105 植田勝博「改正動物愛護法の内容の紹介」消費者ニュースNo.93，2012年，320-322頁。

106　http://www.alive-net.net/kaisei2012/kaisei2012.htm.
107　岡本英子「動物愛護管理法改正案の成立と今後の課題について」消費者ニュース No.93，2012年，325頁。
108　http://www.sangiin.go.jp/japanese/gianjoho/ketsugi/180/f073_082801.pdf.
109　佐久間泰司「9　医学実験動物の法規制と動物の権利」元山健ほか編『平和・生命・宗教と立憲主義』（晃洋書房，2005年）177，185-187頁。
110　https://www.env.go.jp/council/14animal/y141-04/ref02.pdf.
111　佐久間・前掲注109，188頁。
112　佐久間・前掲注109，188頁。
113　https://www.env.go.jp/nature/dobutsu/aigo/2_data/laws/nt_h25_84.pdf.
114　https://www.env.go.jp/nature/dobutsu/aigo/2_data/laws/guideline_h25.pdf.
115　http://www.mext.go.jp/b_menu/hakusho/nc/06060904.htm.
116　http://www.mhlw.go.jp/general/seido/kousei/i-kenkyu/doubutsu/0606sisin.html.
117　http://www.mhlw.go.jp/general/seido/kousei/i-kenkyu/doubutsu/0606sisin.html.
118　日本学術会議「動物実験の適正な実施に向けたガイドライン」。http://www.scj.go.jp/ja/info/kohyo/pdf/kohyo-20-k16-2.pdf.
119　藤沢・前掲注104，355頁。
120　藤沢・前掲注104，356頁。
121　藤沢・前掲注104，357頁。
122　http://www.shiseido.co.jp/listener.html/bafl5504.htm.
123　http://www.usagi-o-sukue.org/.
124　Proposal for a regulation of the European Parliament and of the Council concerning trade in seal products, COM (2008) 469.
125　Case T-18/10 Inuit Tapiriit Kanatami and others [2011] ECR II-5599.
126　Case C-583/11P Inuit Tapiriit Kanatami and others, ECLI: EU: C: 2013: 625.
127　Commission Regulation (EU) No 737/2010 laying down detailed rules for the implementation of Regulation (EC) No 1007/2009 of the European Parliament and of the Council on trade in seal products, OJ 2010 L216/1.
128　Case T-526/10 Inuit Tapiriit Kanatami and others, ECLI: EU: T: 2013: 215.
129　Case C-398/13 P Inuit Tapiriit Kanatami and others, ECLI: EU: C: 2015: 535.
130　WT/DS400/R, WT/DS401/R（25 November 2013）.
131　関根豪政「第9章　EUの通商政策を通じた動物福祉の普及」臼井陽一郎編『EUの規範政治』（ナカニシヤ出版，2015年）197，204-206頁参照。

# 第7章 EUにおける生物多様性の保護
▶生息地及び鳥指令並びにイタリアにおける適用

Sara De Vido
（翻訳　中西優美子）

## I　ヨーロッパにおける生物多様性：導入

　生物多様性は，「種内の多様性，種間の多様性及び生態系の多様性[1]」を含む。換言すれば，それ自体および人間すべてに対する価値を構成する[2]，自然の豊饒さを表す[3]。生物多様性の保護は，1992年に用いられたEU理事会の言葉の中にあった，ある領域に生きる人々の「遺産（heritage）」を意味する。国際レベルにおいて認められた，「文化的」および「自然的」遺産は実際には厳格に結びついている[4]。「遺産」という言葉は，自然および野生動植物の美しさを思い起こさせ，個人がその生活の中で発展できる帰属性を伝える。さらに，哲学が法に出会うとき，人は，生物多様性の維持が同様に経済的な恩恵も必然的に伴うものであることを認識せざるをえない[5]。EUは，この認識が必然的に伴うものを正確に描出してきた。「自然資源基礎を維持及び高めること並びにその資源を持続可能に用いることによって，その経済の自然効率を改善し，EUはヨーロッパの外側からの自然資源の依存を減らすことができる[6]」。経済的観点から，生物多様性は，自然災害または人間の介入により脅かされうる，また，いったん深刻に損なわれれば完全に回復されえない，「非再生可能資源として見なされなければならない[7]」。

　自然遺産を維持するために，ヨーロッパは，保護される場所（sites）の数を定期的に増加させてきた。生物多様性条約（以下，CBD）の締約国会議においてEUにより提出された最近の報告によれば，ヨーロッパは，2013年末において

123

２万7000の保護された場所を指定し，それはヨーロッパの陸地の約18％をカバーしている[8]。これらの場所は，ヨーロッパの生息地の多様性を表す生物学的な地域，つまり，アルプス，大西洋，黒海，北半球北部，大陸，イタリア地方，地中海，パンノニア，ステピックである。ヨーロッパは，かなりの種の多様性の宝庫でもある。260の哺乳動物（そのうち40が海洋哺乳動物），500種の魚，500種の鳥，150種の爬虫類，84種の両生類および9万種の昆虫である[9]。

## 1　ヨーロッパにおける生物多様性のリスク

ECレベルでとられた措置は1970年代（1973年に最初の環境行動計画がだされた）にさかのぼり，続く数十年において常に強化されてきたけれども[10]，生物多様性の損失は，依然問題である。この現象の主な原因は，生息地の変化，自然資源の利用過多，外来種の侵入の広がりおよび気候変動である[11]。それゆえ，欧州首脳理事会により求められ[12]，また，生物多様性に関する国連の10年の目標に沿って[13]，欧州委員会は，2011年に「2020年に向けた生物多様性戦略」を公表した[14]。それは，生物多様性の損失を減らし，資源効率およびグリーン・エコノミーに向けたEUの変換の迅速化を目標にしている。委員会は，6つの主な目標を明確化した。その最初の野心的なものは，2020年までにEUの自然に関する立法の対象となるすべての種と生息地の位置づけにおいて悪化を止めることである[15]。生物多様性が直面しているリスクは，第７次環境行動計画においてとくに強調されている[16]。「EUにおける生物多様性の損失及び生態系の悪化は，環境及び人間に対し重要な影響を与えるだけでなく，将来世代にも影響を与え，また，社会全体，とりわけ生態系サービスに直接依存している分野における経済アクターにとってもコストになる」[17]。最初の優先的な目的は，「連合の自然資本を保護，維持及び高めること」であり，それは，「生物多様性の損失及び受粉を含む生態系サービスの悪化が止まり，生態系及びそのサービスが維持され，悪化した生態系の少なくとも15％が回復される」ということを主要なゴールとして示している。当該計画は，たとえば土壌の浸食を減らすことを目的する，他の一連のイニシアティブも定めている[18]。優先的な目的は，経済に対する恩恵及び回復する自然の場所（sites）を強調することによって，「自然遺産（natural heritage）」よりもむしろ「自然資本（natural capital）」に言及していることが留意されるべきである[19]。しかし、ヨーロッパの人々の文化の要素としての生物多様性の価値は、EU機関によって過小評価されるべきではない。それは、単一の保護制度により自然保護における真の「欧州文化」の発展に貢献すべきである。

## 2　生物多様性の保護の方法

　生息地は、常に2以上の構成国を含む領域にわたり、種は、ある国から別の国に移動するため、生物多様性の保護は、EUレベルで考えられる必要がある。立法枠組は、2つの指令に基づいている。1979年にさかのぼり、修正を組み入れた2009年版が入手可能な、野鳥の保護の指令（以下、鳥指令[20]）ならびに、リオ生物多様性条約と同じ年に採択された、自然生息地および野生動植物の保護に関する1992年指令（以下、生息地指令[21]）である。これら2つの自然指令は、欧州の自然保護政策の基礎を構成している。それには2つの柱がある。1つは、保護された場所のNatura 2000のネットワーク、もう1つは、種の保護のための厳格な制度である。1000を超える動植物の種および200を超える「生息地タイプ」（たとえば、森、草地、湿地など）がこの制度の下で「欧州にとって重要なもの（European importance）」として見なされている。

　本章は、これらの2つの指令が、構成国により必ずしも完全には遵守されていないものの、生物多様性にとって依然本質的な手段であることを示すことを目的とする。とりわけ、EU司法裁判所が「人間」のプロジェクトの実現可能性ならびに生息地および種を保護する切迫した必要性のバランスを決定するのに重要な役割をになってきている。後半では、地域の役割を強調しつつ、イタリアの法制度における両指令の実施を分析する。最後に、比例性原則および予防原則に照らして、ケースバイケースで裁判官によって決定される、生物多様性の保護および人間の活動の間の均衡が、人間中心主義および非人間中心主義の間の相互作用に言及していることを結論づけたい。

## II　EUにおける生物多様性の発展

### 1　国際および地域的文脈

　1992年のリオ生物多様性条約（CBD）は，生息地指令の数日前に採択された。[22] EUが1993年から同条約の当事者であるので，同条約および自然指令に関して若干触れておくことにする。

　CBDは，生物多様性の概念に基づき，より包括的方法で，自然の保護および持続可能な利用を国際化する試みを表している。[23] 同条約2条は，「すべての生物（陸上生態系，海洋その他の水界生態系，これらが複合した生態系その他の生息又は生育の場のいかんを問わない。）の間の変異性」として定義しており，これには，「種内の多様性，種間の多様性及び生態系の多様性」が含まれる。この観念は，正式には定義されていないが，人類の関心事である，資源の保護または環境制度に集中している。[24]「生物多様性の本質的価値」を定義することなく，認識したうえで，同条約前文は，国際法における新しい概念，「人類の共通の関心事（common concern of humankind）」としての生物多様性の維持を導入した。このことは，世代内および世代間のアプローチに沿って，持続可能な方法で，すべての資源の生命体の多様性を維持するために必要な措置がとられるべきことも意味する。[25] 規範の内容が規定されていないにもかかわらず，人類の共通の関心事の観念は，国家の領域主権にある生物資源の維持および利用における国際的な利益を正当化する。

　CBDは，生息地および生息地場所以外の両方で生物多様性の維持のための措置を定めている。これらは，生物多様性の維持および持続可能な利用のインセンティブを含んでいる。研究，教育，プロジェクトへの環境影響評価，遺伝資源へのアクセス規制，これらの資源の利用技術および財政資源である。国家の遵守は，締約国会議により審査される。締約国は，国家（およびEU）が定期的に提出する報告書を受け取る。[26] 同条約は，2つの議定書により補足される。遺伝子改変生物（Living modified organism, LMO）の移動を規制する，バイオセーフティに関するカルタヘナ議定書[27]および遺伝資源の取得の機会およびその利用

から生じる利益の公正かつ衡平な配分に関する名古屋議定書である[28]。さらに，締約国会議は，生物多様性2011年—2020年のための戦略的計画を最近採択した。新しい計画は，20の愛知生物多様性目標を含む，5つの戦略的目標から構成される[29]。CBDの規定の変更可能な性格（open-ended character）[30]にかかわらず，この「枠組条約」は，生物多様性を保護する唯一の国際的な法的枠組みである。同条約は，国際レベルにおいて明確にされた目標を遵守する前提で，国家（または国際機関）に生物多様性政策の内容を決定する必要な裁量を与えている。この意味で，EUは，CBDの実施例であり，そのすべての行動が国際条約から生じる義務において第一義的な基礎を持っている[31]。

　EUは，移動性野生動物種の保全に関するボン条約の当事者でもあり[32]，地域レベルにおいては，1979年に欧州審議会により採択され，非欧州国家にも開放されている，欧州野生生物および自然生息地の保全に関するベルン条約の当事者である[33]。ここでは，ベルン条約に深く立ち入らないが[34]，EU自然指令との関係を明確化するために条約のいくつかの要素を説明することは有益である。生息地および種の保全に関するほとんどの条約と同様に，ベルン条約は，付属書において，野生動植物および自然生息地のリストの制度を規定している。1989年に当事者は「特別保全利益」のネットワーク，いわゆるエメラルド・ネットワークを創設することに合意した[35]。ベルン条約制度およびEUの制度間の作用は，相互的である。一方でベルン条約が生息地指令に含まれる関連する定義に影響を与えた。他方で，EU構成国によるベルン条約の実施は，生息地指令のおかげで強化された。生息地指令の違反は，同条約によって設定される手続よりもより効果的な手続（違反手続）により審査される[36]。したがって，1998年の勧告におけるベルン条約の常設委員会によって決定されたように，「エメラルド・ネットワークは，Natura 2000のネットワークである」。それゆえ，鳥および生息地指令は，EU構成国に「適用される唯一のルール」である[37]。

　少なくとも一見したところ，国際生物多様性アプローチは，フラグメンテーションにより特徴づけられる。しかし，より詳しく検討すると，CBDが地域および国内レベルにおけるより効果的な行動に対する基盤を形成する国際法的枠組みを構成していることを理解することができる。ヨーロッパにおいては，

この行動は，2つの自然指令に基づいている。以下において，より詳細に見ていくことにする。

## 2　鳥及び生息地指令の概観

　生物多様性へのEUのアプローチは，2つに分かれる。1つは，鳥及び生息地指令[38]，もう1つは，他の政策への生物多様性の統合である[39]。気候変動の緩和および水管理のような他の政策への生物多様性の関連は重要であるが，本章は，前者の戦略に限定する。2つの自然指令に関する文献は豊富であり，すべての主な規定，領域的範囲および例外（逸脱）が検討されてきた[40]。何年も経過しているが，両指令は，EUレベルにおける生物多様性保護の法的基礎を代表している。それらは，主に2つの問題に直面している。生物多様性の喪失の現象（まだ止められておらず，統合的な保護なしには悪化してしまい，他の政策の発展にも依存する[41]）と国家の遵守レベルの低さ（欧州委員会，EU司法裁判所，国内裁判所により常に監視されている）。EU機関は，効力のある条文を修正するよりも遵守を強化させようとしているようである。

　鳥指令は，野鳥，主に渡り鳥の種の保全を目的としている。渡り鳥は，様々な要因（とりわけ汚染，生息地の喪失，資源の持続可能でない利用）により数が減っている。同指令の前文において，野鳥は，構成国の「共有された遺産」を構成するものとして定義されている[42]。付属書Ⅰにおいて，同指令は，保護に値する絶滅の危機にある渡り鳥のための生息地をリストアップしている。そのような保護は，特別保護領域（Special Protection Areas, SPAs）の設定を通じて実現される。SPAは，1992年にNatura 2000ネットワークの中に入れられた。同指令2条の下で，国家は，1条に定められるすべての鳥の種にとっての生息地を維持し，再設定するために必要な措置をとることを義務づけられている。それには，保護された領域の創設，保護された地区の内外における生息地の生態系の必要性に沿った維持と管理，壊されたビオトープの再建，ビオトープの創設がはいる。

　同指令は，異なるレベルの保護を予定している。たとえば，付属書Ⅱにリストアップされた種は，国内立法によって狩猟可能であるが[43]，この人間の活動

は，保全努力を危険にさらしめることはできず，関連する種の賢明な利用と生態学的にバランスのとれたコントロールの原則を尊重しなければならない。SPAにとって，構成国は，付属書Ⅰの種の保全のためのSPAとして数と規模において最も適切な領域を区分することを要請される[44]。生態学的な必要性の考慮がなされなければならない。さらに，構成国は，区分において裁量をもっているが，SPAの明確化および境界づけは，科学的な基準を基礎としなければならない[45]。結果として，必要とされる基準を満たす場所 (sites) は，保護される領域が設定されていないところでも保護されなければならない[46]。

　生息地指令は，Natura 2000ネットワークを設定した。それは，同指令の付属書Ⅲによって定められる保全特別領域 (Special Areas of Conservations, SACs) と鳥指令の下でのSPAを含んでいる。それゆえ，新しい制度は，両方の場所のタイプに適用される。生息地指令は，生物多様性の無条件の保護を定めていない。生息地指令の前文は，行為の目的は，経済的，社会的，文化的及び地域的要請を考慮しつつ，生物多様性の維持を促進すること，並びに，そのような生物多様性の維持が人間活動の維持，又は，促進を一定の場合において要請しうることと述べている。EUの経済統合の歴史を明らかに反映する，この陳述にかかわらず，他の段落では，脅かされている生息地および種は，共同体の自然遺産の一部を形成し，構成国は自然生息地および種に関して「共通の責任」を共有しているとの認識が示されている。同指令は，5つの異なる，部分的に重なりのある付属書を含んでいる。生息地のタイプは，付属書Ⅰにリストされている，他方付属書Ⅱは，絶滅危惧種の動植物種のリストを含んでいる。付属書Ⅲは，構成国がある場所がSACになるために遵守しなければならない手続を定めている。欧州委員会は，提案された場所を共同体にとって重要な場所 (Site of Community Importance, SCI) として認めなければならない[47]。付属書ⅣおよびⅤは，厳格な保護が必要で，管理措置に服しうる，動植物種を含んでいる。同指令は，2つの部分に分かれる。1つは，自然生息地および種の生息地の保全 (3条—8条)，もう1つは，種の保護 (9条—16条) である。保全制度は，好ましい状況において野生動植物の自然生息地および数を維持または回復するのに必要な一連の措置を含んでいる。「好ましい (favourable)」は，安定し拡大す

る自然範囲を含む，特別の条件を満たすことを意味する[48]。保全措置は，場所のために特別に設計された，または，他の発展計画，適当な法律，行政または契約的措置のなかに統合された，適当な管理計画を含むだけでなく[49]，SACにおいて，「領域が指定された種の侵害と同様に自然生息地及び種の生息地の悪化」[50]を回避することを目的とする防止措置も含んでいる。動物種のために，構成国は，大自然におけるこれらの種のあらゆる形の故意の捕獲または殺生，これらの種への故意の侵害（とりわけ繁殖，子育て，冬眠，移動期間における），野生卵の破壊または取得，繁殖場所もしくは巣の場所の悪化もしくは破壊を禁じる「厳格な保護」の制度を設定するのに必要とされる措置をとらなければならない[51]。生息地および種に与える保護は，絶対的なものではなく，一方で人間の活動，他方，生物多様性の保護の均衡をとる継続的な必要性を要する例外に服する。

（1） 自然指令からの例外，とりわけ生息地指令6条

EU司法裁判所による最近の判例を用いて，例外の検討を行う。構成国は，「他の満足できる解決案が存在しない場合」，作物，家畜および森林への重大な損害防止のような公衆衛生および安全の利益を援用することによって，鳥指令の5条—8条から逸脱することを許容される。また，研究および教育の目的，数の増加のために，厳格に監視された条件の下で，少数の鳥の捕獲，維持または他の賢明な利用が許容される。区分されたSPAの制度は，生息地指令により置き換えられ，同指令は経済的または社会的性質の絶対的禁止を緩和した[52]。

生息地指令は，6条3項および4項においてより逸脱の柔軟な制度を導入した。その構造は，基本的に以下の通りである。計画またはプロジェクトがSAC（またはSPA）に「重大な影響」を有しうるときはいつでも，「適当な審査」に服さなければならない。管轄機関が計画またはプロジェクトが「関連する場所に悪影響を与えない」ことを確認したうえで許可が与えられる。否定的な審査結果がでた場合，計画またはプロジェクトは要件に合う形で実施されなければならない。代替的な解決策が存在しない場合には，社会的又は経済的性質を含む，最も重要な公益のための強制的な理由（imperative reasons）の存在並びに代償的な措置が委員会に報告されなければならない（6条4項1段）。優先的な

Horitsubunka-sha Books Catalogue 2016

# 法律文化社
# 出版案内

2016年版

---

■いま、"戦後思想の見取図"を示す！

## 戦後思想の再審判
A5判／292頁
3000円

●丸山眞男から柄谷行人まで

大井赤亥・大園 誠・神子島健・和田 悠 編

戦後を代表する主要論者12人の思想と行動を再検証。その遺産を継承し、現代の文脈で再定位を試みる。

法律文化社　〒603-8053 京都市北区上賀茂岩ヶ垣内町71　℡075(791)7131　FAX075(721)8400
URL：http://www.hou-bun.com/　◎表示価格は本体(税別)価格

## 政治／国際関係・外交／平和（学）

### 政治学基本講義
河田潤一 著　　2500円

欧米の理論家たちを取り上げ、歴史・文化・社会的背景を比較し、現在に至る思考の伝統を解説。『ミニ事典』や文献案内等の資料も充実。

### 戦後日本思想と知識人の役割
出原政雄 編　　8500円

1950年代、時代の変革をめざす「知識人」たちが、人権・平和などの課題とどのように格闘してきたのかを分析・考察する。

### ポスト京都議定書を巡る多国間交渉
角倉一郎 著　　5500円

●規範的アイデアの衝突と調整の政治力学　多国間交渉を規範的アイデアに着目して各会議を実証分析。その作用と政治力学のダイナミズムを解明。

### 原理から考える政治学
出原政雄・長谷川一年・竹島博之 編　2900円

### アメリカ多文化社会論　2800円
南川文里 著　●「多からなる一」の系譜と現在

### カナダ連邦政治とケベック政治闘争
荒木隆人 著　　4200円

●憲法闘争を巡る政治過程　ケベック問題の本質を、連邦首相トルドーとケベック州首相レヴェックとの憲法論争に焦点をあてて解明。

### ウェストミンスター政治の比較研究
R.A.W.ローズ他 著
小堀眞裕・加藤雅俊 訳　　7200円

●レイプハルト理論・新制度論へのオルターナティヴ　レイプハルト理論・新制度論にかわる政治過程における諸アクターの内的発展過程を解明。

### ローカル・ガバナンスとデモクラシー
●地方自治の新たなかたち
石田 徹・伊藤恭彦・上田道明 編　2300円

### 国際学入門　●言語・文化・地域から考える
佐島 隆・佐藤史郎
岩崎真哉・村田隆志 編　　2700円

### 中国ナショナリズム　丸川哲史 著
四六判／236頁　2400円

●もう一つの近代をよむ　特異な近代化過程をたどり経済発展の原動力となっている中国ナショナリズムを通史的に俯瞰し、その社会基盤・思想を手掛かりに中国独自の政治文化的事情を原理的に解明。

### 東ドイツと「冷戦の起源」1949～1955年
清水 聡 著　　4600円

新史料と欧米の先端研究をふまえ、東西ドイツの成立と冷戦秩序の確立に関わる歴史的起源に迫り、欧米諸国の外交政策を検証する。

### 外交とは何か
山田文比古 著　　1800円

●パワーか？／知恵か？　外交の意義・機能・役割・課題を簡潔に解説。外交の本質に迫り、正しい知識と的確な問題意識の涵養をはかる。

### 新・先住民族の「近代史」
上村英明 著　　2500円

●植民地主義と新自由主義の起源を問う　権利を奪われ、差別・搾取されてきた先住民族の眼差しから「近代史」を批判的に考察。

## 戦争をなくすための平和学
寺島俊穂 著　2500円

非暴力主義の立場から平和理論構築と実践的学問である平和学の今日的課題を探究。戦争のない世界をめざし、役割と課題を説く。

## 「慰安婦」問題と戦時性暴力
髙良沙哉 著　3600円

●軍隊による性暴力の責任を問う　植民地支配との関係や裁判所・民衆法廷が事実認定した被害者・加害者証言などから、被害実態と責任の所在を検討。

### 経済・経営／産業

## 現代リスクマネジメントの基礎理論と事例
亀井克之 著　2500円

## 経営学とリスクマネジメントを学ぶ
亀井克之 著　●生活から経営戦略まで　2300円

## 保育所経営への営利法人の参入
石田慎二 著　4200円

●実態の検証と展望　戦後の保育政策における営利法人の位置づけの変容を歴史的に検証し、その経営実態について比較的・実証的に分析。

## 観光学事始め
井口貢 編　2800円

●「脱観光的」観光のススメ　既存の観光学ではなく、地域固有の価値を尊重して経済と文化の調和ある発展をめざす脱・観光学入門書。

## ソーシャルビジネスの政策と実践
羅 一慶 著　2600円

●韓国における社会的企業の挑戦　社会的企業育成法の展開に焦点を当て、社会的企業・社会的経済組織に関する政策の歴史的背景と課題を考察。

## グローバル・タックスの構想と射程
上村雄彦 編　4300円

## 中国経済の産業連関分析と応用一般均衡分析
藤川清史 編著　4700円

### 社会／社会政策／社会保障・福祉

## 丼家の経営
田中研之輔 著　2600円

●24時間営業の組織エスノグラフィー　社会学の手法を用いて描き出すドキュメンタリー。働く人びとに経験的に寄り添い、現場のリアルを追体験。

## 包摂型社会
全 泓奎 著　2800円

●社会的排除アプローチとその実践　社会的排除アプローチを用いて、都市空間におけるさまざまな「貧困」の解決策を実証的に模索。

## ノンエリートのためのキャリア教育論
居神 浩 編著　4200円

●適応と抵抗そして承認と参加　「ノンエリート」学生のためのキャリア教育とは何か。試行錯誤する現場の実態を多角的に分析・提言。

## 現代ドイツの労働協約
岩佐卓也 著　3900円

労働条件決定システムの重要な要素であり、労使関係を端的に表す労働協約をめぐるドイツの「困難の歴史」を展開。

## 求職者支援と社会保障
丸谷浩介 著　　7600円

●イギリスにおける労働権保障の法政策分析
求職者への所得保障と求職支援が、いかなる法的構造と法規範によって支えられているかを解明。

## 離別後の親子関係を問い直す
小川富之・髙橋睦子・立石直子 編　3200円

●子どもの福祉と家事実務の架け橋をめざして
離別後の親子関係の交流を促進する昨今の家事事件の流れに対し、法学と司法実務の立場から検証・提言。

## フランスにおける家族政策の起源と発展
福島都茂子 著　　6700円

●第三共和制から戦後までの「連続性」　家族政策により高い出生率を誇るフランス。政策の起源と歴史的発展経緯を分析し、全貌を解明。

## 養育費政策の源流
下夷美幸 著　　4000円

●家庭裁判所における履行確保制度の制定過程
制度の全制定過程を丹念に分析。制度構築へ向け、貴重な史実と不可欠な視点を提供。

## ドイツ・ハルツ改革における政府間行財政関係
武田公子 著　　4000円

●地域雇用政策の可能性　基礎自治体と連邦政府との行財政関係について分析し、基礎自治体による雇用実施や費用負担などの可能性を探る。

## アジアの社会保障
増田雅暢・金 貞任 編著　3000円

中・韓・台・タイ・日の制度を比較、概観。歴史・人口の変動や政治経済状況をふまえ、社会福祉・医療・年金について詳解し、課題と展望を探る。

## 介護保険の検証　2500円
増田雅暢 著　●軌跡の考察と今後の課題

## 医療的ケア [介護福祉士養成テキスト4]
日本介護福祉士養成施設協会 編　2600円

## 初めての社会福祉論
三好禎之 編　　2200円

保育・介護を初めて学ぶ人に、社会福祉専門職として修得すべき基礎知識をしっかりおさえた入門書。資料やコラムも多数収載。

## 社会福祉事業の生成・変容・展望
鵜沼憲晴 著　　6900円

社会福祉事業の展開を各時期に区分し、理念・範囲・形態・法的手続・経営主体等の構成要素の変容過程に焦点をあて、背景と実態を分析。

薬学／評論

## 薬剤師になる人のための生命倫理と社会薬学
田内義彦・長嶺幸子・松家次朗 著　2800円

改正モデル・コアカリキュラムに即したテキスト。医療人としての薬剤師業務を効果的かつ倫理的に行う際に必要な知識を具体的に説明。

## 日米比較文化論
平尾 透 著　　6800円

●「統合主義」的理論化　独自の社会哲学であり、歴史・政治・文化の体系化を目指した「統合主義」を「文化」の領域に適用した著作。

改訂版　資料で学ぶ国際関係〔第2版〕
佐道明広・古川浩司
小坂田裕子・小山佳枝 共編著　2900円

社会保障論〔第3版〕　2600円
河野正輝・中島 誠・西田和弘 編

生息地又は種の場合，唯一考慮されうるのは，人間の健康もしくは公共の安全，環境にとって非常に重要性のある有益な結果，又は，他の最も重要な公益の強制的な理由に関係するものである（6条4項2段）。6条3項は，EU 司法裁判所及び国内裁判所によれば直接効果を有する[53]。欧州委員会は，本条の異なる表現の意味をより正確に説明することを目的とした指針を準備した[54]。これらの文書は，条文の正式な解釈を与えることはできないことは明らかであろう。しかし，それらは，常にEU 司法裁判所の判例に基づき，指令に含まれる技術的な語の意味を明確にすることに寄与する。たとえば，「計画又はプロジェクト」は，その中でライセンスが限定された期間に与えられるという前提を含むことができる一方で[55]，「代替的な解決案」は，委員会によると，あらゆる「実行可能な」（「合理的な」[56]ものとしても読むことができる）代替物，代替的な場所もしくはルート，発展の異なる規模もしくは設計，または，代替的な過程を含む[57]。

(2) 逸脱に関する最近のEU 司法裁判所判例

EU 司法裁判所は，何年にもわたり，鳥および生息地指令の解釈および適用に関する数十の事件を審査してきた。保護される場所に影響を与える人間のプロジェクトに対するEUの態度を検討するためには，例外につき厳格な解釈を採用した，最近のEU 司法裁判所の判例を参考にするのが有用である[58]。

① 長期的効果は基本的に「悪」影響である：Sweetman事件（2013年）[59]

Sweetman事件は，N 6 ゴールウェイ外のバイパス道路の実施と優先的自然生息地タイプへの影響に関するものであった。審査は，生息地指令6条3項を遵守し，注意深くなされた。アイルランドの計画局は，プロジェクトがコリブ湖SCI[60]に相当なマイナスの影響をもっていると評価したが，そのような影響は同場所全体（integrity of that site）に悪影響をもたらさないであろうと結論した。換言すれば，当局は，同指令6条3項を解釈し，それが場所の全体的重要性を強調しているとし，その限定的な部分へのマイナス影響により損なわれないだろうとした。スウィートマンは，高等裁判所に控訴し，それが棄却されて，最高裁判所に上訴した。最高裁判所は，EU 司法裁判所に先決裁定を求めた。

2012年11月22日付の意見において，法務官シャルプストンは，当該指令6条3項1文の英語版における「しそうである（likely）」という語に与えられる解釈

を出発点にして，6条3項および4項の注意深い分析を行った。シャルプストンによると，他の言語版における同条文は，単に「問題が関連する計画またはプロジェクトが影響をもちうるか否か」ということを示している[61]。それゆえ，「しそうである（likely）」が前提とするものよりも低い基準に言及している。換言すれば，影響は，審査が開始されるのに認識可能であればよいということになる。その後で，問題となる計画またはプロジェクトが「場所全体に悪影響」を有するか否かを決定する必要がある。法務官により認識されているこのテストは，プロジェクトが場所の保全の目的と一致しているか否かを審査することを目的としているため，当該指令6条3項1文の下でのものよりより高い基準を求めることになる。この場合，審査は，「場所の本質的な統一性」を考慮しつつ，予防原則に沿って実施されなければならない[62]。計画またはプロジェクトが悪影響をもつと考えられれば，それはマイナスの効果を示している。3つの状況が法務官により示されている。保護された場所への悪影響の相対的水準をマークする規模をもっていると仮定する。一方の端に一時的な損失があるが，場所が回復されうるので，悪影響とはみなされない。反対の端には，永続的な損失の可能性がある。それはシャルプストンの意見では，悪影響となる[63]。2つの極端な例の間に，法務官は3つの目の可能性をおいた。一時的でも永続的でもない効果であり，将来の発展に対してオープンである。あるプロジェクトが悪影響を生み出すと判断されれば，プロジェクトは当該指令6条4項1文において設定される要件の下で進めることができる。それは，最も重要な公益という強制的な理由がある場合のみ，代替的な解決案が利用可能でなく，代償的措置が計画されるということを意味する[64]。優先的な場所（6条4項2段）に対しては，あるプロジェクトは，必要な場合，欧州委員会の意見に服する，「厳格であるが，乗り越えられないわけではない要件」を満たさなければならない[65]。

　法務官によれば，計画またはプロジェクトの規模は，悪影響を決定するものではない。法務官の言葉では，6条3項の下でよりマイナーなプロジェクトを進めることを国家に許可することは，たといくつかの永続的なまたは長期にわたる損害もしくは破壊がかかわっていたとしても，6条が定める一般的なスキームと不両立になるであろうとされる[66]。目的は，同じ場所で進められること

を許可された，より低いプロジェクトが多く実施される結果としての累積的な生息地の損失を意味する，いわゆる「なぶり殺し」現象を避けることである。[67]

要するに，法務官の理由づけ（Sharpstonのテスト）は，効果的に6条の意味を明確化し，何年にもわたってEU司法裁判所により与えられる厳しい解釈を発展させた。EU司法裁判所は，その保全がSCIのリストにある場所の指定を正当化する対象である，優先自然生息地の存在に結びついた場所の公正的性質の永続的な維持を妨げうるときにはいつも悪影響が生じていると結論することによって法務官の意見の大半を是認した。予防原則は，その評価の目的に適用されるべきである。[68] 同事件は，アイルランド最高裁判所に戻され，最終的に決定される。[69]

② 緩和措置が代償的な措置を隠す：Briels事件（2014年）[70]

Briels事件判決において，EU司法裁判所は，プロジェクトの審査における代償的な措置の役割に関して判示した。同事件は，非優先的生息地タイプであるmolinia草地により特徴づけられるSAC Vlijmens Venなどに影響を与える，オランダの自動車道路の拡張に関係する。オランダの大臣は，自動車道路の環境影響を減らすための一連の措置を承認した。その場所で実施された2つのテストは，窒素堆積物の発現にかかわらず，A2自動車道路プロジェクトは，Vlijmens Venにおける水文状況を改善したということを示した。ブリエル他は，新しい草地は場所全体が影響を受けるか否かの決定において考慮に入れられえなかったとして，国の評議会（Council of State）において大臣決定に対して提訴した。同評議会は，EU司法裁判所に先決裁定手続を通じて2つの質問の回答を求めた。

裁判所は，予防原則および生息地指令の6条3項の下での審査が，不備がなく，正確，完全および明確な事実審理と結論を含んでいなければならないという事実に言及しつつ，先例から判決をひきだした。裁判所は，その理由づけにおいてさらに進み，代償的な措置は6条3項の下でプロジェクトへのかかわりの評価の中で考慮されえないことを確認した。[71] EU司法裁判所の判事は，新しい生息地の創設が保護される場所への悪影響のリスクを回避または減らしたりしない代償的な措置とみなされ，さらに，それが高い不確実性に特徴づけられ

ることを確認した。それゆえ，裁判所は，保護措置の実効性が，もし管轄機関が生息地指令6条3項に定められる特別手続を回避するために「緩和措置」と誤って定義される，代償的措置を用いれば，危険にさらしめられることになるだろうと判示した。[72] いったん悪影響が評価されるときのみ，6条4項が適用可能になる。シャルプストン法務官は，2014年2月27日の事件の意見において，2つの概念の明確な定義をした。[73] 緩和措置は，計画のマイナスの影響を減らすことを目的としている。他方，代償的措置は，異なるプラスの効果を通じて損害の埋め合わせをしようとするものである。もっとも，法務官は，新しい生息地は上述した「保全目的」の中にはいるため，ある程度代償的措置が6条3項の下での検討の際考慮に入れられることを認めた。しかし，結果は同じである。なぜなら代償的措置は将来の影響が正確には予想できない既存の状況を修正することを目的にしているため，新しい生息地は，保護された場所への回復できない悪影響となる。[74]「代償」は，不確定にしか予想できない結果を伴うマイナスの状況を補償することを意味するため，とりわけ代償的措置は予防原則に照らした，6条3項のテストに合格することが稀であるということになる。法務官の言葉では，既存の自然生息地の長期的な悪化は，取るに足りないかつ一時的な不安定というよりもむしろ恒久的な本質的な性質に必然的にかかわる何かである。[75]

③　生物多様性保護は水の権利と牴触する可能性：Archeloos Riverの分水路事件（2012年）[76]

Archeloos Riverの分水路事件の分析は，生息地指令の適用に限定される。紛争は，ギリシャのArcheloos RiverからThessalyまでの上流の部分的分水路に対するプロジェクトに関する。それは，一方で地域の灌漑の必要性と電気生産に，他方で水の供給に寄与することを目的としていた。同事件は，国家評議会によりEU司法裁判所に先決裁定が求められた。

先決裁定は，2つの理由で興味深い。第1に，保護された場所は，当該指令の下で優先された場所である。それゆえ，同プロジェクトが6条3項の下で場所に悪影響を及ぼすと評価されれば，許可は公衆衛生，公共の安全，環境にとって重要性を有する有用な結果，または，他の最も重要な公益の強制的な理由のためにのみ与えられうる。灌漑および飲料水の供給は，「強制的理由」で

あるという事実を前提に，飲料水の供給のみが「公衆衛生」の事項として考慮されうる。[77]裁判所は，この理由が6条4項の要件に合うか否かの決定を原裁判所が行うべきであると結論づけた。つまり，立場を明らかにすることを回避した。第2に，EU司法裁判所は，自然の生態系制度の大部分の人工的に造られた川の生態系制度への変換が生息地指令と合致するか否かを尋ねられた。この回答は，6条3項および4項に設定された条件が満たされればという条件のもと，6条および持続可能な発展の原則を思い起こさせる前文に照らして，肯定的であった。

(3) EU法の原則に照らした難しい均衡

上述した分析からいくつかの結論を引き出すことができる。人間の必要性と生物多様性の保護の均衡は，難しい問題であり，生息地指令の文言は，すべてに回答しているわけではない。これは，Sweetman事件で法務官シャルプストンにより明確にされたように，6条における，不十分に起草された立法の部分をどのように解釈するかという問題を引き起こす。[78]生息地指令は，その採択以来テストされてきて，何年にもわたって広い解釈の介入を要請した。EU司法裁判所の判例は，この法的文書に関する最近の判例において，これまで示されなかった正式な解釈を与えようとし，また，予防原則および持続可能な発展の原則に照らした，厳格な解釈テストを忠実に守ろうとした。EU司法裁判所は，6条3項および4項の間の境界線を明確に定めようとすることにおいては過度に「技術的」であるということで批判されうるが，生物多様性を保護し，濫用を回避する目的では，その行動は合理的であるように見える。生息地指令6条は，傷つきやすい分野における主要なインフラ的プロジェクトにとって大きな抜け穴を規定している。それゆえ，厳格で正確な解釈が必要とされる。[79] Sweetman事件における解釈のためのリトマス試験を設定しようとした，法務官シャルプストンに同意する。法務官は，永久的または長期間の効果は，悪影響とみなされなければならないとし，それゆえ，6条4項の下で分析されなければならないとした。法務官の結論は，とりわけその理由づけがEU環境法のコアである，現在の国際環境法および政策を組織し影響を与え，説明するための中心概念の1つとなった予防原則を基礎としている場合，共有されうる。[80]そ

れゆえ，かなりの影響をもち，利用可能な最善の科学知識に照らして長期的および(悪)影響を生み出す，計画またはプロジェクトは，6条4項の条件が満たされないと許可されえない。場所の指定の根底にある保全的な目的を考慮する，ケースバイケース・アプローチが選ばれるべきである。

シャルプストンの「テスト」は，Briels事件判決にある程度の影響を与えた。実際のところ，司法裁判所は，新しい生息地の将来の創設の積極的な効果は，ある程度の確実性をもって予想することが非常に困難であり，いずれにせよ，せいぜい2,3年先までしか分からないと評価した。[81] したがって，司法裁判所は，そのような不確かなプラス効果は6条3項に設定される手続的段階において考慮されえないことを確認した。もっとも，法務官の理由づけは，さらにクリアカットのように見える。法務官の意見では，6条3項は不確実性の不在(予防原則)を要請し，新しい領域は望まれた結果を達成しないため，プロジェクトは悪影響をうみださない。換言すれば，緩和措置が不確実な結果(たとえば，変化する状況への自然の反応を待つことが必要であるため)をもつときは，プロジェクトは保護された場所に悪影響をうみだす。実際，新しい領域の創設は，成功的な保護の保障ではない。欧州環境庁は，たとえば，新しい森が失われた森林生物多様性にとっての代償とはなりえず，生物多様性はヨーロッパで減少しているとしている。[82]

持続可能な発展の概念も果たすべき役割をもっている。生物多様性の保護は絶対ではなく，ある状況においては限定される。当然，1つの問題が生じる。人間の権利が問題となるとき，何が起こるか。われわれの理解では，所有権のみが事件で援用されてきた。[83] 水の権利はどうか。Acheloos River事件では，司法裁判所は，水の権利に言及せず，「水の供給」にその分析を限定した。EU司法裁判所は，この機会を用いて，環境国際法として発展してきている，水の権利を最も重要な公益の強制的な理由として確認することができたのにそれはしなかった。司法裁判所は，他の解決が実行可能ではなく，強制的な措置が予定されている場合で，かつ，人間の基本的要求が危機にあるときのみ，水の権利が場所の保護の利益に優先すると判示することができたのにそれはしなかった。[84]

## Ⅲ　イタリアにおける鳥及び生息地指令

### 1　立法の発展

　ヨーロッパにおけるすべての種のうち，動物の約30％が，植物の約50％がイタリアに生存する[85]。イタリアにおける生物多様性が直面しているリスクは，牧畜活動の法規，不適切な森林および農業管理，人間による破壊，インフラの発展，外来種の栽培などの人間の活動から生じている[86]。

　2013年末までにNatura 2000は，2585の領域（SCI/SACs, SPAs）を含んでいる。そのうちの92は全体的に海洋で，216は部分的に海洋である[87]。20世紀の最初から自然保護領域のカテゴリーが明確化されている[88]。2013年に，イタリアは，134の地域自然公園および335の地域自然保護区を含む872の自然保護領域を設定した[89]。イタリアは，1959年に最初の特別自然保護区をSasso Fratino, Bagono di Romagnaに設定した。764ヘクタールの領域で，人間のアクセスを含む人間の活動が禁じられている。

　イタリアは，1977年の法律968を制定することによって鳥指令を国内実施した。同法律は，野生動物の保護および狩猟に関する規定を含む1992年の法律157によって削除された[90]。この法律の下で，イタリア地域は，鳥の狩猟に対する狩猟制限および方法の定義についての特別立法を採択する権限を付与されている。欧州委員会は，鳥指令の不遵守，とりわけ逸脱に関する9条の不遵守を理由にイタリアに対してEU司法裁判所においていくつかの条約違反手続を提起した。それゆえ，EU司法裁判所は，2011年に，鳥指令の付属書Ⅱに含まれる種以外の種の狩猟を許可しているVeneto地域法は，上述した指令に違反していると判示した[91]。EU司法裁判所は，欧州委員会によって援用されている理由すべて（1つを除いて）を支持した。とりわけ，司法裁判所は，地域法が9条1項の下での逸脱の理由を明確に特定していないとし，5年間に狩猟される種の数を固定した。さらに，9条に定められる「少量（small quantity）」要件が尊重されなかった[92]。最近では，Veneto地域に関して2013年10月にだされた欧州議会の質問の後，委員会は，鳥指令の違反があるとして，イタリアに条約違反手続に基づく

正式な書状を送付した。[93] 委員会は，5つのイタリアの地域，Emilia Romagna, Lombardia, Marche, ToscanaおよびVenetoによって採択された立法がおとりの鳥を用いて鳥を捕まえる網の利用を許可していることにより，鳥指令の8条および9条に違反しているとした。委員会によると，網の適当な代替物があり，そのような状況で用いられる網は，鳥指令の9条1項(c)の下での「選択的」方法としては分類されえない。正式な書状への回答において，イタリアは，2014年のデクレN.91の中に1992年法律の改正を含めた。[94] それにより，1992年法律の19条bisに規定された事例における例外としておとりの鳥を用いた鳥の捕獲を禁止した。[95] さらに，2014年に，Veneto地域は狩猟の目的でおとり鳥を用いることを許可しなかった。EU法を遵守するために，2015年3月に採択された「Legge europea 2014」における自然指令と合致しない，おとり鳥を用いて鳥の狩猟のすべての方法の利用を禁止した。[96]

生息地指令については，1997年のデクレN.357によってイタリアで国内実施され，後に2003年に改正された。[97] 2003年デクレにより導入された主な新しさは，5条である。それによると，地域，州，地方公共団体に関する計画またはプロジェクトは，適当な評価のために管轄ある地域に送られる。[98] 環境大臣の2007年のデクレに言及しておくのが有用である。それによると，地域および自律的な州は，すべてのSPAにおける自己消費を意図しない新しい風力発電所の建設を禁じる義務の下におかれている。[99] 生息地指令との両立性に異議が申し立てられているプロジェクトに関する事件を分析する前に，CBDの下での義務に沿って，2010年にイタリアが国内生物多様性戦略を採択し，2011年に特別国内生物多様性委員会（NBC）を設定したことが留意されるべきである。[100] 同委員会は，中央国家，地域および自律的州の代表から構成される。イタリアは，2020年までに到達すべき戦略的目的，つまり生物多様性の保全，国家レベルにおける生物多様性の気候変動の影響の削減，経済的および分野的政策への生物多様性の統合を規定した。[101] 地域は，ネットワークの一貫性を確保するためにNatura 2000の場所に関する報告書をアップデートしなければならない。[102]

## 2　風力エネルギー生産に関する事件：Alta Murgia事件（2011年）[103]

Alta Murgia事件は，Alta Murgia国立公園の領域内に位置する土地の自己消費を意図していない風力タービンの場所を許可することをApulia地域が拒否したことから始まった。地域法は，2008年からSCIおよびSPAsにおける自己消費を意図していない風力タービンの場所を禁じ，その立法の適用を200m緩衝地帯まで広げた。Eolica di Altamura，エネルギー会社およびAzienda Zootecnicaは，地域決定に対して地方行政裁判所に訴えを提起した。同裁判所は，EU司法裁判所に先決裁定を求めた。国内裁判所は，国内規定によると，あるプロジェクトが特定プロジェクトおよび影響をうける場所の影響評価なしでブロックされえるが，同国内規定が，一方で鳥および生息地指令，他方で再生可能資源からのエネルギーの利用の促進に関する指令2009/28に合致しているか否かを尋ねた。EU司法裁判所は，国内立法が生息地および鳥指令により設定されるものよりもより厳格な保護制度を設定していることを認め，それが許容されるか否かを検討し，肯定した。その理由は，自然指令が完全な調和を追求していないということである。[104]生息地指令は，構成国により厳格な措置をとることを明示的には権限づけていないが，この可能性はEU運営条約193条から導き出される。[105]EU司法裁判所は，新しい風力タービンの建設を禁じる措置が生息地指令の目的と一致し，また，委員会への非通知は，それ自体は制限的な措置を不法とはしないとした。[106]国内立法が自己消費を意図した限定された能力の風力タービンの例外を含んでいることを認定した後，司法裁判所は，自然指令が風力タービンの絶対的な建設禁止を課す措置を排除していないと結論づけた。しかし，原裁判所は，問題となっている措置が比例的なものであり，再生可能なエネルギーに関する指令により必要とされるように申請者の間で差別がなかったか否かを尋ねられていた。[107]ApuliaのTAR（地域行政裁判所）は，EU司法裁判所の判決から2年後の2013年に，風力発電所の建設をブロックする，Apulia地域によってとられた決定は，合法であると判示した。[108]国内裁判所は，EU法とEU司法裁判所に関する理由づけを基礎として，最も制限的な措置が風力発電所の特質（鳥との衝突のリスク，鳥の妨害および移動，障害効果を引き起こす）のために正当化されるとした。措置が風力発電所に限定されること

を考慮して，TARは，比例的かつ非差別的であるとした。

## 3 エネルギーと生物多様性：2つの牴触する利益？

Alta Murgia事件において，2つの利益の均衡がとられる必要があった。1つは，生物多様性の保護，もう1つは，再生可能エネルギーの発展である。EU司法裁判所は，1つの利益が他方の利益に優先するとは判示しなかった。もっとも，裁判所は，EU運営条約194条を引用し，エネルギーに関するEUの政策は「環境の維持及び改善の必要性」を考慮して実施しなければならないとした。このことは環境の保護が優先することを意味しないが，司法裁判所の結論は，生物多様性を保護する重要性の黙示的承認である。それは，自然指令により規定されるものよりも国内レベルでのより制限的な措置を含むことができる。EUの政治的アジェンダにおいて高い位置を占める，再生可能エネルギーの場合，比例性原則および非差別の原則も果たすべき役割をもっている。実際，国家は，生物多様性への類似の効果を有する活動において差別をすることはできない。ある分野における風力発電地帯の実現の根底にある難しさを認識し，欧州委員会は，指針文書を準備した。それは，2011年にアップデートされた。その中では，風力発電地帯の発展における戦略的計画を強調し，エネルギー発電所がNatura 2000の場所に与える場合にとられる段階を経た手続を提案した。[109] 委員会によると，問題となっている2つの利益の間の「均衡」は，生息地指令の6条4項の下で設定される手続のおかげでなされえることが明らかである。それは，エネルギー発電所のみならず，関連するインフラ施設（道路及び場所へのアクセス）も考慮に入れている。EUは，よい場所に置かれ，設計された風力発電地帯の発展は生物多様性に対して問題をもたらさないと考えている。[110] そこで，ある疑問が湧きおこる。国内レベルでのより厳格な保護措置はどうなるのか。委員会は，それらを明示的に禁止していないが，指針文書からEUがケースバイケース分析を好んでいるようである。換言すれば，風力発電地帯は，生息地指令の6条3項および4項の下での上述した評価の後でのみ拒否されるべきである。

対立する利益の間での均衡は，EU司法裁判所が何年にもわたって示してき

たように容易ではない。国内レベルにおけるより制限的な措置は生物多様性の保護とEUの生成可能エネルギー政策の均衡をとることを目指した困難な手続の一部であると議論できた。実際，ある種および領域は，風力発電所の影響に対しより損なわれやすく，より厳格な措置を通じて保護されるべきである。6条3項および4項の下での上述した評価「テスト」は，特別なプロジェクトの禁止という結果になり，一般的な禁止と同じ結果に至る。もっとも一般的禁止の場合は変化する政治的な意思ならびに長く費用のかかる官僚的な手続にわずらわされないように見える。しかし，生息地指令は，まず，アドホックベースに計画またはプロジェクトを許可する特別の要件を規定していること，次に，イタリアのApuliaのような地域的団体による決定が地域および中央政府間の関係のための国内規範と対立を起こしうることが指摘されるべきである。[111]

## Ⅳ　結　語

上述した分析によると，自然指令（鳥指令及び生息地指令）は，EU生物多様性の豊かさを保護する方向性を規定している。これら2つの立法では，しかしながら十分ではない。まず，それらは，CBDおよびベルン条約のような国際および地域文書の文脈において解釈されるべきである。次に，それらの実施は，異なるアクターの活動の結果である。すなわち，EU機関，EU司法裁判所および欧州委員会，また国内判事および立法者。さらに，イタリアの地域のような構成国における領域的団体および国内環境団体である。前者は，経済的な恩恵を犠牲にして生物多様性を保護するより制限的要件を導入した地域と共に，イタリアでは，狩猟者の利益を保護するために鳥指令に違反する地域を見つけた。市民社会に目を向ければ，その役割は，生物多様性が直面するリスクへの注意を喚起し，EU政策へ環境事項を統合することを目的とするボトムアップに貢献することにおいて重要である。国際環境法は，基本的に人間中心主義のままではあるが，生物多様性における本質的な価値の承認が進んでいくという，非人間中心主義の発展が存在する。[112]しかし，人間中心主義および非人間中心主義は，環境倫理において和解できる。環境倫理は，自然環境と人間の関係

を検討する。自然および生物多様性は，内在的に価値を持ち，また，現在および将来の人間にとって恩恵として考えられうる[113]。人間は，この価値を保護し，活動を通じて環境意識を発展させる責任を負う[114]。生物多様性それ自体は，人間の経済活動に優先しないが，このアプローチは自然指令によって許容される逸脱のEU司法裁判所によるより制限的な解釈並びに人間の活動と生物多様性の保護の均衡をもたらす。予防原則に照らして，この均衡は生物多様性に友好的に慎重に発展しているようにみえる。

## 【注】

1　Definition in the Convention on Biological Diversity, Rio, 1992, art. 2.
2　On the debate of the notion of 'intrinsic value' of biodiversity included in the preamble to the CBD, see M Bowman, "The nature, development and philosophical foundations of the biodiversity concept in international law", in M Bowman and C Redgwell (eds), *International law and the conservation of biological diversity*, Kluwer, London, (1996), p.5, p.21.
3　Johannsdottir et al. (2010), p.140.
4　See the text of the 1972 Unesco Convention on Cultural and Natural Heritage.
5　G. Sainteny, "La valeur économique de la biodiversité", in M Falque and H Lamotte (eds), *Property Rights, Economics and Environment*, Bruylant, Bruxelles, (2012), pp.213-222.
6　Communication from the Commission to the European Parliament, the Council, the Economic and Social Committee and the Committee of the Regions. Our life insurance, our natural capital: An EU biodiversity strategy to 2020, 3.5.2011, COM (2011) 244 final, p.3.
7　P Birne, A Boyle, C Redgwell, *International law and the environment*, OUP, Oxford, (2009), p.584.
8　Data included in the report of the EU to the Conference of Parties of the Convention on Biological Diversity. Fifth report of the European Union to the Convention on Biological Diversity, June 2014, p.4.
9　European Union, country profile. http://www.cbd.int/countries/profile/default.shtml?country=eur#measures.
10　P Birne, "The European Community and preservation of biological diversity", in M Bowman, and C Redgwell (eds), *International law and the conservation of biological diversity*, Kluwer, London, (1996), p.212.
11　Report of the EU to the Conference of Parties of the Convention on Biological Diversity. Fifth report of the European Union to the Convention on Biological Diversity,

第 7 章 EU における生物多様性の保護

June 2014, p.4.
12  European Council conclusions of 26 March 2010 (EUCO 7/10).
13  Established by the UN General Assembly Resolution no. 65/161, 11 March 2011.
14  Communication from the Commission to the European Parliament, the Council, the Economic and Social Committee and the Committee of the Regions, Our life insurance, our natural capital: An EU biodiversity strategy to 2020, 3.5.2011, COM (2011) 244 final, p.1.
15  Ibid., at 5.
16  Decision no. 1386/2013/EU of the European Parliament and of the Council of 20 November 2013, *on a General Union Environment Action Programme to 2020 'Living well, within the limits of our planet'*, OJ 2013 L 354/171.
17  Decision no. 1386/2013, recital 23, and para. 6 of the annex.
18  Proelss et al. emphasise four main actions, namely comprehensive scientific knowledge in order to have a regular adaptation of the annexes, strategic conservation plans for highly threatened species, an improved 'on-ground' monitoring system and substantial financial resources to be also invested in education, A Proelss, A Hochkirch, T Schmitt, J Beninde, M Hiery, T Kinitz, J Kirschey, D Matenaar, K Rohde, A Stoefen, N Wagner, A Zink, S Lötters, M Veith, *Europe needs a new vision for a Natura 2020 Network*, Conservation Letters 6, 2013, pp.462-467.
19  The definition of natural capital is provided by *Financing Natura 2000, EU funding opportunities in 2014-2020*, a guidance handbook issued by the EU Commission, June 2014, p.16. http://ec.europa.eu/environment/nature/Natura 2000/financing/docs/Natura 2000financingHandbook_part%201.pdf. 'Economic metaphor that refers to the limited stocks of biophysical resources found on Earth, commonly used to refer to the socio-economic importance and value of nature in the context of green economy'. The handbook also highlights other favourable aspects, namely better food and water security, employment, educational opportunities and cost-effective solutions for mitigating and/or adapting to climate change, and increasing social inclusion in rural areas and other regions.
20  Council Directive 79/409/EEC of 2 April 1979 on the conservation of wild birds, OJ 1979 L 103/1, and Directive 2009/147/EC of the European Parliament and of the Council of 30 November 2009 *on the conservation of wild birds* (codified version), OJ 2010 L 20/7.
21  Council Directive 92/43 of 21 May 1992 on the conservation of natural habitats and of wild fauna and flora, O.J. L 206/7 (1992), last amended by Council Directive 2013/17/EU of 13 May 2013 adapting certain directives in the field of environment, by reason of the accession of the Republic of Croatia, OJ 2013 L 158/193.
22  It is not possible to analyse all the legal instruments that preceded the convention. As for conservation issues, see the 1971 Ramsar Convention on Wetlands of International

Importance Especially as Waterfowl Habitat (Ramsar Convention, the first global instrument on habitat), the 1972 Convention for the Protection of the World Cultural and Natural Heritage (World Heritage Convention), the 1973 Convention on International Trade in Endangered Species of Wild Fauna and Flora (CITES) and the 1979 Bonn Convention on the Conservation of Migratory Species of Wild Animals (CMS). The earliest one is the 1950 Birds Convention. See U Beyerlin and T Marauhn, *International environmental law*, Hart Publishing, Oxford, (2011), p.55 ff, p.181 ff.

23  A Boyle, "The Convention on Biological Diversity", in L Campiglio, L Pineschi, F Siniscalco, T Treves (eds), *The environment after Rio: International law and economics*, Graham and Trotman, London/Dordrecht, (1994), p.11, p.33.

24  E Brown Weiss, *International law for a water-scarce world*, Leiden, Martinus Nijhoff, (2013), p.71. The author argues that fresh water is a common concern of humankind.

25  In this sense, see J Brunnée, "Common areas, common heritage, and common concern", in D Bodansky, J Brunnée, E Hey (eds), *Oxford handbook of international environmental law*, OUP, Oxford, (2007), pp.550-573.

26  S Johnston, "The Convention on biological diversity: the next phase", *RECIEL* 6, 1997, p.219, p.220.

27  29 January 2000, in force as of 11 September 2003.

28  29 October 2010, in force as of 12 October 2014.

29  Aichi Biodiversity Targets. https://www.cbd.int/sp/targets/.

30  A Johannsdottir, I Cresswell, P Bridgewater, "The current framework for international governance of biodiversity: is it doing more harm than good?", *RECIEL* 19, 2010, p.139, p.142; C Mackenzie, "Comparison of the Habitats Directive with the 1992 Convention on Biological Diversity", in G QC Jones (ed.), *The Habitats Directive: a developer's obstacle course?*, Hart publishing, Oxford, (2012), p.25, p.29. The term 'open-ended' does not mean that the convention is an act of soft law. States' parties must abide by the treaty. The term refers to the vagueness and imprecision of the provisions.

31  See the EU report to the COP, 2014.

32  On migratory species, A Proelss, "Migratory Species, International Protection", in R Wolfrum (ed.), *Max Planck Encyclopedia of Public International Law*, OUP, Oxford, (2012), pp.160-169.

33  CETS no. 104. The preamble recalls the 'intrinsic value' of biodiversity as in the CBD and anticipates the concept of 'natural heritage' later used by the EC: 'wild flora and fauna constitute a natural heritage of aesthetic, scientific, cultural, recreational, economic and intrinsic value that needs to be preserved and handed on to future generations'.

34  See, among others, M Déjeant-Pons, "Biodiversité européenne. La Convention de Berne du 19 septembre 1979 relative à la conservation de la vie sauvage et du milieu naturel de l'Europe", *Rivista giuridica dell'ambiente*, 1997, pp.969-990 and C Lasén Diaz,

"The Bern Convention: 30 years of nature conservation in Europe", *RECIEL* 19, 2010, pp.185-196.
35 Lasén Diaz, note (34), p.185.
36 G QC Jones, "The Bern Convention and the origins of the Habitats Directive", in Jones G QC (ed.) *The Habitats Directive: a developer's obstacle course?* Hart publishing, Oxford, (2012), pp.19-21.
37 Standing Committee, Resolution No. 5 (1998) concerning the rules for the Network of Areas of Special Conservation Interest (Emerald Network), 4 Dec 1998.
38 See *supra*, fn. 19 and 20.
39 B Jack, "The European Community and biodiversity loss: missing the target?", *RECIEL* 15, 2006, p.304.
40 See, *inter alia*, JH Jans, R Macrory, AM Moreno Molina, *National Courts and EU Environmental Law.*, Europalaw Pub, Groeningen, (2013), R Romi, *Droit international et européen de l'environnement*, LGDJ, Paris, (2013), A Garcia Ureta, *La Directiva de Hábitats de la Unión europea: Balance de 20 años*, Aranzadi, Navarra, (2012), N De Sadeleer, "From natural sanctuaries to ecological networks", *Yearbook of European Environmental Law* 5, 2005, pp.215-252, N De Sadeleer and CH Born, *Droit international et communautaire de la biodiversité*, Dalloz, Paris, S De Vido, "Tutela della biodiversità e rispetto dei diritti umani. Le sentenze CGUE nei casi Cascina tre pini e deviazione del fiume Acheloo", *Rivista giuridica dell'ambiente*, 2014, pp.801-817, J Verschuuren (2004), "Effectiveness of nature protection legislation in the EU and the US: The Birds and Habitats Directives and the endangered species act", in M Dieterich and J Van der Straaten (eds), *Cultural Landscapes and Land Use: The Nature Conservation-Society Interface*, Kluwer, Dordrecht/Boston/London, (2004), pp 39-67, C Lasén Diaz, "The EC Habitats Directive approaches its tenth anniversary: an overview", *RECIEL* 10, 2010, pp.287-295 and JH Jans, *European Environmental Law*, Kluwer, The Hague, London, Boston, (1996), p.354 ff.
41 See the public consultation launched by the EU Commission addressing the causes of biodiversity losses and asking for suggestions. Public Consultation on the future EU Initiative on No Net Loss of Biodiversity and Ecosystem Services, from 06/05/2014 to 10/17/2014.
42 Recital 4, Birds Directive, 2009.
43 Art. 7 Birds Directive.
44 Art. 4, para. 1, Birds Directive.
45 BirdLife identifies Important Bird and Biodiversity Areas (IBAs). The value of BirdLife's IBA inventory as a 'shadow list' of SPAs has repeatedly been recognised by the European Court of Justice and the European Commission in a series of cases brought against Member States for failure to designate sufficient SPAs. This has helped to bring about a dramatic increase in the total area of IBAs designated as SPAs, from

23% in 1993 to 67% (47 million hectares) in 2013. However, one-third of the total area of IBAs remains undesignated. BirdLife International (2013) Designating Special Protection Areas in the European Union. Presented as part of the BirdLife State of the world's birds website. Available from: http://www.birdlife.org/datazone/sowb/casestudy/244.

46 The provisions of the Directive take direct effect. See ECJ, C-355/90 Commission v Spain [1993] ECR I-4221, para. 22. See N De Sadeleer, "From natural sanctuaries to ecological networks", *Yearbook of European Environmental Law* 5, 2005, p.215, p.222; Verschurren, supra note 40, p.52.

47 The three stages are as follows: First, a member state proposes a list of sites that either host certain habitat types or certain endangered species. Secondly, the Commission decides which of the proposed sites will be declared 'sites of community importance'. Thirdly, the member state concerned designates that site as a special area of conservation as soon as possible and within six years at most. A detailed description of the procedure in N. De Sadeleer, ibid. 46, at 227 ff.

48 Art. 1, letter e), Habitats Directive.

49 Art. 6, para. 1, Habitats Directive.

50 Art. 6, para 2, Habitats Directive.

51 As for plant species, the prohibition of the deliberate picking, collecting, cutting, uprooting or destruction of such plants in their natural range in the wild; the keeping, transport and sale or exchange and offering for sale or exchange of specimens of such species taken in the wild.

52 In a case related to an alleged violation of art. 4, the Commission argued that no exception was contemplated to Art. 4.4 (obligation to take positive measures to avoid deteriorations of SPAs). The ECJ affirmed that MS could only reduce the extent of SPAs on exceptional grounds that corresponded to a general interest superior to that represented by the directive's ecological objective, excluding from this objective economic and recreational needs of the State concerned. Hence, the Birds Directive is stricter than the Habitats Directive as far as exceptions are concerned. ECJ, C-57/89 Commission v Germany (Leybucht) [1991] ECR I-883. P Birne, "The European Community and preservation of biological diversity", in M Bowman and C Redgwell (eds), *International law and the conservation of biological diversity*, Kluwer, London, (1996), p.211, pp.224-225; Verschuuren, supra note 40, p.46. Art. 4 was replaced by Art. 6 of the Habitats Directive. The regime of Art. 4 is still applicable to areas which have not yet been classified but should have been so classified (see De Sadeleer, supra note 40, (2005), pp.236-237).

53 AM Moreno Molina, "Direct Effect and State Liability", in JH Jans, R Macrory, AM Moreno Molina (eds), *National courts and EU environmental law*, Europalaw Pub, Groeningen, (2013), p.75, p.79 ff.

第 7 章　EU における生物多様性の保護

54　Guidance document: Managing Natura 2000 sites: The provisions of Article 6 of the Habitats Directive 92/43/EEC (2000), Guidance document on the Assessment of Plans and Projects significantly affecting Natura 2000 sites (November 2001), Guidance document on Article 6(4) (updated on 7.12.2012). http://ec.europa.eu/environment/nature/Natura 2000/management/guidance_en.htm#art6.
55　The famous Waddenzee case, 7 Sept 2004, C-127/02 [2004] ECR I-07045.
56　L Krämer, "The European Commission's opinions under Article 6(4) of the Habitats Directive", *Journal of Environmental Law* 21, 2009, p.59, p.64.
57　Guidance document, 2012, at 6.
58　Another derogation provided by the Habitats Directive, which cannot be addressed in these pages, is enshrined in Art. 16 and refers to cases in which the killing of animals may be considered legitimate in order to prevent, e.g. serious damage in particular to crops, livestock, forests, fisheries and water, or in the interests of public health and public safety. See, for example, ECJ, 14 June 2007, C-342/05 Commission v Finland [2007] ECR I-04713. The Court found Finland in violation of Art. 16, because it issued wolf hunting permits without relying on an assessment of the conservative status of species. On the problem related to the return of certain species like lynxes, wolves and bears in Europe and their cohabitation with humans, see Trouwborst, "Managing the carnivore comeback: international and EU species protection law and the return of lynx, wolf and bear to Western Europe", *Journal of Environmental Law* 22, 2010, pp.347-37, S Borgström, "Legitimacy issues in Finnish wolf conservation", *Journal of Environmental Law* 24, 2012, pp.451-476.
59　ECJ, 11 April 2013, C-258/11 Sweetman, ECLI: EU: C: 2013: 220.
60　The road scheme would have resulted in the permanent loss of about 1.47 hectares of protected limestone pavement, which was defined a priority habitat, within a distinct sub-area of 85 hectares, forming part of a total area of 270 hectares of such limestone pavement in the Lough Corrib Natura 2000 site.
61　Advocate General Opinion in *Sweetman*, para. 46. It is a well-established rule of treaty interpretation that when different linguistic versions differ, their meanings should be considered in light of the objective and the scope of the treaty.
62　Advocate General Opinion in *Sweetman*, para. 54.
63　See also G QC Jones, "Adverse Effect on the Integrity of a European Site: Some Unanswered Questions", in G QC Jones (ed.), *The Habitats Directive: a developer's obstacle course?* Hart publishing, Oxford, pp 151, p.157.
64　Advocate General Opinion in *Sweetman*, para. 64.
65　Advocate General Opinion in *Sweetman*, para. 65. As the Advocate General acknowledges, however—and it seems that a subtle criticism arises—the Commission indicated that of the 15 to 20 requests so far made to it, only one has received a negative response (para. 66). See A Nollkaemper, "Habitat protection in European

147

Community law: evolving conceptions of a balance of interest", *Journal of Environmental Law* 9, (1997), pp.271-286 and Krämer, note (56), p.66 ff.

66   Advocate General Opinion in *Sweetman*, para. 67.
67   Schoukens, "The ruling of the Court of Justice in Sweetman: how to avoid a death by a thousand cuts?", *Environmental Law Network International* 1, 2014, p.2, p.6.
68   ECJ, *Sweetman*, para. 48. See also Schoukens, supra note 67, p.11: 'From an ecological point of view [⋯], the importance of the Court's insistence on the achievement of the good conservation status at the level of a Natura 2000 site cannot be understated'.
69   Several Irish courts applied the Sharpston's test in their decisions. See, for example, High Court of Ireland, judgment of 25 July 2014, *Kelly v. An Bord Pleanála*, [2014] IEHC 400.
70   ECJ, 15.05.2014, C-521/12 *Briels*, ECLI: EU: C: 2014: 330.
71   Ibid., para. 29.
72   Ibid., para. 33.
73   Advocate General Opinion in *Briels*, para. 36.
74   Advocate General Opinion in *Briels*, para. 42.
75   Advocate General Opinion in *Briels*, para. 41.
76   ECJ, 11.09.2012, C-43/10 Nomarchiaki Aftodioikisi Aitoloakarnanias et al, ECLI: EU: C: 2012: 560.
77   Judgment Acheloos, para. 126.
78   Fn. 20 of its conclusions. The same words have been used by Nollkaemper, supra note 65, p.286.
79   Nollkaemper, supra note 65, p.286.
80   Birne et al, supra note 7, p.164. On the precautionary principle, see, *inter alia*, M Fitzmaurice, *Contemporary issues in international environmental law*, Elgar, Cheltenham, (2009), pp.62-65; N De Sadeleer, "The Precautionary principle as a device for greater environmental protection: lessons from EC Courts", *RECIEL* 18, 2009, 3-10; JB Wiener, "Precaution", in D Bodansky, J Brunnée, E Hey (eds), *Oxford handbook of international environmental law*, OUP, Oxford, (2007).
81   ECJ, *Briels*, para. 32.
82   EEA, The European Environment, State and Outlook 2010, at 55.
83   ECJ, judgment 3 April 2014, C-301/12 Cascina tre pini. The case concerned the declassification of a site, situated near Milan-Malpensa airport, in the list of SCIs. The Court argued that where the qualities of a site definitely disappear, 'continuing to restrict the use of that site might be an infringement of the right to property' (para. 29). A mere allegation is, however, not enough, being necessary that 'the degradation should make the site irretrievably unsuitable to ensure the conservation'. On this issue, see De Vido, supra note 40.
84   De Vido, supra note 40, p.815. See also the opinion of the Advocate General Kokott, 13

第 7 章　EU における生物多様性の保護

Oct 2011, para. 227, 'the reasons for a project are imperative and overriding only if they have greater importance than its negative effects on the areas protected by the Habitats Directive'.
85    Italy's Fifth Report to CBD (2009-2013), p.13. https://www.cbd.int/doc/world/it/it-nr-05-en.pdf.
86    Ibid., p.23.
87    Italy's Fifth Report to CBD, p.40. The procedure aimed at transforming SCIs (sites of community importance) into SACs started in three Regions: Valle d'Aosta, Friuli Venezia-Giulia and Basilicata. The recent decree 30 April 2014 designated some SACs in the alpine and continental biogeographical regions, belonging to the Lombardia region, in GU 19.05.2014, no. 114.
88    See G Bellomo, "I modelli di conservazione e valorizzazione nelle aree naturali protette: profili italiani e comparati", *Rivista giuridica dell'ambiente*, 2008, p.291, p.303 and 307. Italy established national parks in 1922 (Abruzzo and Gran Paradiso), Switzerland in 1914, Spain in 1916. Law 6 December 1991, no. 394, 'Legge quadro sulle aree protette', in GU no. 292, 13.12.1991.
89    The 'regionalismo' (which means the establishment of regional parks managed by Italian regions) started in 1972 thanks to the adoption of the Decree (D.P.R.), 26 October 1972, no. 11, in GU no. 46, 19.02.1972. The protection of national parks, granted by a framework legislation adopted in 1991, has been extended to SACs and SPAs, although the doctrine has raised doubts on the legitimacy of this decision. In this sense, Brachini (2013), p.636.
90    Law 11 Feb 1992, no. 157, in GU 25.02.1992, no. 46.
91    ECJ, judgment 11 Nov 2010, C-164/09 Commission v Italy [2009] ECR I-146.
92    Italy and the Regions Veneto and Liguria (another region whose legislation was found in violation of the Birds directive) amended their legislation, but, as acknowledged by the Commission, both entities continued issuing hunting derogations in breach of Art. 9 of the Directive. Therefore, the Commission sent two letters of formal notice against Italy in 2011. European Commission-IP/11/1435 24 Nov 2011.
93    20 Feb 2014, 2014/2006, C (2014) 934 final.
94    Decree (decreto-legge) 24 June 2014, no. 91, in GU 24.06.2014, no. 144, Art. 16.
95    Law 11 Jan 1992, no. 157.
96    http://www.politicheeuropee.it/normativa/19250/legge-europea-2014. On the 'Legge europea' (European law) adopted every year by Italy in order to comply EU obligations see Adam and Tizzano (2014), p.883.
97    Decree (DPR) 8 Sep 1997, no. 357, in GU 23.10.1997, no. 248, amended by DPR 12 March 2003, no. 120.
98    E Brachini, "La regolamentazione degli interventi di trasformazione del territorio in attuazione della direttiva Habitat tra diritto europeo e diritto interno", *Rivista giuridica*

*dell'ambiente*, 2013, p.629, p.633.
99　Decree (DM) 17 Oct 2007, in GU 6.11.2007, no. 258.
100　According to the Italian constitution (title V, art. 117), the central state has exclusive power to legislate on the protection of the environment and the ecosystem, while the Regions have concurrent legislative power in the 'enhancement of environmental heritage'. This provision implies, according to the Italian constitutional Court, that the state must intervene whenever a regulation applicable to the whole national territory is necessary (Judgment 10-26 July 2002, no. 407).
101　Italian National Biodiversity Strategy, 2010, p.13. www.minambiente.it.
102　The situation has improved since the adoption of the strategy and much data have been transmitted to the European Commission. See the First report on the National Biodiversity Strategy, 2011-2012, p.19.
103　ECJ, 21 July 2011, C-2/10 Azienda agro-zootecnica Franchini Sarl and Eolica Altamura (Eolica Altamura) v Regione Puglia, ECLI: EU: C: 2011: 502.
104　Ibid., para. 48.
105　Ibid., para. 50.
106　Ibid., para. 53.
107　Ibid., para. 75.
108　Tar Puglia, Sez. 1, judgment 3 May 2013, n. 674.
109　EU Commission, Wind Energy Developments and Natura 2000, 2011, http://ec.europa. eu/environment/nature/Natura 2000/management/docs/Wind_farms.pdf.
110　EU Commission, Wind Energy Developments and Natura 2000, p.29.
111　Hence, for example, the Italian constitutional court has considered several regional laws prohibiting wind turbines as illegitimate. In some cases, the problem was the discriminatory application of the regional law, in other cases, the Court affirmed that international and EU norms spur and facilitate the production of renewable energy (regarding the law of the Veneto region of 18 March 2011, n. 7, recante 'Legge finanziaria regionale per l'esercizio 2011'. Italian Constitutional Court, judgment n. 85/2012).
112　A Gillespie, *International Environmental Law, Politics and Ethics*, OUP, Oxford. (1997) pp.176-178.
113　S Iovino, *Le filosofie dell'ambiente*, Carocci, Bari. (2008), p.83.
114　Ibid., p.83.

# 第8章 EUにおける海洋生物の保護

佐藤　智恵

## I　はじめに

　EUは，1970年代より，共通漁業政策の一環として，漁獲量や漁業方法等に関し，EUレベルで規制を行っていた。共通漁業政策の当初の目的は，魚の価格や漁獲量をEUレベルで決定することによって，漁業資源のための共同市場を設立することであり，純粋に経済的な目的の政策であった。しかしながら，EUは，1979年に野鳥指令を1992年に生息地指令を採択し，環境政策の一環として海洋を含めた保護区を設定することによって，海洋生物を含む生物の保護に取り組むようになった。そのような働きを受け，当初は共同市場の設立という経済的な目的を達成するために導入された共通漁業政策でも，漁業資源を保護する必要性が認識され始め，海洋環境の保護を配慮した政策がとられるようになっている。現在では，海洋生物の保護に関し，EUの共通漁業政策と環境政策が相互に関連するようになっている。たとえば，近年では，2010年に名古屋で開催された生物多様性条約締約国会合（COP10）で2011年から2020年までの生物多様性保護に関する新戦略計画・愛知目標および「遺伝子資源の取得の機会及びその利用から生ずる利益の公正かつ衡平な配分に関する名古屋議定書」が採択されたことを受け，2011年5月3日，欧州委員会は環境政策の一環として，2020年に向けての生物多様性戦略（以下，生物多様性戦略2020とする）[1]を公表した。その中では，EU域内における生物多様性の損失を防ぐとともに，生物多様性の再生を図ることを目的として，漁業資源保護のための措置

(Target 4) についても規定している。さらに，2013年より，EUの第7次環境行動計画が実施されているが，同計画では，優先目標1 (Priority objective 1) として，資源を保護・保存し，さらに強化することを挙げている (Article 2(1)(a))。第7次環境行動計画は，海洋環境を保護するためには，共通漁業政策，その他のEU立法，関係する国際条約に基づく資源の保護が重要であるとする (環境行動計画Annex, パラ20, 21, 28(iii))。

本章では，EUの海洋生物の保護・保存に関する法的枠組みの展開について，共通漁業政策，環境政策，海洋環境保護について総合的に規定する海洋戦略枠組指令を参照し，概観する。

## II EUの権限

EUの海洋生物の保護・保存に関する法的枠組みを概観するに当たり，注意すべき点がある。すなわち，EUでは，共通漁業政策の中で行われる海洋生物資源 (marine biological resources) の保護に関しては，EUの排他的権限であるが (EU運営条約3条1(d))，海洋生物資源の保護を除く漁業政策 (同4条2(d)) および環境政策 (同条2(e)) に関連して行われる海洋生物の保護・保存はEUと加盟国の共有権限である点である。EUが排他的権限を有する事項に関しては，EUのみが立法権限を有し，加盟国は独自の立法を行うことはできない。したがって，EUが排他的権限を有する分野に関しては，EUの政策が実施され，加盟国法ではなくEU法が適用されることとなる。共有権限の場合には，EUも加盟国も当該分野に関して立法する権限を有するが，EUが立法権限を行使している場合には，加盟国は同じ分野に関する権限の行使を控えなければならない。したがって，環境政策として行われる，海洋生物の保護・保存に関し，EUが立法した場合には，EU法が適用され，各加盟国は自国法の適用を控えなければならない。

現在，EU運営条約3条1(d)に基づいてEUの排他的権限とされている，漁獲の対象となる海洋生物資源 (甲殻類を含む) の管理については，1970年代よりEUの共通漁業政策の一環としてEUレベルでの魚種ごとの漁獲量規制等の政

策が実施されており、共通漁業政策の対象となるような魚種の保護・保全についてはEU域内で共通の政策が実施されている。

　他方、EU運営条約4条2(e)に共有権限として規定されている環境保護に関しては、1958年に欧州経済共同体が設立された当初、設立条約である欧州経済共同体設立条約には環境保護に関する規定は存在せず、環境に関する規定がEU法に明記されたのは、1987年に発効した単一欧州議定書であった[6]。単一欧州議定書によってEUが環境分野に関する権限を有するようになって以降、EUは積極的に環境保護を推進した。1993年に発効したマーストリヒト条約は、環境保護の要求は、他の政策の策定および実施に取り入れられなければならない、と規定することにより（同条約130r条2）、環境と他の政策の関連性を強める必要性を明確に規定している。さらに、アムステルダム条約6条では、環境保護を他の政策分野にも統合させることが条文上明記され（環境統合原則）[7]、漁業を始めとする環境以外の分野にも環境保護政策を反映させることが一般的となった。環境保護の政策横断的な重要性が認識される中、1998年6月15および16日にカーディフで開催されたEU首脳会議は、様々な政策分野に環境保護の視点を反映させるための重要な一歩となり、以後、環境への配慮と持続可能な開発をEUのあらゆる政策に統合するプロセスが推進されていくこととなった（カーディフプロセス）[8]。このような動きは、EUの共通漁業政策を決定する漁業閣僚理事会にも影響を与え、共通漁業政策においても、漁業における持続可能な開発の実現へと政策を転換していくことになる。

　EUの環境保護に対する取組みが進むことは、海洋生物の保護に関するEUの政策にも影響を及ぼした。詳細は次節Ⅲの2で述べるが、たとえば、1998年2月、欧州委員会は、生物多様性の保護を他の政策に統合させることを謳った、生物多様性戦略に関するコミュニケーションを公表した[9]。さらに、2001年には、1998年の生物多様性戦略をより詳細にした、生物多様性行動計画を作成している。2001年の行動計画では、海洋生物の多様性の保護についても詳細な政策を策定している[10]。

　次節では、このように異なる権限分野に属するEUの共通漁業政策と環境政策の下で、海洋生物の保護に関する政策が、どのような法および制度に基づい

て実施されているのか,概観する。

## III 海洋生物の保護に関するEU法

　1958年の欧州経済共同体 (EEC) 設立当時の6つの原加盟国は,漁業に関する関心をそれほど有していた訳ではなく[11],1958年の欧州経済共同体設立条約(ローマ条約)も共通の漁業政策に関しては明示的に規定しておらず,漁業は共通農業政策の中で扱われることとなった[12]。実際にEUレベルで漁業に関する共通政策がとられたのは1970年であり,同年,最初のEU共通の漁業規則が採択された (以下1を参照)。以後,農業とは異なる,漁業固有の問題にEUレベルで対処する必要があるとの認識が深まり,EUの共通漁業政策が緻密に作成されていくこととなる。1982年には,さらに2つの指令が採択された。その中では,EUの共通漁業政策に関連し,漁業資源の保護が必要であることが確認されており,漁業資源の保護のための措置がとられることとなった。

　他方,環境政策に関するEUの権限が法的根拠を有することとなったのは,先に述べたとおり (II参照),1987年に発効した単一欧州議定書であった。同議定書の130r条は,環境政策の目的として,環境を保存,保護,改善すること (同条(i)),人間の健康保護に貢献すること (同条(ii)),資源の慎重かつ合理的な利用を確保すること (同条(iii)) を挙げる。環境政策の原則としては,予防措置として環境政策がとられるべきであること,環境損害はその根源で是正されるべきであること,および,汚染者が汚染の負担を負うべきであること,を挙げる (同条2)。さらに,環境保護がEUの他の政策の中にも取り込まれるべきであるとも規定しており (環境統合原則),EUが実施する政策には環境保護の配慮がなされるべきであることが明示的に規定されている (同条2)。なお,130t条は,加盟国がEUの環境保護措置より厳格な措置をとることは妨げないと規定しており,環境に関するEUの措置がいわゆるミニマムスタンダードである点が明確にされている。

　海洋生物の保護に関するEU法を理解するためには,EUの共通漁業政策および環境政策それぞれにおける海洋生物の保護に関する取組みを知る必要があ

る。本節では，最初に共通漁業政策と漁業資源の保護に関するEU法の枠組みについて概観した後，環境政策としての海洋生物の保護に関するEU法の枠組みについて述べる。

## 1 共通漁業政策と漁業資源の保護

EU運営条約43条2は，共通漁業政策に必要とされる規定は，通常の立法手続に従って制定されるとする。さらに，EUレベルでの決定事項には，価格設定，課徴金，補助金，漁獲量の制限や漁業機会の割当等が含まれる（EU運営条約43条3）。EUの共通漁業政策は，共通の漁業規則が作成されるようになった1970年代から2013年の共通漁業政策に至るまで，海洋法や環境法に関する国際的な議論の影響を受けながら発展している。以下，EUの共通漁業政策の発展に関し，漁業資源保護の観点に重点を置きながら概観する[13]。

EUの共通漁業政策は，漁業国であるイギリス，アイルランド，デンマーク，ノルウェーとの加盟交渉が目前に迫った1970年に大きな節目を迎えた。すなわち，1970年，漁業国であるイギリスやノルウェー[14]とのEU加盟交渉が始まる前に，EUの漁業に関する法および政策を明らかにするために[15]，EUとしての最初の2つの漁業関連規則を採択した。1つ目は，漁業資源への平等なアクセス権を規定する規則2141/70であり[16]，2つ目は，漁業資源の市場価格の決定等を含む，漁業に関する共同市場を設立するための制度を規定する規則2142/70[17]である。

1970年代には，第三次国連海洋法会議が開催され，海洋法に関する国際的な議論が高まり，国々も国際的な潮流に乗り遅れまいとするかのように200カイリ漁業水域を宣言する等，迅速に対応した。このような国際的な潮流がEUの漁業政策に与えた影響は大きく，EUは200カイリ漁業水域を宣言することを加盟国に促し[18]，該当する海域における漁業管理をEUレベルで行うことを提案した。もっとも，漁獲量の割当てや漁獲制限を含むEUレベルでの漁業資源の管理については，加盟国間での調整が難しく，実際にEUレベルで共通の漁業管理体制が機能するようになるにはさらに時間を要した。

1983年，EUの共通漁業政策に新たに資源保護の概念が追加された[19]。同年採

155

択された規則170/83[20]は，漁場の保護，海洋生物資源の保護，継続的な規模かつ適切な経済・社会的条件に基づく海洋生物資源のバランスのとれた開発を確実なものとするため，漁業資源の保護および管理のための共通の制度を創設すると規定する（規則1条）。

具体的には，EUレベルで漁獲量を決定すること（3条），生態的に敏感な特別に重要な種の保存のために敏感地域を指定し，当該地域での漁業活動をライセンス制とすること，そのような地域で漁業を行うことのできる漁船の数を加盟国毎に決定すること（7条および付属書Ⅱ）等を規定している。さらに，欧州委員会は理事会に漁業資源の状態等について報告し，それをもとに10年後をめどに漁業政策の見直しを行うとする（8条）。EUが継続的に漁業資源の保護に努めようとする姿勢が明確に示されている。そのため，漁業資源の管理を科学的なデータに基づいて行うことによって，資源保護をより正確，かつ，効果的に行う制度が整備された。具体的には，漁業に関する科学技術委員会を設置し，同委員会が漁業資源の現状について欧州委員会に報告することとされている（12条）。科学技術委員会の報告を基に，欧州委員会の代表が議長を務める，加盟国代表から構成される，漁業資源に関する管理委員会が漁獲に関する具体的な措置を決定する（13条）。

また，同時期に採択された規則171/83は漁業資源を保護するための技術的な事項を規定する。たとえば，漁業に使用する網の目のサイズや，認められている場合を除き，小さな魚を漁獲することが禁止される等の漁業手法を規定する[21]。

規則170/83および規則171/83により，EUの共通漁業政策における決定事項が市場価格等の経済的な指標にとどまらず，漁業資源の保護および管理にまで広げられるとともに，漁業資源の管理を担う組織も整備された。このように，1980年代初頭，すでにEUでは加盟国が協力して共通の漁業資源管理体制を整備することにより，継続的に漁業資源の管理を行う枠組みを構築した。

EUの共通漁業政策は，1992年の生物多様性条約の採択を契機として（同条約は，海洋および沿岸の生物多様性も対象にしていた），さらに変化することとなった。同年，リオデジャネイロで行われた国連環境開発会議のテーマは，生物多

様性の保護を含む，持続可能な開発であったが，そのような国際的な議論の高まりを受けて，EUでも，漁業政策における生物多様性保護および持続可能な開発の必要性が認識されることとなった。

1992年，EUは10年以内に見直すことが規定されていた規則170/83を改正し，新たな規則3760/92を採択した。[22] 同規則2条1は，共通漁業政策の目的を資源保護と開発の両面から規定する。すなわち，共通漁業政策の目的は，「海洋資源を保護・保存すること」，および，「持続可能なベースで，業界のための適切な経済・社会的条件に基づき，海洋エコシステムへの影響を考慮して，とりわけ生産者と消費者双方のニーズを考慮して，漁業資源の開発を行うこと」と規定する。

漁業資源の保護・保存を効果的に行うため，同規則はEUの共通漁業政策の枠内で決定される事項をそれまで以上に詳細かつ具体的に規定し，漁業資源の保護に関するEUとしての取組みが一段と強化された。理事会が決定する事項として，生態的・社会経済的・技術的分析に基づいて，漁業活動を規制または禁止する区域を設定すること（4条1および2(a)），漁獲量（同条2(c)）および漁船数（同(e)）の制限，漁業に関する技術的な規則の作成（同(f)），漁獲可能な魚の大きさを規制すること（同(g)）等を挙げる。さらに，規則3760/92は，規則180/83よりライセンス制度が適用される範囲を広げた。すなわち，規則3760/92の5条は，1995年1月1日までにEU域内で漁業ライセンス制度を導入するとする。同様に同7条は，付属書Ⅱに挙げられている，生態的に敏感な地域に生息する特別に重要な魚種については，欧州委員会によって許可を与えられた場合にのみ漁獲できるという，より一層EUとしての取組みを強化したライセンス制度を規定している（7条1）。また，長期的に効率のよい漁業資源の保護・保存を行うため，1年ごとの漁獲量ではなく，複数年にわたる漁獲量を決めることも規定されている（8条3(i)）。

2001年，EUは海洋生物多様性に関する行動計画を策定し，漁業政策において，海洋生物多様性を含む環境への配慮が重要であることを確認した（次項2を参照）。さらに，2002年，欧州委員会は，共通漁業政策に環境保護の視点を組み入れるための提案を行っている。[23] このように生物多様性保護が重視される

ようになった状況に呼応するように，EUの共通漁業政策も変化した。2002年12月に開催された漁業に関する閣僚理事会で新たな共通漁業政策が採択された[24]。そこでは，1992年の共通漁業政策と同様に，持続可能な漁業資源の開発を効果的に行うため，複数年にわたる漁業管理を行うことが再確認されている（前文パラ6）。また，共通漁業政策を行うに当たっては，漁業による環境への影響を限定しなければならないとされており（1条2(b)），共通漁業政策と環境政策が密接に関係することが，明文化されている。その結果，規則2371/2002は，環境法の原則を随所に取り入れている。具体的には，海洋生物資源の保護・保存が予防アプローチに基づいて実施されること，海洋エコシステムに与える影響を最低限に抑えるように漁業が行われなければならないこと（2条1）が規定されている。さらに，1987年の単一欧州議定書で環境について明文の規定がおかれて以降，EUの環境政策を実施する際の指標ともなっている，環境統合原則も明記されている（2条2(d)）[25]。

規則2371/2002は，漁業政策でもこのような環境法の原則を実行するための制度を，保護・保存のみならず，再生の概念も取り入れて整備する。たとえば，生態的に危機的な状態にある種に関しては，欧州委員会が再生計画を作成し（5条1），危機的な状態から脱するよう，配慮されなければならない（同条2）。さらに，外的な影響を受けやすい海洋生物資源への配慮として，同規則7条は，漁業活動によって，海洋生物または海洋エコシステムが危機的な状況に陥った場合には，欧州委員会が緊急措置をとることができると規定する[26]。同8条は，加盟国が同様の緊急措置をとることができると規定している。規則7条に基づいてEUが緊急措置をとる場合には，6ヶ月以内の措置をとることができるが，同8条に基づいて加盟国が緊急措置をとる場合には欧州委員会の措置より短い，3ヶ月以内の措置が認められる。

このように，2002年の共通漁業政策は，漁業資源の再生計画を作成することや，緊急措置をとることによる資源の減少を防止するための政策を規定することにより，既存の漁業資源の保護・保存に留まらない，持続可能な漁業資源の利用を念頭に置いた未来志向の漁業政策となっている。

2013年に採択された最新の共通漁業政策（規則1380/2013）[27]は，2002年以降の

EUの海洋政策の発展を反映し，海洋全体に対する環境保護への配慮をさらに強めた政策となっている。たとえば，共通漁業政策の目的を規定する2条は，共通漁業政策を実施するに当たっては，漁業および関連する海洋活動（養殖等）が，長期的に，環境的に持続可能なものであることを確保することを目的とするとし（2条1），共通漁業政策の目的が，1970年代の漁業市場の価格維持等の経済的な目的から，環境保護をも含む政策となっていることが明らかである。また，それまでの共通漁業政策と同様に，漁業資源の管理が予防アプローチに基づいて行われなければならないことを規定するとともに，海洋生物資源（living marine biological resources）の回復のために，漁獲された種の数が資源として最大持続生産量（Maximum Sustainable Yield）[28]以上であることを維持しなければならないと規定する。具体的なスケジュールとして，最大持続生産量を2015年[29]または遅くとも2020年までに達成すると規定する（2条2）。規則2条5(j)では，共通漁業政策がEUの他の環境規則と整合性を持たなければならず，とくに，2008年に採択された，海洋戦略枠組指令[30]1条が規定するGood Environmental Statusを2020年までに達成することを目標としている。さらに，漁業資源が減少しているような生態的に敏感な地域に保護区を設定することにより，漁業活動を規制し，資源の回復を図ることも規定されている（8条1）。

## 2 環境政策と海洋生物の保護

EUにおける生物の保護のための最初の取組みは，1979年に採択された野鳥指令[31]である。野鳥指令は，汚染，生息地の消滅，乱獲等によって野鳥が減少したことに対処するために作成された。とりわけ，国境を越えて移動する野鳥は加盟国共有の資産であり，野鳥を保護するために，加盟国間で協力する必要性があるとの認識に基づいて制定されたものである（前文）。同指令は，野鳥，野鳥の卵および巣，生息地を保護の対象とする（1条2）。野鳥指令は，野鳥の種の多様性および生息地を保存・維持・再生するために必要な措置をとること（3条1），たとえば，特別な保護地域（Special Protection Areas, SPAs）を設定することによる鳥類の保護制度を規定している（3条2(a)）。指令に基づいて設定された保護区の中には海洋に設定された保護区もあり，間接的に海洋生物の保

護を担っている。しかしながら，野鳥指令が直接の保護の対象としているのは鳥類であり（1条1），海洋生物を保護するための枠組みとしては十分ではなく，海洋生物の保護に関する政策が実施されるまでには，さらに時間が必要であった。

　1992年6月にリオデジャネイロで開催された国連環境開発会議は，EUが生物の保護に関する取組みを大きく発展させるきっかとなった。EUは，同会議で採択された生物多様性保護条約（Convention on Biological Diversity）に署名し，同条約を締結した[32]。

　同年EUは，国際的な議論の高まりを背景に，生物および生息地・生態系の保護を効果的に実施するため，生息地指令[33]を制定した。同指令の目的は，野生動植物とその生息地の保存であり（2条1），指令の目的を達成するために，加盟国はNatura 2000[34]と呼ばれる保存のための特別地域（保護区）のネットワークを形成することが規定されている。生息地指令に基づいて設定される保護区には，1979年の野鳥指令に基づいて設定された特別な保護地域（SPAs）も含まれ，結果として野鳥指令に基づくSPAsもNatura 2000に含まれる（3条1）。生息地指令は，付属書ⅠおよびⅡで対象となる生息地や動植物を指定している。それによると，保護区とは，陸上の保護区のみならず，海洋における保護区も含まれている。また，生息地指令の保護の対象となる生物には，魚や水生生物も含まれており，あらゆる生物の種の保存，生息地の保護を目的とする指令である。

　生息地指令を含むEU法の実施は各加盟国に委ねられるが，それによって，保護区の設定に関し，加盟国間でばらつきが生じないよう，生息地指令の付属書Ⅲは，保護区を設定するためのEU共通の基準を規定している。付属書Ⅲの基準に基づいて各加盟国は保護区を指定し（3条2），指令発効後3年以内に欧州委員会に報告しなければならない（4条1）。欧州委員会は，加盟国が提出した保護区のリストの中からEUにとって重要な保護区のリストを指令発効後6年以内に作成しなければならない（4条3）。生息地指令は，加盟国の義務として，生息地や生物の保護・保存のために必要な措置をとること（6条1），自然生息地及び生息する種の破壊を防ぐように努めること（同条2）を規定する。さ

らに，加盟国が義務を履行するために必要な場合には，当該加盟国はEUから財政的な支援を受けることもできる（8条1）。また，他の多くの環境条約にも規定されているが，加盟国は，生息地指令を効果的に実施するため，6年毎に実施状況を報告する義務も負う（17条1）。欧州委員会は，各加盟国の報告を基にNatura 2000ネットワーク構築の進捗状況について評価を行なわなければならない（同条2）。

EU全体でのNatura 2000ネットワークの構築状況は，EU環境庁（European Environment Agency）のホームページで公表されており，[35]野鳥指令・生息地指令それぞれに基づいて設定された保護区および海洋保護区の状況をEU全域または加盟国毎に知ることができる。現在，Natura 2000として設定されている海洋保護区は3000箇所以上に及び，その広さは31万8133km²に及ぶ。[36]

1998年，欧州委員会は最初の生物多様性戦略を公表した。[37]1998年の生物多様性戦略は，生物多様性条約6条が規定する，生物多様性を保護する義務を履行するための，EUの政策を示すものである。[38]1998年の生物多様性戦略第2章は，生物多様性の保護を実現するための政策を4分野に分けて提示している。[39]最初の政策分野として挙げられているのは，「生物多様性の保全と持続可能な利用」であり，エコシステムの保全・再生，自然環境における種の数の維持を政策目標としている。「生物多様性の保全と持続可能な利用」を達成するためにNatura 2000ネットワークの構築を引き続き支援すること，税制や補助金等によって生物多様性保護のための取組みを財政的に支援すること等を挙げている。[40]さらに第3章では，生物多様性の保全とその持続可能な利用の両面から総合的にEUの各政策を実施しなければならないことが確認され，とくに重要な政策分野に関する具体的な対策が述べられている。重要な政策として筆頭に挙げられているのが，資源の保護であり，とくに野鳥指令や生息地指令に基づくNatura 2000ネットワークの構築が重要であることを確認し，保護区のネットワーク作りを推進すると述べている。[41]2番目に挙げられている農業政策に続き，3番目として，漁業政策が挙げられている。[42]その中では，1998年当時の共通漁業政策が生物多様性を保護するためには不十分であると指摘され，漁獲量の上限や最低限度のバイオマスを設定することが提案されている（パラ18）。ま

た，生物多様性の保護に配慮した漁業政策にするためには，第1に魚数の保全と持続可能な利用，第2に漁獲の対象となっていない種の保護，第3にエコシステムに対する養殖の影響を防ぐことが必要であると指摘している（同パラ19）。

　2001年，欧州委員会は1998年の生物多様性戦略に基づく最初の具体的な行動計画として，生物多様性行動計画を作成した[43]。同計画は，生物多様性の保護をEUの各政策に取り入れるために，政策ごとに行動計画を作成しており，そのうちの1つが海洋における生物多様性保護のための行動計画である[44]。具体的な施策として，漁業政策は予防原則に基づいて行われなければならず，とくに，複数年間での漁獲量の設定を基礎に実施されなければならないとしている。これは，共通漁業政策に関する規則3760/92の8条を踏襲したものである[45]。漁業政策において環境に対する配慮が必要なことを確認するとともに，野鳥指令および生息地指令に基づくNatura 2000のネットワーク作りの重要性も再度指摘している。

　EUが生物多様性保護のための政策を推進するにつれ，生物多様性の保護を効果的に行うためには，環境以外の政策分野でも生物多様性の保護に配慮する必要があることが周知されるようになってきた。

　生息地指令，生物多様性戦略や行動計画に加え，2008年6月17日，EUは海洋戦略枠組指令を採択した[46]。同指令の目的は，2020年までにGood Environmental Statusを達成することによって海洋環境を正常な状態にすることである（次節Ⅳを参照）。同枠組指令は，加盟国がOSPAR条約やヘルシンキ条約，バルセロナ条約等の地域海条約と協力することによって，海洋環境の保護を実効性あるものとするよう規定している。

　さらに，生物多様性の保護を共通漁業政策等の他の様々な政策と統合して，より効果的に実行するため，2011年，EUは生物多様性戦略2020を公表した[47]。同戦略では，漁業に関し，EUが最大持続生産量（Maximum Sustainable Yield）を2015年までに達成するよう努力すること，および，海洋戦略枠組指令が規定する2020年までのGood Environmental Statusを達成するために漁業資源の減少を防ぐこと，および，漁業資源の持続可能な利用を確実にすることが規定さ

れている[48]。

2013年より,第7次環境行動計画が実施されている[49]。第7次環境行動計画では,EUが世界最大の海域を有しており,海洋環境の保護を確実に行うという重要な責任を負うことが明記されている(パラ21)。また,2020年までの具体的な行動目標として,共通漁業政策,海洋戦略枠組指令および国際条約に基づいて健全な魚数(fish stock)を確保すること,Natura 2000に基づく海洋保護区の完成等を挙げている(パラ28(iii))。

## IV 海洋戦略枠組指令

前節までは,EUの海洋生物保護に関する法的枠組みに関し,共通漁業政策および環境保護政策の観点から概観した。当初は,漁業資源の保護に特化した漁業政策や環境保護の一環として海洋生物の保護を行う環境政策といった形でそれぞれの政策ごとに海洋生物の保護に取り組んでいたが,近年では,海洋環境保護のために政策横断的な取組みが必要であるとの認識が共有されるようになっている[50]。その結果,海洋戦略枠組指令が制定された。本節では,海洋戦略枠組指令によってEUは海洋生物の保護のためにどのような法制度を整備しようとしているのか概観する。

### 1 海洋戦略枠組指令の概要

海洋戦略枠組指令は,2008年6月17日,海洋環境保護のための取組みを進めるために採択された(前文(3))。指令は,海洋エコシステムを保護するためには,とくに保護区の役割が重要であることを確認している。具体的には,野鳥指令や生息地指令といった既存の指令に基づいて設定されている保護区や,バルセロナ条約やOSPAR条約といった地域海条約をはじめとする国際条約に基づいて設定されている保護区である(前文(5)および(6))。エコシステムアプローチに基づく海洋環境の保護を達成するためには,共通漁業政策,共通農業政策,その他の関連する政策に,環境保護政策を統合させる必要性があることを確認する(前文(9)および(40),指令1条4)。2014年には,加盟国が提出した指令の実施

に関する報告書をもとに作成された欧州委員会の評価も公表されており[51]，EU加盟国は引き続き，同指令に沿って海洋環境の保護に取り組んでいる。

　指令の具体的な達成目標は，資源の保護や海洋生態系の保護を含め，2020年までに海洋環境についてGood Environmental Status（以下，GES）を達成することである（1条1）。なお，EU全体で均一な海洋環境の保護水準を達成するため，指令はGESを設定する際に考慮すべき要素を付属書ⅠおよびⅢで明らかにしている[52]。具体的には，2020年までの長期的な目標としてのGESを確実に達成するために，加盟国は自国の海域に関する環境目標を設定し（10条1），設定した目標を欧州委員会に届け出ることが義務付けられている（同条2）。また，加盟国は目標を達成するために，海域ごとに環境保護のための戦略を作成し，その戦略を6年ごとに見直し（17条2），アップデートしなければならない。すなわち，加盟国は，2012年7月までに自国内の海洋環境に関する評価を行い（5条2(a)(i)），それぞれの海域で達成すべきGESおよび環境目標を設定しなければならない。2014年7月までに海洋モニター計画を作成し（5条2(a)(iv)），2015年までにGESを達成するための計画を発展させ（5条2(b)），2018年以降はそれまでの実施状況の見直し，および第2期への準備期間と位置付けられている。

　海洋戦略枠組指令の特徴として，すでに加盟国が取り組んできた海洋環境保護の枠組みを指令の実施のために組み込んでいる点である。その中には，前述した海洋保護区等のEU独自の取組みもあるが，EUや加盟国がこれまでに参加しているグローバルな，または，地域的な海洋環境保護の取組みも含まれる。たとえば，EUの海域では海洋環境保護のためにいくつかの地域海条約が存在するが[53]，海洋戦略枠組指令では，それらの地域海条約と協力することにより，海洋環境の保護を効果的に行うとされている。実際，OSPAR条約ではEUの海洋戦略枠組指令を反映した決定がなされ[54]，海洋環境の状態を測定するに当たっては，海洋戦略枠組指令が規定する指標を用いている[55]。

　伝統的な国際法の理論では，条約は締約国のみを拘束する。そのため，EUの海洋戦略枠組指令が地域海条約と協力することにより，EU近海の環境保護を効果的に実施しようとしても，協力を求められている地域海条約のEU加盟

第 8 章　EU における海洋生物の保護

国以外の参加国が EU の指令を実施する義務を負う訳ではない。地域海条約の中には，OSPAR 条約のように，参加国の大部分が EU 加盟国であるものもあるが，バルセロナ条約のように，北アフリカ，中東諸国等の EU 加盟国以外の国が多数を占めるものもあり，海洋戦略枠組指令に基づく海洋環境の保護がどの程度進むかは，それぞれの地域海条約によるところが大きい。

2014年に公開された欧州委員会の報告書は，海洋戦略枠組指令が発効した後も，北東大西洋で39％，地中海および黒海では88％もの過剰な漁獲がなされており，海洋生物の状態の改善が遅々としているという問題を指摘している[56]。また，欧州委員会はこの理由の1つとして，地域海条約での海洋戦略枠組指令に沿った制度的な取組みが十分に行われておらず，その原因は，指令と関連する他の EU 法分野との関係が十分に明確でない点にあると分析している。

## V　将来への展望

海洋生物の保護に関する EU 法の枠組みを，共通漁業政策による漁業資源の保護と環境政策による生態系を含む海洋環境保護の両方の側面から概観し，総合的に海洋環境保護を規定する海洋戦略枠組指令での取組みを参照することにより，明確にしようとした。

近年では，共通漁業政策でも元来環境法の概念であった，予防アプローチやエコシステムアプローチに基づく生物資源の保護に配慮した漁業方法が義務付けられる等，海洋生物の保護への配慮がみられる。しかしながら，2014年の欧州委員会報告書も指摘するとおり，過剰な漁獲による資源の減少が依然として深刻な状況であることにかんがみると，共通漁業政策での海洋生物の保護に対する取組みは不十分であると言わざるを得ない。その背景には，共通漁業政策において生物多様性の保護への配慮が目的とされていても，環境保護という価値が未だに漁業政策での価値として認められていないことを指摘する見解もある[57]。他方で，海洋戦略枠組指令は，期限を定めながら，EU 加盟国に海洋環境保護のための総合的な取組みを義務付け，かつ，他の関連する政策にもそれを反映させることを義務付けている。EU では，漁獲の対象となる海洋生物資源

に関するEUの権限(排他的権限)とそれ以外の海洋生物の保護に関するEUの権限(共有権限)が異なるものの,海洋環境の保護に関する分野別の(peace meal 的な)法の拡散から1つの法の下での総合的な海洋環境の保護を試みている途中であり,その点にかんがみると,同指令の下での今後の海洋生物の保護に関する政策の発展への期待は大きい。[58] EUが環境に関する国際ルールの作成にも大きな影響を与えてきたことを考慮すると,今後も,公海上での海洋生物の保護をも含めたEUの法政策の動向に注視する必要がある。

## 【注】

1　Communication from the Commission to the European Parliament, the Council, the Economic and social committee and the committee of the regions, Our life insurance, our natural capital: an EU biodiversity strategy to 2020, COM (2011) 244 final, 03.05.2011.

2　Decision No 1386/2013/EU of the European Parliament and of the Council of 20 November 2013 on a General Union Environment Action Programme to 2020 'Living well, within the limits of our planet', OJ L354/171, 28.12.2013.

3　具体的には,環境行動計画のAnnex,パラ17以下を参照。

4　現行のリスボン条約で海洋生物資源の保護がEUの排他的権限と規定されたことへのEU裁判所の法理の影響に関し,中西優美子「EUの排他的権限の生成──海洋生物資源保護分野の権限を中心に──」一橋法学13巻2号(2014年7月)53-91頁。

5　EU権限の類型化に関し,庄司克宏『新EU法基礎篇』(岩波書店,2013年)31-33頁。

6　以下のEU環境法の歴史的発展に関し,東史彦「EU基本条約における環境関連規定の発展」庄司克宏編『EU環境法』(慶應義塾大学出版,2009年)47頁を参照。

7　中西優美子「EU法における環境統合原則」庄司克宏編『EU環境法』(慶應義塾大学出版,2009年)117-118頁。

8　カーディフプロセスに関し,1998年6月に開催されたEU首脳会議のための政策文書として,欧州委員会が作成した,Communication from the Commission to the European Council, Partnership for Integration A Strategy for Integrating Environment into EU Policies, COM (1998) 333 final, 27.05.1998を参照。その中で欧州委員会は,環境への配慮を他の政策にも統合することは,もはや選択肢ではなく,義務であると述べており,あらゆる政策における環境政策の重要性が強調されている。

9　Communication from the Commission to the Council and the European Parliament on a European Community Biodiversity Strategy, COM (1998) 41 final, 04.02.1998.

10　Communication from the Commission to the Council and the European Parliament - Biodiversity Action Plans in the areas of Conservation of Natural Resources, Agriculture, Fisheries, and Development and Economic Co-operation, COM (2011) 162 final. 中の Communication from the Commission to the Council and the European Parliament - Biodiversity Action Plan for Fisheriesを参照。

11 この点に関し，Robin Churchill and Daniel Owen, *The EC Common Fisheries Policy*, Oxford University Press, 2010, p.4 を参照。

12 1958年発効の欧州経済共同体設立条約は，「農業」について規定する38条以下で漁業政策にも関連する規定を有していた。現行のEU運営条約では第三部第三編「農業及び漁業」となっているが，規定の内容は1958年当時とほとんど変更がない。すなわち，当初，EECの目標であった共同市場の概念は，農産物にも適用されることが規定されるとともに，農産物として，魚及び漁業関連製品が含まれると規定する（現行のEU運営条約38条1）。農産品に関する共同市場の設立は，加盟国間で共通農業政策を策定することにより行われることが規定されている（同条4）。

13 以下EUの共通漁業政策の発展に関し，Robin Churchill and Daniel Owen前掲注11, pp.3-28；日本語では，田中敏郎「国内利益集団の欧州化——ECの共通漁業政策と英国の漁業団体を事例として——」国際政治第77号（1984年9月）58-60頁，稲本守「2002年EC共通漁業政策の改革と「マルチレベル・ガバナンス」」『東京海洋大学研究報告』vol.1（2005年）73-75頁を参照。

14 結局，ノルウェーの加盟は国民投票で否決されたため実現していない。

15 EUへの加盟を希望する国には，アキ・コミュノテール（連合既得事項）と呼ばれるEU法・基本原則の受諾が義務付けられる。このことを決定したのが，イギリス，アイルランド，デンマーク，ノルウェーとの加盟交渉が始まる直前であった。加入条件としてのアキ・コミュノテールの機能に関し，中西優美子『EU権限の法構造』（信山社，2013年），第10章，316-317頁を参照。Robin Churchill and Daniel 前掲注11, p.5 を参照。

16 Council Regulation (EEC) No. 2141/70 of 20 Oct. 1970 laying down a common structural policy for the fishing industry, OJ S Ed 1970 (III) 703.

17 Council Regulation (EEC) No. 2142/70 of 20 Oct. 1970 on the common organization of the market in fishery products, OJ S Ed 1970 (III) 707.

18 Council Resolution of 3 November 1976 on certain external aspects of the creation of a 200-mile fishing zone in the Community with effect from 1 January 1977, OJ C 105/1, 05.05.1981.

19 この点に関し，Robin Churchill and Daniel Owen 前掲注11, p.9; Sebastiaan Princen, "Venue shifts and policy change in EU fisheries policy", *Marine Policy*, Volume 34, Issue 1, January 2010, pp.36-41を参照。

20 Council Regulation (EEC) No. 170/83 establishing a community system for the conservation and management of fishery resources, OJ L 24/1, 27.01.1983.

21 Council Regulation (EEC) No 171/83 of 25 January 1983 laying down certain technical measures for the conservation of fishery resources, OJ L 24/14, 27.01.1983.

22 Council Regulation (EEC) No 3760/92 of 20 December 1992 establishing a Community system for fisheries and aquaculture, OJ L 389/1, 31.12.1992.

23 Communication from the Commission setting out a Community Action Plan to

integrate environmental protection requirements into the Common Fisheries Policy, COM（2002）186 final, 28.05.2002.
24　Council regulation（EC）No 2371/2002 on the conservation and sustainable exploitation of fisheries resources under the Common Fisheries Policy, OJ L 358/59, 31.12.2002.
25　この点に関し，Sebastiaan Princen, 前掲注19, p.39を参照。
26　EUは規則7条に基づき，たとえば，サンゴ礁の保護を目的とした規則（Commission Regulation（EC）No 1475/2003 of 20 August 2003 on the protection of deep-water coral reefs from the effects of trawling in an area north west of Scotland, OJ L 211/14, 21.08.2003）等を作成している。
27　Regulation（EU）No 1380/2013 of the European Parliament and of the Council of 11 December 2013 on the Common Fisheries Policy, amending Council Regulations（EC）No 1954/2003 and（EC）No 1224/2009 and repealing Council Regulations（EC）No 2371/2002 and（EC）No 639/2004 and Council Decision 2004/585/EC, OJ L 354/22, 28.12.2013.
28　生物資源を減らすことなく得られる最大限の漁獲量のこと。
29　これは，2002年の持続可能なサミットの実施計画Ⅳ. Protecting and managing the natural resource base of economic and social development, para 30.(a)で規定されており，EUはこの実施計画に署名している。
30　Directive 2008/56/EC of the European Parliament and of the Council of 17 June 2008 establishing a framework for community action in the field of marine environmental policy (Marine Strategy Framework Directive), OJ L 164/19, 25.06.2008.
31　Council directive 79/409/EEC on the conservation of wild birds, OJ L 103/1, 25.04.1979. なお，最新のものは，Directive 2009/147/EC on the European Parliament and of the European Council 30 November 2009 on the conservation of wild birds, OJ L 20/7, 26.01.2010である。
32　Council Decision of 25 October 1993 concerning the conclusion of the Convention on Biological Diversity, OJ L 309/1, 12.12.1993. なお，EUの全加盟国も生物多様性条約を締結している。
33　Council Directive 92/43/EEC of 21 May 1992 for the conservation of natural habitats and wild fauna and flora, OJ L 206/7, 22.07.1992.
34　Natura 2000は，野鳥に関するもの，生息地に関するもの，海洋環境に関するものの3種類に分けられる。それぞれの設定は，科学的な調査に基づいて各加盟国が行う。
35　http://www.eea.europa.eu を参照。
36　EC (2015) Natura 2000 – Natura and Biodiversity Newsletter, No.38, 23 June 2015, http://www.ec.europa.eu/environment/nature/info/pubs/docs/nat2000newsl/nat38_en.pdf, p.9 を参照。
37　Communication from the Commission to the Council and the European Parliament on A European Community Biodiversity Strategy, COM（1998）42 final, 04.02.1998.
38　Ibid., pp.2-3 を参照。

39 第1のテーマ「生物多様性の保全と持続可能な利用」,第2のテーマ「遺伝資源の利用から生じる利益の配分」,第3のテーマ「研究,現状等の特定,モニター及び情報交換」,第4のテーマ「教育,トレーニング,周知」となっている。
40 Supra note 37, pp.4-6を参照。
41 Ibid., pp.9-10を参照。なお,生物多様性戦略は,保護区外における生物多様性保護の重要性にも繰り返し言及し,そのためには,第5次環境行動計画の下で,複数の政策にわたって取り組む必要があると指摘している。この点に関し,たとえば,ibid., p.10, para 10。
42 Ibid., p.13以下を参照。
43 Communication from the Commission to the Council and the European Parliament- Biodiversity Action Plans in the areas of Conservation of Natural Resources, Agriculture, Fisheries, and Development and Economic Co-operation, COM (2001) 162 final, 27.03.2001.
44 なお,漁業以外には,資源の保存,農業,経済及び開発協力についてそれぞれ行動計画が作成されている。
45 この点に関し,前掲注22を参照。
46 Directive 2008/56/EC of the European Parliament and of the Council of 17 June 2008 establishing a framework for community action in the field of marine environmental policy (Marine Strategy Framework Directive), OJ L 164/19, 25.06.2008.同指令は,EU官報で公表された20日後の同年7月15日に発効した。
47 Supra note 1.
48 Ibid., Annex II, Target 4を参照。
49 Supra note 2を参照。
50 海洋環境の保護に関し,運輸や漁業分野では環境保護のための取組みが依然として進んでおらず,改善が必要との指摘もある。この点に関し,Suzanne J. Boyes/Michael Elliott, "Marine legislation – The ultimate 'horrendogram': International law, European directives & national implementation, *Marine Pollution Bulletin* 86, 2014, p.40を参照。
51 Report from the Commission to the Council and to the European Parliament The first phase of implementation of the Marine Strategy Framework Directive (2008/56/EC), COM (2014) 97final, 20.02.2014.
52 さらに,2010年欧州委員会は,Commission Decision of 1 September 2010 on criteria and methodological standards on Good Environmental Status of marine waters, OJ L 232/14, 02.09.2010を公表し,2020年までにEU域内で到達すべきGESに関し,詳細な基準・指標を公表している。
53 具体的には,地中海の環境保護を目的とするバルセロナ条約,北東大西洋の環境保護を目的とするOSPAR条約,バルト海の環境保護を対象とするヘルシンキ条約,黒海の環境保護を対象とするブカレスト条約である。EUはバルセロナ条約,OSPAR条約及びヘルシンキ条約を締結している。
54 Strategy of the OSPAR Commission for the Protection of the Marine Environment of

the North East Atlantic 2010-2020, http://www.ospra.org/documents.
55　OSPAR Commission, *OSPAR Coordinates Monitoring in the North-East Atlantic Contracting Parties coordinate their regional marine monitoring and assessment for the Marine Strategy Framework Directive*, 2014, p.5。それによると，元来，OSPAR条約の枠組みとして締約国に海洋環境評価の定期的な報告義務が課されていたが，海洋戦略枠組指令の発効後は，同指令に基づいた生物多様性やエコシステムに関する指標も検討対象に含めて，締約国間での協力が進められている。前掲注54，p.10を参照。
56　Supra note 51, p.3 を参照。
57　Jill Wakefield, "Entrenching environmental obligation in marine regulation, *Marine Pollution Bulletin* 90, 2015, p.12.
58　Arie Trouwborst/Harm M. Dotinga, "Comparison European Instruments for Marine Nature Conservation: The OSPAR Convention, the Bern Convention, the Birds and Habitats Directives, and the Added Value of the Marine Strategy Framework Directive, *European Energy and Environmental Law Review*, August 2011, p.148.

※　【追記】本章は，明治大学新学術領域研究支援基金による研究成果の一部である。

# 第9章 EUにおける遺伝子組換え体の課題
▶動向と諸問題

Hans-Georg Dederer
（翻訳　藤岡　典夫）

## I　はじめに

　1990年，欧州連合（EU）[1]は，遺伝子組換え体（Genetically Modified Organism: GMO）に関する2つの指令[2]を採択した。これらの指令の制定は，EUにおける法的拘束力のあるGMO規制の始まりを標すものであった。

　1990年における開始以来，EUにおけるGMO規制は困難な課題であり続けている。EUの住民の大多数がGMOに対して否定的な態度を長らくとり続け，今もとっている[3]。このようにして規制プロセスは最初からGMOの未知のリスクについての熱い議論を伴ってきた[4]。

### 1　プロセス・アプローチ vs. プロダクト・アプローチ

　GMOを作り出すのに用いられる技術は，通常「遺伝子工学」（genetic engineering）[5]と呼ばれる。遺伝子工学は，何よりもまず現代の育種技術である。それは，科学者によってではなく，多くの政治家，事実上すべての環境保護論者および住民の多数派にとって，人の健康と環境にとって本末的に危険であると考えられてきており，今もそう考えられている。1980年代後半に，ドイツの裁判所は，遺伝子工学を核技術と同一視さえした[6]。結果として，GMO規制は，最初から相当に制限的であった——あたかも遺伝子工学は超危険な活動であるかのように。遺伝子工学のプロセスを人の健康と環境にとって本末的に危険であるとみることが定着することによって，EUの立法者はGMO規制をいわゆ

171

る「プロセス（工程）・アプローチ」に基づかせることになった。この規制原理によれば，すべてのGMOとGMOを伴う活動は，包括的にプロセスベースまたは技術ベースの規制枠組みの適用対象でなければならない。その理由は単に，GMOが本来的に危険であると考えられる遺伝子工学技術によって作り出されることにある。

　プロセス・アプローチとは対照的に，いわゆる「プロダクト（産品）・アプローチ」は，プロセスではなく，プロセスの産出物に焦点を当てる。したがって，プロダクト・アプローチによれば，規制目的にとって重要なことは，遺伝子工学において用いられるかまたは遺伝子工学から生じる産品である[7]。なぜなら，プロセスではなく産品がリスクをもたらすからである。これは，米国が賛成する規制原理である[8]。

　2つの対立する規制アプローチ[9]は，規制に重要な実際的影響を及ぼしている。1970年代における遺伝子工学のような新技術に関しては[10]，プロセス・アプローチは，そうした新しく開発された技術を用いるすべての活動およびGMOを作り出すかまたは用いるすべての活動を規制するため，全く新しい水平的規制枠組みを要求する。対照的に，プロダクト・アプローチをとる場合，規制者は，いくつかの産品特定的規制（たとえば，医薬，食品，飼料，種子，農薬，毒性物質，または有害動植物[11]）から構成される現行の垂直的（または分野ごとの）枠組みを用い，そして必要に応じ関連の産品特定的規制を最新の科学技術水準に適合させる。

## 2　科学的知見 vs. 世論

　遺伝子工学に関しては，プロセス・アプローチの正当性がこれまで科学的に根拠付けられたことはない[12]。遺伝子工学は，これまでそれ自体危険性があることが特定されたことはない。20年以上にわたって広範な安全性研究が実施されてきたが，科学者はこれまで遺伝子工学が本来的に危険である（すなわち，遺伝子工学のプロセスそれ自体が本来的に危険性を有し，人の健康と環境に対し新規で未知のリスクを引き起こす[13]）ことを示すことができていない。規制枠組みは1990年以来数回改定されてきたけれども，EUはこれまでプロセス・アプローチを放棄

したことはない。

　確かにEUのGMOに関する規制枠組みの発展は，科学的知見によっても影響を受けてきたとはいえ，その程度はきわめて限定的であった。一方で世論は，EUのGMO規制のデザインにはるかに大きな影響を及ぼしてきた。最初から，GMOまたは遺伝子工学に対する公衆の受容は，科学的知見とは全く無関係であった。前述の通り[14]，今日に至るまで，科学は遺伝子工学のプロセスに関連するいかなる新規のリスクも示せていない。対照的に，EUの一般公衆，および（より大きな割合で）ドイツの一般公衆は，GMOに批判的なままであり，批判の度合いは年々ますますひどくなってきたかもしれない。しかし興味深いことに，GM作物とGM食品・飼料[15]についてのみ，より批判的になっており，革新的な医薬の開発と生産のためのGMOの閉鎖系での利用は，もはや公衆の不安の対象ではない[16]。

　科学的知見および世論の双方の進展は，過去25年以上にわたり，2つの方法においてEUの法形成に重大な影響を及ぼしてきた。まず，GMOの閉鎖系での利用に関しては，規制枠組みは，少なくともある程度には，科学的知見に合わせてきた。すなわち，1990年時点ほど制限的ではない[17]。この規制の発展の背景には，たとえば実験室，生育室，温室，動物用ユニットまたは工場内のようなGMOの閉鎖系での利用についての公衆の認識があり，これについてはもはや公衆の論争にはなっていない。対照的に，GMOの環境中への意図的放出，および環境放出または食品・飼料用途のための上市についての懸念は，GMO法制度が改正されるたびに規制枠組みを一層厳格に，そしてGMOにとって不利なものにしてきた。これは，GM作物とGM食品・飼料に対する公衆の継続的な反感と同一線上にある。

## II　EUの規制枠組み：概観

### 1　段階的アプローチ

　GMOに関するEUの法的枠組み[18]は，3つの段階から構成される。第1ステップは，研究・開発目的のGMOの閉鎖系での利用である[19]。閉鎖系での利用は，

まず実験室内で[20]，次に生育室内で[21]，その後温室内で行われる[22]。GMOの閉鎖系での利用は，封じ込め措置およびその他の保護措置の両方によって特徴付けられる[23]。こうした措置の目的は，GMOの人および環境との接触を制限することである[24]。第2ステップは，GMOの環境への意図的放出である。このステップは，とりわけ大規模な栽培を予定するGM作物にとって不可欠である[25]。なぜならば，ある特定のGM作物の栽培による人の健康と環境への影響は，その作物の環境への放出によってしか調査できないからである。第3ステップは，GMOの上市である[26]。この段階は，GM作物の大規模な栽培のようなGMOの利用を含む[27]。

EUの立法者は，明白にその規制枠組みをこの段階的アプローチに基づかせた。段階的原則は，「段階的にGMOの封じ込めは縮小し，放出の規模は増大するが，それは人の健康と環境の保護の観点において前段階の評価が次の段階をとり得ることを示す場合だけである」ことを意味する[28]。つまり，GM植物の安全性は，それらがさらなる研究と開発のために環境へ放出される前に，閉鎖系利用施設内において証明されなければならない。そしてGM植物の安全性は，それらが商業目的で上市される前に小規模な圃場試験において証明されなければならない。

## 2 水平的アプローチ：閉鎖系利用と意図的放出

EUのプロセス・アプローチに従い，GMOの閉鎖系利用と環境への意図的放出のための規制アプローチは水平的アプローチとなっており，そこにおいては，2つのEU指令が適用され，すべてのタイプのGMOが適用範囲に含まれる。GMOの閉鎖系利用は閉鎖系利用指令によって[29]，そしてGMOの環境への意図的放出は意図的放出指令によって規律される[30]。

## 3 垂直的および水平的アプローチの混合：GMOの上市

いくつかのEU指令およびEU規則は，GMOの上市に適用される。それぞれの指令または規則は，特定の種類のGM産品を適用範囲とする。GMOの上市に関するEUの規制枠組みは，「垂直的」（または部門別）アプローチに基づいて

いる。GM食品・飼料は食品・飼料規則によって，GM医薬品は医薬品規則によって，GM農薬は農薬規則によって，そしてGM種子およびその他のGM種苗は品種の共通カタログに関する指令および10本の他の指令(飼料植物種子，穀物種子，ブドウの木の種苗，観賞植物の種苗，樹木の種苗，ビートの種子，野菜の種子，種芋，油量・繊維作物の種子および果物の種苗に関する指令)によって，それぞれ規律される。

この垂直的規制アプローチは，いくつかの方法において水平的アプローチによって補完される。第1に，前述のEU指令および規則の適用範囲に含まれないGMO産品の上市は，意図的放出指令に従う。第2に，意図的放出指令はまた，GM作物の栽培も統制する。第3に，産品特定的なEU指令および規則は，特別な表示ルールを規定していないことから，GMO産品の表示は，意図的放出指令および表示・トレーサビリティ規則によって規制される。第4に，表示・トレーサビリティ規則はまた，GM産品のトレーサビリティのルールも規定する。

最後に，意図的放出指令は，環境リスクの評価において決定的な役割を演じる。もし食品，飼料，医薬品，農薬または種子がGMOであるか，またはそれらがGMOを含んでいるもしくはGMOから構成される場合には，これらのGMO産品はすべて，意図的放出指令が指示する環境リスク評価を受けなければならない。したがって，意図的放出指令は，すべてのカテゴリーのGMO産品またはGMOを含む産品についての環境リスク評価を，EU全体で調和する。

この混合された垂直的―水平的規制アプローチおよびその複雑性のよい実例として，GM作物を概観してみよう。農家が商業栽培するものは，実のところGM作物ではなく，特定のGM作物の品種である。EUの種子法に従って，GM作物の品種は，その他の植物品種と同様に，その品種が品種の共通カタログに登載された後でなければ，栽培目的で上市することはできない。EUの種子法によれば，ある品種は，他と区別され，安定的で，十分に均一で，栽培に用いる価値が十分にあること等の一定の基準を満たす場合のみ，品種の共通カタログへの登載が認められる。さらに，GM作物の品種に関しては，その上市がEUのGMO法によって認可されている場合であって，かつその認可が栽培に

まで及んでいる場合のみ，共通カタログに登載される[56]。こうした栽培を対象とする認可は，通常，意図的放出指令に基づいて与えられる[57]。

しかしながら，GM作物が，食品もしくは飼料に，または食品もしくは飼料の原料として用いられることが意図されている場合は，その上市は食品・飼料規則に従った認可も受けなければならない[58]。したがって，食品または飼料目的でのGM作物品種の栽培は，そのGM作物品種が品種の共通カタログに登載されていること，およびそのGM作物が次の2つの認可を受けていることを要求する。(栽培目的での)意図的放出指令による認可，および(食品または飼料目的での)食品・飼料規則による認可である[59]。しかしながら，食品・飼料規則に基づく認可は，意図的放出指令に基づく(栽培の)認可を含めることが可能である[60]。したがって，手続的には，1つの申請のみ提出されることが必要であり，そして1つの認可手続のみが実施される。この認可手続の簡素化は，"one door, one key"の原則とも呼ばれる[61]。

## III GM作物に関する現在の規制動向と問題

### 1 認可プロセスにおける行き詰まり
#### (1) 現在の状況

現時点で[62]，27件の上市認可の申請が食品・飼料規則の下でペンディングとなっている[63]。これらの27件の申請のうち，11件はすでに欧州食品安全機関(European Food Safety Authority: EFSA)から肯定的な専門家意見を受け取っている。したがって，EFSAによれば，当該GM作物は「(それらが)意図されている用途については，人および動物の健康または環境に対して何らかの悪影響を有することはありそうにない[64]」。したがって，EFSAが人の健康と環境にとって安全であると考えた11件のGM作物は，認可の準備ができている。それにもかかわらず，食品・飼料規則に基づく認可プロセスは，膠着状態に陥っている。意図的放出指令に基づく認可手続も同じ状態である。意図的放出指令に基づく認可に関しては，7件のGM産品が進行中であり，うち3件はEFSAから肯定的な審査結果を受け取っている[65][66]。

## （2） デジャヴュ（既視感）？　1999年の事実上のモラトリアム

認可手続における行き詰まりには当惑させられる。というのは，1999年にEU加盟国の環境相によって採択されたGMO認可に関する事実上のモラトリアムを我々に想起させるからである[67]。この事実上のモラトリアムの目的は，GMOの市場への意図的放出の規制枠組みが総点検されるまで認可手続を一時的に中止することであった。栽培用および食品・飼料用GMOの規制枠組みの全面改正の基礎にある考え方は，より厳格なGMO規制を敷くことによってGM食品・飼料が人の健康と環境にとって安全であるとの人々の信頼を醸成するだろうというものであった[68]。したがって，事実上のモラトリアムは，改正されたEUの規制枠組みが施行された後，2004年にようやく終了した[69]。そのとき，欧州委員会は，EUのGMO規制枠組みを世界中で最も厳しいGMO制度の1つであると自讃した[70]。

## （3） 認可プロセスの政治化

それゆえ，認可プロセスが近年再び停止するようになったことは，なおさら注目される。その責任は規制枠組み自体にある。というのは，それはほとんど必然的に認可プロセスを政治化するからである。

認可手続の出発点は申請である[71]。典型的には，申請者は，特定の形質転換イベントによって特徴付けられたGM作物系統を開発した種子会社である[72]。食品・飼料規則に基づく"one door, one key"に関しては[73]，申請者は，EU加盟国の所管当局に申請を提出し，所管当局はそれをEFSAに回付する[74]。EFSAの仕事は，GM食品（または飼料）の安全性について専門的意見を提供することである。その目的のため，EFSA[75]は食品（または飼料）安全性評価[76]および環境リスク評価[77]を実施する。しかしながら，認可は，EFSAによってではなく，欧州委員会によって付与される[78]。EFSAの使命は，欧州委員会に対して科学的助言を提供することにとどまる。このように，EFSAはリスク評価を実施するのであり，リスク管理は欧州委員会の責任である[79]。欧州委員会は，EFSAの科学的な専門的意見に基づいて決定案を準備しなければならない[80]。しかしながら，欧州委員会は「他の正当な要因」を考慮することもできる[81]。EUの一般食品法に照らすと[82]，こうした他の正当な要因は，「社会的，経済的，伝統的，倫理的……

要因及び管理可能性」[83]を含む。しかしながら，欧州委員会は，これまでその決定または決定案を，こうした他の正当な要因に基づかせたことはない。[84]他方，加盟国は，GM食品・飼料およびGM作物の認可について一貫して強い懸念を提起してきた。EUの立法者は，ごく最近,「各国の懸念の表明がGMOの健康・環境の安全性に関連するものだけではないことに照らせば，意思決定プロセスは，特にGMOの栽培に関しては困難であることが判明した」ということを認めた。[85]EUの立法者は加盟国の懸念の内容を明かさなかったけれども，どう見ても加盟国の問題は科学ベースの健康または環境リスクと関連していなかった。[86]

　EUの加盟国の声は重要である。なぜなら，欧州委員会の決定案は,「コミトロジー手続」(comitology procedure)[87]を経て処理されるからである。そこにおいては，専門委員会および，場合によっては上級委員会が欧州委員会の決定案を検討する。[88]GM食品・飼料および食品・飼料目的に使用されることが意図されているGM作物の場合，専門委員会は「フードチェーン・動物衛生常設委員会」である。[89]それは，構成員に加盟国の代表を含む。[90]常設委員会が結論を出すことができなかった場合，決定案は上級委員会に回付される。[91]もし上級委員会も結論を出すことができなかった場合，欧州委員会は自身の案を採択し，認可を発行することができる。[92]概して，どの委員会も，問題になっているGMO産品の認可を提案する欧州委員会提出案に賛成または反対のいずれの決定をも採択することができなかった。[93]したがって，欧州委員会はいつでも，加盟国の支持なしでも自身の案を採択して認可を発行するフリーハンドを持っていた。

　それにもかかわらず，認可手続は，少なくとも最近まで，再び行き詰まりとなった。その大きな理由は，認可手続の政治化にある。この政治化は2つの方法において現れる。第1に，認可手続は，EU加盟国からの代表が関与する。第2に，加盟国の代表たちは，GM食品・飼料およびGM作物の認可に反対してきたが，それは科学的理由ではなく，非科学的理由に基づいている。とくに，GM作物とその栽培に関する懸念は，しばしば社会経済的性格を帯びていた。

## 2 GMO栽培の再個別化 (re-nationalisation)
### (1) 背景

　欧州委員会は，無論この認可手続の停止が克服されなければならないことはよくわかっていた[94]。科学的に正当化されない認可手続の遅延は，多くの申請がパイプラインの中で行き詰まっている状態を引き起こし，WTOルールに基づく非難を受けやすい[95]。WTOとの整合性に関して，もう1つの懸念は，加盟国が緊急措置またはセーフガード措置を採択することによって十分な科学的証拠[96]なしに自国の領域内でのGM作物の栽培を妨害しようとしたことであった[97]。食品・飼料規則および意図的放出指令は，緊急措置[98]またはセーフガード措置[99]を規定する。緊急措置またはセーフガード措置は，新規のもしくは追加的な情報または既存情報の再評価が人の健康または環境への未知のリスクを明らかにする場合にのみ採択することができる[100]。ドイツを含むいくつかの加盟国が，GM作物品種の栽培を制限または禁止するこうした暫定的緊急措置またはセーフガード措置を採択した[101]。こうして，ほとんどのEU加盟国において，MON810品種（モンサントによって開発された害虫抵抗性GMトウモロコシ[102]）の栽培は中止となった。ドイツはMON810の栽培禁止の科学的理由を提出しようと努力したけれども，そのセーフガード措置は，砂の上に建てられ，そして非科学的理由によってGMO栽培を禁止する薄いヴェールのかかった企てであるように思われる。実際，ドイツ農業省が課したドイツにおけるすべてのMON810品種についての全国的規模での栽培禁止は，ドイツのGMOに関する科学専門委員会である生物安全中央委員会[103]によって厳しく批判された[104]。他の加盟国の中には，EU運営条約に規定されている特例条項[105]を援用しようとした国もあった。この特例条項は，EU加盟国がEUによって採択された調和措置からの逸脱を許容する。食品・飼料規則及び意図的放出指令は，こうした調和措置を規定するものである[106]。しかしながら，そうした調和からの逸脱は，とくに当該加盟国において生じている問題に関してその加盟国が環境リスクに関する新しい科学的証拠を提出できる場合にのみ許容される[107]。

　EU加盟国の大部分は，GM作物の栽培を国内において受け容れることを望んでいない。この根強い抵抗の表面上の理由は，GM作物とGM食品または飼

料によって引き起こされる人の健康または環境リスクとされるものである。加盟国が食品・飼料規則および意図的放出指令に規定されている緊急措置またはセーフガード措置を援用するかどうか，またはEU運営条約に規定されている特例条項を援用するかどうかにかかわらず，加盟国は人の健康または環境リスクのおそれのゆえに行動することのみを主張することができる。しかしながら，加盟国は概してそれぞれの証明責任を果たすことができない。それゆえ，ほとんどの加盟国の領域内でGMOの栽培を許容することへの抵抗が続いている本当の理由は，社会経済的，倫理的または政治的性格をもったものであるように思われる。実際，欧州の政府は各国の国民からの圧力を感じている。各国国民は多くの場合，GM作物には一般的に，そしてGM食品・飼料にはとくに，きわめて懐疑的である。GM作物および特にGM食品・飼料についての公衆の広範な懐疑的態度は，加盟国が認可プロセスを妨害しようとし，または緊急条項，セーフガード条項もしくは特例条項を利用しようとする理由であると思われる。

（2） EUの規制枠組みの不調和

　以上を背景にして，欧州委員会がGMO栽培の再個別化（re-nationalisation）を提案したことが理解できる。EUの立法者はまた，過去の「経験は，GMO栽培が加盟国レベルで徹底的に対処される問題であることを示した」と明示的に説明した。しかしながら，2015年の4月の初めまで，「共存」措置を例外として，EU加盟国はGMOの自国領域内での栽培を決定するポジションにはなかった。GMOの，とくに栽培目的での上市はEUレベルにおいて完全に調和されていた。もしGM作物の上市が認可され，そしてその上市認可がそのGMOの栽培を含んでいた場合，加盟国は，自由な流通と特に認可されたその産品の使用を妨害することを禁じられていた。より具体的には，加盟国は，前述の緊急条項，セーフガード条項または特例条項を正当に援用できない限りは，そのGMO作物の栽培を禁止しまたは制限することを許容されていなかった。

　GMO栽培の再個別化は，この徹底的な調和が破棄され，そして2015年4月2日から，加盟国は自国の領域内でGMO作物の栽培を禁止しまたは制限すること，つまり国内レベルでのGMO栽培のオプト・アウトを許容されることを意味する。このようにして，GM作物栽培に関する限り，EUの規制枠組みは，

意図的放出指令へのオプト・アウト条項の導入によって不調和となったのである。[115]

### （3） オプト・アウト措置の採択：手続的観点
#### ① フェーズ1：認可プロセス中のオプト・アウト

GMO栽培の制限または禁止について2つの段階が区別されなければならない。フェーズ1は，意図的放出指令および食品・飼料規則に基づく認可プロセスに関わる。認可プロセス進行中，いずれの加盟国も，認可されるGMOの栽培に関して，認可の範囲が自国の領域の全部または一部に及ばないとすることを要求することができる。[116]オプト・アウト条項の表現によれば，この要求は，科学的またはその他の合理的な理由に基づく必要はない。認可申請者は，それに応えて申請の地理的範囲を調整してもよいし，あるいは申請を地理的に限定するとの加盟国の要請を拒否してもよい。[117]もし申請者が申請の地理的範囲を調整する場合には，認可はそれに応じて発行される。[118]こうしたケースにおいて，認可されたGM作物は，EU全域での流通が可能であるが，栽培が可能なのは，認可の地理的範囲から除外されていない地域だけである。このようにして，フェーズ1は，認可の地理的範囲を初めから制限することによって「GMOフリーゾーン」を作り出す機会を与える。

#### ② フェーズ2：認可付与後のオプト・アウト

フェーズ2は，意図的放出指令または食品・飼料規則に基づいてGMOが認可された後に開始される。認可の地理的範囲内にある区域は，事後に免除され，その結果GMOフリーゾーンとなることができる。しかしながら，フェーズ2ではフェーズ1と異なり，加盟国は，その領域の全部または一部において認可済みGM作物の栽培を制限または禁止するというオプト・アウト措置の正当な理由を提出しなければならない。そのようなオプト・アウト措置は，やむを得ない理由に基づいていなければならない。[119]EUの立法者は，許容されるやむを得ない理由の事例の目録を定めた。[120]このリストは，以下の理由を挙げている。環境政策上の目的，都市計画および農村計画，土地利用，社会経済的影響，他の産品中へのGMOの存在の回避，農業政策上の目的，ならびに公共政策。このやむを得ない理由の（非網羅的）[121]列挙は，いくつかの疑問を提起する。

## (4) オプト・アウト措置の採択：実体的観点
### ① やむを得ない理由の援用
第1に，これらの理由はすべて，個別的に援用することも，または場合によっては組み合わせて援用することもできる[122]。公共政策はこの例外で，個別的に援用することはできず，他のやむを得ない理由と組み合わせてのみ援用することができる[123]。したがって，立法者は，やむを得ない理由のリストを作成する際に最初から公共政策を除外してもよかったのである[124]。

### ② 証明責任
第2に，加盟国は，オプト・アウト措置が1つ以上のやむを得ない理由によって正当化されるという証拠を提出しなければならない（すなわち，1つ以上のやむを得ない理由が，領域の全部または一部内で認可済みGM作物の栽培の制限または禁止を必要とすることを証明しなければならない）。EUの立法者は，オプト・アウト措置が「論証され」なければならないことを命じた[125]。さらに，立法者は，援用されるやむを得ない理由が，「オプト・アウト措置が適用される加盟国，地域又は区域に特有の状況」に関連していなければならないことを要求する[126]。したがって，その国または地域・地方レベルに特有の状況が，リストにあるやむを得ない理由の1つ以上に関連する正当な目的を達成する上でのオプト・アウト措置の必要性を支持しなければならない。

### ③ EFSAの機能との衝突
第3に，環境政策上の問題は，前述のやむを得ない理由の1つである[127]。しかしながら，もし加盟国が環境政策上の問題をGM作物栽培の制限または禁止の根拠として援用した場合は，そうした国のオプト・アウト措置は，食品・飼料生産目的で栽培されるGM作物に関する環境リスクを評価するEU中央機関としてのEFSAの役割を深刻に毀損しかねないだろう。EUの立法者は，この衝突を予期しており，それゆえ，加盟国による環境政策上の目的の援用は「いかなる場合も，EFSAにより［意図的放出］指令または［食品・飼料］規則に従って実行された環境リスク評価に抵触してはならない」と規定した[128]。しかしながら，環境政策上の目的のどれが各国のオプト・アウト措置を正当化しうるかについて問題が残っている。EFSAの環境リスク評価は包括的であり，特定の

GM作物の栽培によって引き起こされるすべてのタイプの環境リスクを検討したと考えられるからである。

　EUのどの制定法とも同様に，オプト・アウト措置のためのルールを定めるために2015年3月に採択された新しいオプト・アウト指令[129]には，'recitals'から成る前文がある。これらのrecitalsは，指令の効力のある（法的拘束力のある）部分には属していない。しかしながら，それらは，立法者の動機と意図を示し，指令の目的を特定するために有益な情報である。さらに，recitalsの中には，その指令に用いられている法律用語の具体的な意味について詳述するものもある。

　オプト・アウト指令のrecitalsによれば，加盟国は，次の環境政策上の目的を追求することができる。「生産を生態系の持続可能性に調和させる潜在力を一層向上させる農業慣行の維持と発展，又はある種の生息地や生態系若しくはある種の自然や風景の特徴並びに特定の生態系機能・サービスを含む地域の生物多様性の維持[130]」。しかしながら，EFSAの手引書である「GM植物の環境リスク評価の手引[131]」によれば，これらの環境政策上の目的はすべて，EFSAの環境リスク評価によって包括的に説明される。その手引書において，EFSAは，「（生物多様性を含む）環境は……損害から保護されるべきであるがゆえに，生物種の豊かさと生態学的機能は，［環境リスク評価において］考慮されるべきである[132]」と明確に述べている。EFSAは，続けて「とりわけ［標的でない生物を］考慮する際は，受け入れる環境は，GMの栽培圃場や果樹園及びプランテーションを含む管理された陸生の生態系(たとえば，農業生態系)，並びにそれらの周辺部とさらに広い環境(たとえば，他の隣接するGM又はnon-GMの栽培地および栽培されていない生息地)，並びに関連する場合は水性の生態系から構成される[133]」と説明する。EFSAは，さらに詳しく次のように説明する。「人の管理する状況では，(たとえば農業および林業用の)持続的土地利用は，最重要の環境保護目標である。持続的生産のために，一定レベルの生物多様性を維持することが，病害虫の生物学的コントロール，養分の定着と循環，植物素材の分解，土壌の質と地力の維持，および構造的安定性等といった，本質的な生態系サービスを提供する。それゆえ，機能的生物多様性の基準は，この文脈において重要であ

る。というのは，機能的生物多様性の保全は，生産システム（たとえば，農業生態系）の質を保証するとともに，それらの持続可能性を確保することができるからである」[134]。

### ④ 一貫性（consistency）と比例性（proportionality）

第4に，前述のやむを得ない理由のうちのいくつかは，一貫性（consistency）と比例性（proportionality）[135]の問題を引き起こす。農業政策上の目的は，その一例である[136]。

recitalsによれば，「農業政策上の目的は，農業生産の多様性を保護する必要性並びに種子及び植物繁殖素材に純度を確保する必要性を含む」[137]。しかしながら，GM作物の栽培が「農業生産の多様性」を危険にさらすという主張は，一貫性がなく，欠陥があるように思われる。再生可能エネルギー生産用のバイオマスとしての慣行作物の大規模な栽培は許容されており，これが同様に「農業生産の多様性」に影響する可能性があることは言うまでもない。さらに「種子及び植物繁殖素材の純度」のために，GM作物栽培が加盟国の領域の全部または大部分において禁止されることを必要とするかどうかは，疑問であるように思われる。これは比例性の問題である。GM作物栽培は，種子および植物繁殖素材の純度を確保するために厳密に必要である限りにおいてのみ，地理的に制限され，または禁止されることが必要である[138]。

### ⑤ 曖昧さ

第5に，前述のやむを得ない理由のうちのいくつかは，かなり広く，曖昧な用語で表現されている。たとえば，「社会経済的影響」がそうである[139]。この場合も，オプト・アウト指令のrecitalsは，この用語の意味に光を当てるかもしれない。しかしながら，recitalsは，欧州委員会により作成された報告書を参照するのみである[140]。この2011年の報告書[141]は，GM作物栽培の社会経済的意味について取り扱っている。オプト・アウト指令のrecitalsは明確に次のように述べている。「その報告書の結果は，この指令に基づく決定をとることを検討している加盟国に有益な情報を提供する」[142]。このステートメントには，かなり驚かされる。なぜなら，その報告書をよく検討すると，欧州委員会はGM作物栽培の社会経済的影響を客観的に特定することに困難性を感じていたことが分か

るからである。その報告書において，欧州委員会は，「現在のところ，フードチェーンおよび社会全体としての，欧州におけるGMO栽培の現在又は将来の社会経済的影響は，多くの場合客観的方法で分析されていない[143]」ということを認識している。その結果，欧州委員会は，「このセンシティブな話題に関するその議論は，認識の分裂状態から，確実で客観的な結論へ移行するために深められるべきである[144]」と勧告した。したがって，欧州委員会は，「GMO栽培の事前と事後の社会経済的影響を，EU中の種子生産から消費者に至るまで，正しくとらえるための確固たる要素群を定義する」ため，徹底的な調査を要求している。「方法論的枠組みは，長期的にモニターされるべき明確な社会経済的指標及びデータ収集の適切なルールを定義するために構築されるべきである[145]」。社会経済的影響評価が依然として手始めの段階にあって徹底的な基礎調査が必要なことを踏まえれば，社会経済的影響が加盟国の領域の全部または一部でのGM作物栽培の制限または禁止を正当化するとの意見を加盟国が提出できるとは考えられないように思われる。

⑥ **共存**（coexistence）

第6に，オプト・アウト指令は，加盟国は，「他の産品中におけるGMOの存在の回避」を，その領域内におけるGM作物栽培の制限又は禁止のやむを得ない理由として提出することができると述べている[146]。他の産品中におけるGMOの回避というのは，「共存」問題である。共存とは，農業者がGM作物，慣行作物又は有機作物のいずれかを栽培する選択権を有するということを意味する[147]。それはまた，消費者が，GM食品，慣行食品または有機食品の間で選択する自由を有することを保証する[148]。このようにして共存の目的は，少なくとも3つの産品ライン，つまりGM，慣行，および有機産品のラインを保証することである。GM作物栽培は，もちろん，前述の意味での共存に対してリスクを引き起こすかもしれない。なぜなら，GM物質は，たとえば，風やミツバチによる授粉を通じて，他の農業者が慣行作物または有機作物を栽培している隣接圃場へ拡散する可能性があるからである。したがって，共存は，他の産品，つまり慣行作物中の，および特に有機作物中のGM素材の混入が，可能な限り，そして比例性の限度内で，回避されることを必要とする[149]。

それゆえ，意図的放出指令は，2003年以来，加盟国に，「他の産品中におけるGMOの非意図的存在を回避するための措置をとる[150]」権限を与えてきた。欧州委員会は2010年に，慣行作物または有機作物中におけるGMOの非意図的存在を回避するために各国が共存措置を策定するための法的拘束力のないガイドラインを定める勧告を出した[151]。これらのガイドラインは，加盟国が，共存を保証するGMフリーエリアを設定する可能性を否定していない。ガイドラインは，加盟国が「慣行作物又は有機作物中におけるGMOの非意図的存在を回避するために，領域内の広い地域からGMO栽培を排除する[152]」必要があるかもしれないということをさえ予想している。それゆえ，新しいオプト・アウト措置が，他の産品中におけるGMOの存在の回避を目的に，加盟国がGM作物栽培を領域内において制限または禁止する可能性を規定するというのは，どういうことなのであろうか。
　この場合も，オプト・アウト指令のrecitalsは，加盟国が，「26a条の規定が適用される場合を除くほか」オプト・アウト措置のためのやむを得ない理由として，他の産品中におけるGMOの存在の回避を援用することのできる明確な状況を決定するのに役立つ。実際，recitalsは，GM作物栽培の制限または禁止は，「小島や山岳地帯のような特有の地理的条件を原因とする共存措置実行上の高コストや実行不可能性，又は特定の若しくは特別な産品等他の産品中におけるGMOの存在を回避する必要性に関係する[153]」理由に言及する。しかしながら，これらの事項はすべて，加盟国が欧州委員会の発出した共存勧告に合わせ[154]意図的放出指令の共存条項[155]に基づいて領域の広い地域からGM作物栽培の排除が許容される理由となることに，全く疑いはなかった。それゆえ，オプト・アウト指令はGMOの現行規制枠組みに何か意味を追加したのかどうかという疑問が生じる。

　⑦　**第１次EU法との適合性**

　前述の通り，新しいオプト・アウト条項に列挙されたやむを得ない理由の解釈と適用は，やっかいで微妙な仕事であるが，オプト・アウト措置の採択は，さらにあやふやなものであることが分かるだろう。なぜなら，GM作物栽培の制限または禁止のためのやむを得ない理由を提出することは，唯一の実体的要

件ではないからである。新しいオプト・アウト条項は，いかなるオプト・アウト措置も「EU法に適合」していなければならないと規定する。オプト・アウト指令のrecitalsから導かれるように，GM作物栽培の制限または禁止は，「条約，とくに……[EU運営条約の]34条および36条」に適合しなければならない。すなわち，オプト・アウト措置は，物品の自由移動の保証を遵守しなければならない。

(ⅰ) 物品の自由移動との抵触

　EUの立法者は，加盟国の領域の全部または一部におけるGM作物の栽培の制限または禁止が，GMOの自由移動，とくにGM種子およびGM植物繁殖素材の自由移動に抵触しうることを明確に予期した。欧州司法裁判所（ECJ）は，すでに「加盟国の領域における産品の使用禁止は，消費者の行動に相当な影響を与え，それが順に加盟国の市場へのその産品のアクセスに影響する」と判示した。まさに「[その産品の]使用が許容されていないことを知っている消費者は，……そのような[産品の]購入に実際関心を持たない」。したがって，特定のGM作物の栽培の禁止は，「その効果が国内市場へのアクセスを妨げることである限り，EU運営条約34条の意味での輸入数量制限と同等の効果を有する措置を構成する。ただし，それが客観的に正当化される場合は，この限りではない」。

　同様のことは，GM作物栽培の制限についても原則として当てはまる。なぜなら，ECJは，「制限は，……消費者の行動に相当な影響を与え，それが順に加盟国の市場へのその産品のアクセスに影響する」とも判示する。それから，「許容される用途が……きわめて限定されていることを知っている消費者は，その産品の購入に限定的な関心しか持たない」。したがって，GM作物栽培の制限が「GM作物の使用を大きく制限する　　効果を有する場合は，……そうした措置は，当該国内市場へのアクセスを妨げる効果を有し，それゆえ，EU運営条約の36条に従っての正当化事由又は優越的な公益的要請がある場合を除いて，EU運営条約34条によって禁止される輸入数量制限と同等の効果を有する措置を構成する」。つまり，オプト・アウト措置の範囲は，それがEU運営条約34条によって禁止される市場アクセス障壁となるかどうかを決定する。

187

(ii) 正当化

(ii)-① 一般的観点

　そうした市場アクセスへの障壁は，それがEU運営条約36条によって（すなわちEU運営条約36条に明示的に規定された公益的事由に基づいて），または不文の「不可避的要請[164]」に基づくECJのカシス・ド・ディジョン法理に従って正当化されない場合のみ，物品の自由移動の保証の違反を構成する。

　重要な結論が，前述の意見から導かれる。もしある国のオプト・アウト措置が輸入数量制限に等しい，すなわちEU運営条約34条の意味での国内市場へのアクセスの障壁と同等である場合，第1次EU法，すなわちEU運営条約は，その措置がEU運営条約36条に規定された公益的事由または不可避的要請に基づいていることを要求する。さらに，第2次法，すなわち新しいオプト・アウト条項[165]は，同じオプト・アウト措置が1つ以上のやむを得ない理由に基づくことを要求する。それゆえ，ある特定のGM作物栽培を制限または禁止するある特定のオプト・アウト措置が物品の自由移動を妨げる場合，オプト・アウト条項によって要求されるやむを得ない理由が，同時にEU運営条約36条に規定された公益的事由またはECJの判例法に従った不可避的要請のいずれかである場合にのみ，正当化され得る。言い換えれば，EU運営条約36条に明示的に規定された公益的事由およびECJの判例法の意味での不可避的要請は，必ずオプト・アウト措置を正当化するやむを得ない理由となる。したがって，新しいオプト・アウト条項に規定されたやむを得ない理由の非網羅的リスト[166]は，EU運営条約36条の意味での公益的事由を利用することによって，またはECJのカシス・ド・ディジョン法理の範囲での不可避的要請を参照することによって拡張されうる。

(ii)-② 公衆道徳

　加盟国は，自国の領域の全部または一部でGM作物栽培を制限または禁止する場合に，EU運営条約36条に明示的に規定された公益的事由の一部を援用することができる。過去において，加盟国は，公衆道徳の要件を引き合いに出すことによってGM作物品種の流通の妨害を正当化しようと試みた。公衆道徳は，EU運営条約36条に明示的に規定された正当な公益的事由である。しかし

ながら，ECJは，「公衆道徳」の用語をこれまで定義したことがない。なぜならば，裁判所によれば，「原則として，自身の価値の尺度に従い，かつそれにより選択された形式においてその領域における公衆道徳の要件を決定するのは，各加盟国である」。こうした背景の下で，ECJは，加盟国がたとえば倫理的または宗教的異議によって認可済みのGMOの自由な流通の妨害を正当化するために公衆道徳を援用する可能性を，完全には否定しなかった。現実的な問題は，証明責任にある。関連するケースで，問題の加盟国（ポーランド）は，証明責任を果たすことができなかった。ECJの確立された判例法によれば，「問題の国内措置は，実際，被告加盟国が公衆道徳だとする目的を追求することが適切に証明され」なければならない。「すなわち，加盟国は，争われている国内規定の真の目的が実際，宗教的及び倫理的目的を追求することであるということを証明しなければならない」。ポーランドは，いくらか一応の証明をしようと試みたように見える。これは率直に「ポーランド社会がキリスト教およびローマカトリック教会の価値観をきわめて重視していることは，よく知られているという事実」を指摘し，「第2に，争われている措置が採択された当時のポーランド議会の多数を占める政党がそのような価値観への信奉を特別に要求したと述べた。そうした状況において，ポーランドによれば，一般的には科学的訓練を受けていない議会議員が，他の動機よりも宗教的または倫理的思想によって大きく影響され，それが彼らの政治的行動を引き起こすだろうと考えることは，合理的である」。裁判所は，これに納得せず，そっけなく宣告した。「そのような考察は，争われている国内措置が宗教的または倫理的理由によって引き起こされたことを証明するには不十分である」。最後に，加盟国は，「住民が表明したCMOに対する強い反対を，または行政区域の議会がその行政区域はGM栽培・CMOフリーを維持するという決議を採択したという事実を」引き合いに出すだけでは，その証明責任を果たすことにはならない。

(ii)-③ **環境保護**

EU運営条約36条に明示的に規定された別の公益的事由に，「人，動物もしくは植物の健康及び生命の保護」がある。この公益的事由は，環境保護に関連するが，一致してはいない。環境保護は，不文のECJ判例法により十分に確

立された不可避的要請である[173]。したがって，人，動物もしくは植物の健康および生命の保護と，環境保護とは，ともに加盟国が物品の自由移動を妨げるに際して正当に追求することのできる公共政策上の目的として役立つ。しかしながら，前述の通り，健康および環境上のリスクは，EFSAによって包括的に評価される。それゆえ，加盟国は，オプト・アウト措置の採択に際して健康または環境の事由を追加的に援用できることはめったにない。

### ⑧ WTO法との適合性

オプト・アウト措置をめぐる法的問題は，さらに複雑になる可能性がある。前述のとおり，新しいオプト・アウト条項は，いかなる国内措置も「EU法に適合して[174]」いなければならないことを明示的に要求する。オプト・アウト指令のrecitalsは，GM作物栽培の国内制限または禁止は「EUの条約，とくに……TFEU216条2項に適合して[175]」いなければならない，とさらに詳しく説明する。TFEU216条2項は，「EUによって締結された条約」に関する規定である。TFEU216条2項によれば，これらの条約，すなわち国際公法たる条約は，EU諸機関およびEU加盟国をともに法的に拘束する。したがって，EUが締結した条約は，「EU法の不可欠な一部をなす[176]」。これは，とくにWTO協定について当てはまる。このようにして，オプト・アウト措置の採択，すなわちGM作物栽培の制限または禁止に当たり，加盟国はWTOルールを遵守しなければならない。

深刻な法的問題が，フェーズ1に関してWTO法の下で発生する。フェーズ1においては，認可手続中，加盟国は，認可の地理的範囲から自国の領域の全部または一部を除外するよう要求することができる[177]。Biotech Products 事件のWTOパネル報告によれば，意図的放出指令および食品・飼料規則に規定されている認可手続は，SPS措置[178]，すなわち人，動物または植物の生命または健康の保護を目的とする措置である，と考えられなければならない[179]。それゆえ，認可手続は，SPS協定[180]（the Agreement on the Application of Sanitary and Phytosanitary Measures：衛生植物検疫措置の適用に関する協定）に規定される実体的要件に適合[181]しなければならない。SPS協定の最も重要な実体的要件は，いかなるSPS措置も「科学的な原則に基づいて」いなければならないこと，および「十分な科学

的証拠なしに維持しない[182]」ことである。これは，SPS措置が「人，動物又は植物の生命又は健康に対するリスクの評価……に基づいて[183]」いなければならないことを含意する。ところが，認可の地理的範囲が自国の領域の全部または一部を対象としないことを要求する加盟国は，そのようにするためのいかなる科学的または合理的な根拠を提出することも義務付けられない[184]。このように，フェーズ1は，認可プロセスに，人の健康または環境に関連する必要がなく，かついかなる場合も正しい科学に基づく必要のない，新しい手続的要素を導入する。したがって，フェーズ1については，認可プロセスは，認可の地理的範囲を限定しようという加盟国の要求が珍しく科学的リスク評価によって合理的に支持されることがない限り，一般的にもはや科学的原則に基づいていない。

多くの他の法的問題が，EU法，WTO法または国内憲法に関連して議論になりうる[185]。このようにして，オプト・アウト措置の採択，すなわちGM作物栽培の国内制限または禁止は，加盟国にとって，そして最終的にEUにとって，やっかいな問題となる可能性がある。欧州委員会は，条約違反手続を開始し，加盟国のオプト・アウト措置をECJに訴えることがありうる[186]。米国のような第三国は，WTO紛争解決機関[187]にEUを提訴することがありうる[188]。それゆえ，加盟国は，新しいオプト・アウト条項の適用を躊躇し，最終的には差し控えるかもしれない。そうならずに，認可手続を妨げ，科学的に正当化されない異議を提起することによって，または健康・環境リスクに関係のない社会的関心を表明することによって，いつも通りの仕事を続ける方を選ぶかもしれない。そのような認可プロセスの行き詰まりの継続は，無論，「自国の領域内でGMOを栽培したいのか否かを決定する柔軟性」を加盟国に付与することによって「GMOの認可プロセスを改善すること[189]」というEUの立法者の主要な目標を頓挫させるだろう。

## 3 革新的育種技術

検討すべきもう1つの論題が，最近における革新的な分子育種技術の発展である。これらの新しい育種技術は，TILLING[190], TALEN[191], CRISPR-CAS[192][193]といった頭字語によって表される。これらの現代的技術はすべて，植物育種目的の高精

度の道具である。これらの最先端技術を開発し利用してきた科学者たちは，これらの技術が遺伝子工学として分類され，その結果GMOの規制枠組みの適用の引き金を引くことを怖れる。プロセス・アプローチによれば，GMO規制は，GMOの法的定義の範囲の一定の分子育種技術[194]および遺伝子工学技術[195]を使用して植物が遺伝子を組み換えられた場合に，適用される。

　一般的定義によれば，「GMO」の用語は，「交配及び／又は自然の組換えによって自然には起こらない方法において，遺伝物質が改変された生物[196]」を意味する。実際は，今日用いられている育種技術の，すべてではなくともほとんどは，「自然の組換え」とは非常に異なっている[197]。したがって，EUの立法者は，法的な，すなわち規範的な観点から，いずれの育種技術が「自然ではない」方法において遺伝物質を改変するのかを正確に定義することによって，GMOの定義の，したがって規制枠組みの範囲を限定した。自然ではない技術（その利用がGMOを生じさせる）の定義は，専らではないがとりわけ「組換え核酸技術」に言及する[198]。そうした組換え核酸技術は，「生体外で……作成された核酸分子を……ベクター系……に挿入することより遺伝物質の新たな組合せを形成し，それらを宿主生物中に導入するもので，自然には起こらない[199]」ものでなければならない。

　最も重要な新しい分子育種技術は，2012年に開発されたCRISPR-CASであろう[200]。それは，生物のDNAを改変する。DNAの改変は，すべての育種技術の目的である。CRISPR-CASは，意図的放出指令に明示的に言及された技術にぴったり当てはまらないように思われる[201]。しかしながら，意図的放出指令は，GMOを作り出す遺伝子工学であると考えられる育種技術を，網羅的に列挙してはいない[202]。したがって，「自然には起こらない方法において[203]」遺伝物質を改変する新しい分子育種技術はいずれも，意図的放出指令に規定された法的定義に言及される遺伝子工学技術を構成する可能性がある。しかしながら，CRISPR-CASを用いて開発された植物は，全く「自然な」もののように思われる。なぜなら，科学者たちは，それらのゲノムと属性に基づき，そうした植物は従来の育種による植物とほとんど区別がつかないと主張しているからである[204]。それにもかかわらず，目的論的アプローチは，異なる結論を導くかもしれ

ない。意図的放出指令のrecitalsによれば，「本指令は，従来から多くの適用例において用いられ，長期にわたる安全性の履歴がある一定の遺伝子組換え技術によって獲得された生物には適用されない」[205]。したがって，ある技術が「自然には起こらない方法において」遺伝物質を改変するかどうかは，特定の育種技術から生じる生物が人の健康と環境にとって安全であることの積年の経験的確実性に依存する。それゆえ，決定的な問題は，CRISPR-CASが「多くの実例において用いられて」きたかどうか，そして「長期にわたる安全性の履歴」があるかどうかである。

## Ⅳ　結論：終わりのない課題としてのGMO規制

　GMOの規制枠組みがある種の革新的分子育種技術に適用されるべきかどうかに関する議論は，この章の最初に立ち戻ることにつながる。科学者たちがCRISPR育ちの植物を，遺伝子型または表現型のいずれにおいても従来の育種による植物とほとんど区別できないという事実は，EUの規制アプローチ（プロセス・アプローチ）に深刻な疑いを投げかける[206]。最新の分子育種技術に基づけば，育種技術それ自体は人の健康と環境にリスクを引き起こさないということが一層明白になる。ある植物とその栽培が人の健康と環境にリスクを引き起こすかどうかは，その植物を獲得するために用いられた育種技術いかんにかかわらず，当該植物の遺伝子型または表現型属性に依存する。しかしながら，EUにおけるGMO規制の歴史を見ると，EUの立法者がGMO規制枠組みの基礎にあるプロセス・アプローチを近い将来において放棄すると信ずる理由はない。

　遺憾ながら，GM作物とGM食品・飼料については，悲観論が当を得ている。もちろん，GMO栽培の再個別化のような最近の法的発展の結果を，誰も予言することはできない。しかしながら，ドイツおよび他の多くの加盟国において，おそらくGM作物栽培の禁止措置が制定されるだろう。しかしながら，もしGM作物栽培が欧州の大部分で禁止されるなら，科学者たちは，なぜこのひどく紛糾する分野における研究を実施し続けるべきなのか？[207]

　オプト・アウト指令は，GM作物が，GM食品・飼料とともに，共存の外で

規制されることにつながる可能性がある。規制の様相は，よい方向へ変わっているように思われない。2015年4月，欧州委員会は，GMO規制枠組みのもう1つの改正案を提案した。それには，GM食品・飼料の輸入の再個別化の考え方が盛り込まれている。[208] この提案によれば，加盟国は，認可済みGM食品・飼料[209]の利用を制限または禁止できる。新たな規制上の大混乱と浅瀬が前方にある。GMOの規制は，少なくとも欧州においては，終わりのない課題であるように思われる。

## 【注】

1　1990年に欧州連合（EU）は存在していない。その当時は「欧州経済共同体」（EEC）であり，2つのGMO指令を制定した（後掲注2を見よ）。1993年にマーストリヒト条約（=1992年2月7日の欧州連合に関する条約。以下，「TEU 1992」）が発効した後，EECは改名された（Art. G [A] を見よ）（TEU 1992）。以後，それは「欧州共同体」（EC）の名の下に活動した。2009年，ECのあとをEUが継いだ（Art. 1(3)(3)TEU）。このようにして，今日のEUは，ECの継承機関であり，したがってEECの継承機関でもある。

2　Council Directive 90/219/EEC of 23 April 1990 on the contained use of genetically modified micro-organisms, OJ L 117, 08.05.1990, p.1; Council Directive 90/220/EEC of 23 April 1990 on the deliberate release into the environment of genetically modified organisms, OJ L 117, 08.05.1990, p.15.

3　European Commission (ed.), Eurobarometer 73.1: Biotechnology, 2010 (Special Eurobarometer 341), 特に pp.13 et seq., 73 et seq を見よ。

4　農業バイオテクノロジーに関するリスクの説明については，たとえば，Baram and Bourrier (2011), pp.3-8を見よ。

5　「遺伝子工学」は，ごく一般的には，3段階のプロセスである。ある遺伝子がドナー体のDNAから切り出される（ステップ1）。この遺伝子があるDNA分子に挿入される（ステップ2）。そのDNA分子が，いわゆる「ベクター」である。ベクターの役割は，遺伝子を別の生物のゲノムの中へ移す運び屋として働くことである。その遺伝子とDNA分子は，ともにいわゆる「組換えDNA」（rDNA）を形成する。最後に，rDNAがレシピエント体に挿入される（ステップ3）。たとえばHerdegen (2000), pp.301-302を見よ。

6　1989年の悪名高い判決において，ヘッセン上級行政裁判所は，規制の必要性に関して，遺伝子工学のリスクは，少なくとも核エネルギー生産のリスクに匹敵すると述べた。裁判所は，遺伝子工学の使用は，議会が遺伝子工学の適用を支持する法律を可決するまでは許容されないと結論づけた。Verwaltungsgerichtshof Kassel, Juristenzeitung 1990, p.89を見よ。つい最近の2013年，ドイツ連邦憲法裁判所は，「立法者は，GMOを一般的なリスクがあるものと考える権限があった。そのような『基礎的なリスク』の想定は，評価についての立法者の特権であり，GMOとその子孫の現実的危険の潜在性について実験によ

る科学的証拠を要求しない。科学的知識が不確実な状況において、立法者は、潜在的な危険とリスクを評価する権限がある」と判示した。(BVerfGE 128, 1 (39)); English translation available at http://www.bundesverfassungsgericht.de/SharedDocs/Entscheidungen/EN/2010/11/fs20101124_1bvf000205en.html;jsessionid=83FBC292BA593042CF5FCC532EB35968.2_cid394, para. 123).

7 これらの「産品」については、supra note 5 および infra note 12 を見よ。

8 たとえば Dederer (1998), pp.186-187 を見よ。

9 「プロセス・アプローチ」対「プロダクト・アプローチ」の議論について、たとえば Miller (1995), pp.55 et seq を見よ。

10 遺伝子工学の初期における先駆的実験について、たとえば Cohen et al.(1973), pp.3240-3244 を見よ。

11 たとえば1986年6月26日の「米国バイオテクノロジー規制の調和的枠組み」を見よ。これは、依然として米国におけるGMO規制の基礎を形成している。(http://www.aphis.usda.gov/wps/portal/aphis/ourfocus/biotechnology/sa_regulations/ct_agency_framework_roles/!ut/p/a0/04_Sj9CPykssy0xPLMnMz0vMAfGjzOK9_D2MDJ0MjDzd3V2dDDz93HwCzL29jAyMTPULsh0VAU1Vels!/).

12 Dodet (1994), p.475; Lunel (1995), p.267; Teso (1993), p.28 を見よ。GMOに関して、いかなる科学的リスク評価であれ、適用されるプロセス又は技術ではなく、遺伝子工学のプロセスにおいて用いられるか、又はそれから生じる産品を見なければならない。GMOの科学ベースのリスク評価において検討されなければならない産品とは、(移転されるべき)遺伝子、ベクター、rDNA、ドナー体、レシピエント体及び結果として生じるGMOである (fn.5も見よ)。これらの産品が人の健康又は環境に対するリスクを生じるか否かは、個別のケースにおけるそれら特有の性質に依存する。Art. 4(2), Annex III Directive 2009/41/EC および Arts. 4, 13, Annex II Directive 2001/18/EC に規定されるリスク評価が科学ベースであることは明らかであり、それは関連の産品とそれらの特性を検討する。それゆえ、問題は、遺伝子工学のプロセスそれ自体が本来的に危険であってリスクを生じるという、EUの規制者が基礎に置いている規範的前提にある (人の健康と環境に対する supra note 6) のドイツ連邦憲法裁判所の論理を参照)。

13 たとえば、20年以上にわたって、ドイツ連邦教育研究省は、GM植物に関する120件の安全性研究を含む300件のプロジェクトのために1億ユーロ以上を費やした。Bundesministerium für Bildung und Forschung, Aktuelle Forschung liefert keine Belege für ökologische Schäden, Press release 041/2011 of 30 March 2011 (available at http://www.bmbf.de/_media/press/pm_20110330-041.pdf) を見よ。また、そのような体系的で独立的な研究を要求する recital 21 Directive 2001/18/EC も見よ。

14 fn.12-13に注釈した。

15 「GM食品・飼料」の用語は、食品若しくは飼料の用途、GMOを含むかGMOを構成する食品若しくは飼料、GMOから生産される食品若しくは飼料、又はGMOから生産される成分を含む食品のことを指す (Art. 3(1), 15(1)Regulation (EC) No.1829/2003を見よ)。

16 Eurobarometer, supra note 3 の2010年の調査は、GMOの閉鎖系での利用を扱わなかっ

た（人の遺伝子治療という倫理的にセンシティブな問題を除く）。
17 特に，Council Directive 98/81/EC of 26 October 1998 amending Directive 90/219/EEC on the contained use of genetically modified micro-organisms (OJ L 330, 5.12.1998, p.13) は，GMOの閉鎖系での利用のための申請の要件を相当緩和した。とりわけ，recital 14 Council Directive 98/81/ECを見よ。それは，「GM微生物の閉鎖系での利用に関するリスクについての相当な知見」に言及する。
18 法的な上部構造の詳細については，Dederer (2014) を見よ。
19 もちろん，Directive 2009/41/EC自体は，研究開発目的のGMOの閉鎖系利用に限定されていない。それは，GMバクテリアを使った医薬品の商業生産のような工業的な閉鎖系利用にも適用される (Annex IV Table II Directive 2009/41/ECも参照)。
20 Annex IV Table I A Directive 2009/41/ECも参照。
21 Annex IV Table I B Directive 2009/41/ECも参照。
22 Annex IV Table I B Directive 2009/41/ECも参照。
23 Art. 2(c), Annex IV Directive 2009/41/EC.
24 Art. 2(c)Directive 2009/41/ECを見よ。
25 Recital 23 Directive 2001/18/ECも参照。
26 Recital 25 Directive 2001/18/ECも参照。
27 Art. 19(1)Directive 2001/18/ECを参照。
28 Recital 24 Directive 2001/18/EC.
29 閉鎖系利用指令がGM微生物にのみ適用があることは確かである。Arts. 1 and 2(a) Directive 2009/41/ECを見よ。しかしながら，ほとんどの（すべてではないとしても）EU加盟国は，閉鎖系利用指令を実施する法規則をすべての種類のGMOに拡張した (Friant-Perrot (2010), p.82も見よ)。加盟国は，閉鎖系利用指令により規定される条項の適用範囲を広げることを許容された。なぜなら，この指令は，EU運営条約 Art. 192(1)(旧 Art. 175(1)TEC) に基づいており，したがって，最小限の基準のみ定めるものだからである。すなわち，加盟国は，自国の領域内で環境保護のより高い水準を採択することを許容される (EU運営条約 Art. 193又は旧Art. 176 TECをそれぞれ見よ)。
30 EUの指令は，一般的にEU加盟国内に直接的には適用されない（例外について，ECJ Case 41/74, Van Duyn / Home Office, ECR 1974 p.1337, para. 12を見よ）。したがって，閉鎖系利用指令及び意図的放出指令は，国内法を通じて実施されなければならなかった。ドイツでは，両指令ともに，遺伝子工学法 (Gentechnikgesetz - GenTG), BGBl. 1993 I p.2066を通じて実施された。
31 Regulation (EC) No 1829/2003 of the European Parliament and of the Council of 22 September 2003 on genetically modified food and feed, OJ L 268, 18.10.2003, p.1.
32 Regulation (EC) No 726/2004 of the European Parliament and of the Council of 31 March 2004 laying down Community procedures for the authorisation and supervision of medicinal products for human and veterinary use and establishing a European Medicines Agency, OJ L 136, 30.4.2004, p.1.
33 Regulation (EC) No 1107/2009 of the European Parliament and of the Council of 21

October 2009 concerning the placing of plant protection products on the market and repealing Council Directives 79/117/EEC and 91/414/EEC, OJ L 309, 24.11.2009, p.1.
34   Council Directive 2002/53/EC of 13 June 2002 on the common catalogue of varieties of agricultural plant species, OJ L 193, 20.7.2002, p.1.
35   Council Directive 66/401/EEC of 14 June 1966 on the marketing of fodder plant seed, OJ 125, 11.7.1966, p.2298.
36   Council Directive 66/402/EEC of 14 June 1966 on the marketing of cereal seed, OJ 125, 11.7.1966, p.2309.
37   Council Directive 68/193/EEC of 9 April 1968 on the marketing of material for the vegetative propagation of the vine, OJ L 93, 17.4.1968, p.15.
38   Council Directive 98/56/EC of 20 July 1998 on the marketing of propagating material of ornamental plants, OJ L 226, 13.8.1998, p.16.
39   Council Directive 1999/105/EC of 22 December 1999 on the marketing of forest reproductive material, OJ L 11, 15.1.2000, p.17.
40   Council Directive 2002/54/EC of 13 June 2002 on the marketing of beet seed, OJ L 193, 20.7.2002, p.12.
41   Council Directive 2002/55/EC of 13 June 2002 on the marketing of vegetable seed, OJ L 193, 20.7.2002, p.33.
42   Council Directive 2002/56/EC of 13 June 2002 on the marketing of seed potatoes, OJ L 193, 20.7.2002, p.60.
43   Council Directive 2002/57/EC of 13 June 2002 on the marketing of seed of oil and fibre plants, OJ L 193, 20.7.2002, p.74.
44   Council Directive 2008/90/EC of 29 September 2008 on the marketing of fruit plant propagating material and fruit plants intended for fruit production, OJ L 267, 8.10.2008, p.8.
45   Arts. 1, 4(1)(2), 12 Directive 2001/18/ECを見よ。
46   Recital 28, Art. 26b Directive 2001/18/ECを参照。
47   GM食品・飼料については，Arts. 13, 25 Regulation (EC) No.1829/2003を見よ。GM農薬については，たとえば野菜種子に関してはArt. 9(5)(2) Directive 2002/53/EC, Art. 9(5)(2), 31 Directive 2002/55/ECを見よ。
48   特にArt. 21 Directive 2001/18/ECを見よ。
49   Art. 4(6) Regulation (EC) No.1830/2003を見よ。
50   Art. 4(1)-(5), Art. 5 Regulation (EC) No.1830/2003を見よ。
51   完全を期すためには，EUのGMO規制枠組みが，GMOの輸出 (Regulation (EC) No.1946/2003 of the European Parliament and of the Council of 15 July 2003 on transboundary movements of genetically modified organisms, OJ L 287, 5.11.2003, p.1を見よ）および特許権 (Directive 98/44/EC of the European Parliament and of the Council of 6 July 1998 on the legal protection of biotechnological inventions, OJ L 213, 30.7.1998, p.13を見よ）に関するルールをも規定していることに触れられるべきである。

52 GM食品・飼料については，Art. 5(5)(a), Art. 6(4), Art. 17(5)(a), Art. 18(4)Directive 2001/18/ECを見よ。GM医薬品については，Art. 6(2)(a)-(c),(3), Art. 31(2)(a)-(c),(3) Regulation (EC) No.726/2004を見よ。GM農薬については，Art. 48(1)Regulation (EC) No.1107/2009を見よ。GM種子については，たとえば野菜種子に関しては，Art. 4(4), Art. 7(4)(a)-(c)Directive 2002/53/EC, Art. 4(2), 7(4)(a)-(c)Directive 2002/55/ECを見よ。
53 Recitals 18, 20, 27, Art. 12(1),(2)and(3)(3)Directive 2001/18/ECも見よ。
54 たとえば野菜種子に関しては，Art. 3(1)(1)Directive 2002/53/EC, Art. 3(1),(2)(1)Directive 2002/55/ECを見よ。
55 たとえば野菜種子に関しては，Art. 4(1)Directive 2002/53/EC, Art. 4(1)Directive 2002/55/ECを見よ。
56 たとえば野菜種子に関しては，Art. 4(4), Art. 7(4)(b)(2)Directive 2002/53/EC, Art. 4(4), Art. 7(4)(b)(2)Directive 2002/55/ECを見よ。
57 Arts. 4(1), 13 et seq. Directive 2001/18/ECを見よ。意図的放出指令は，特定の形質転換イベントを含む特定の作物系統（たとえばトウモロコシ系統）を認可する。そのイベントは，遺伝子工学技術によってもたらされる作物の特定の遺伝子組換えを構成する。
58 たとえば野菜種子に関しては，Art. 4(5)Directive 2002/53/EC, Art. 4(3)Directive 2002/55/ECを見よ。
59 原則として，食品・飼料規則に基づき発行される認可は，食品用途・飼料用途の両方に及ぶべきである（Art. 27 Regulation (EC) No.1829/2003を見よ）。
60 Recital 33 Directive 2001/18/EC.
61 Dederer (2005), pp.316-317.
62 2015年3月31日。
63 http://ec.europa.eu/food/dyna/gm_register/index_en.cfm.
64 たとえば，ある申請（reference EFSA-GMOUK-2004-04）についてのGMO科学パネルの意見を見よ。これは，Regulation (EC) No 1829/2003に基づくBayer Crop Science GmbHからの，グルホシネート耐性GMイネLLRICE62の食品・飼料用途，輸入および加工のための上市の申請である。The EFSA Journal (2007) 588, p.1 et seq., at 2.
65 2015年3月31日．
66 http://gmoinfo.jrc.ec.europa.eu/gmc_browse.aspx.
67 さらに詳しくは，Herdegen and Dederer (2010), para. 1を見よ。
68 Dederer (2007), p.189.
69 Regulations (EC) No.1829/2003とNo.1830/2003は，2004年4月18日に施行された。再開後の最初のGM産品認可は，2004年5月19日に発行された（Regulation (EC) No 258/97 of the European Parliament and of the Councilに基づき新規食品又は新規食品成分としてGMトウモロコシ系統Bt11由来のスイートコーンの上市を認可するCommission Decision 2004/657/EC of 19 May 2004を見よ。*OJ L 300, 25.9.2004, p.48*）。
70 European Commission (2006), pp.6, 8.
71 Art. 13(1)(1)Directive 2001/18/EC, Arts. 4(2), 5(1), 17(1)Regulation (EC) No.1829/2003.
72 fn. 57を参照。

第 9 章　EU における遺伝子組換え体の課題

73　Supra note 61 を見よ。
74　Arts. 5(2), 17(2)Regulation (EC) No.1829/2003.
75　各国の所管当局と共同 (Arts. 6(3)(b)and(c),(4), 18(3)(b)and(c),(4)Regulation (EC) No.1829/2003 を見よ)。
76　Arts. 6(3)(b), 18(3)(b)Regulation (EC) No.1829/2003 を参照。
77　Recital 33, Arts. 6(3)(c),(4), 18(3)(c),(4)Regulation (EC) No.1829/2003 を参照。
78　Arts. 7(1),(3)and(4), 19(1),(3)and(4)Regulation (EC) No.1829/2003 を参照。
79　リスク評価とリスク管理の区別について，recital 32 Regulation (EC) No.1829/2003 を見よ。
80　Art. 7(1)(1), 19(1)(1)Regulation (EC) No.1829/2003.
81　Art. 7(1)(1), 19(1)(1)Regulation (EU) No.1829/2003.
82　Regulation (EC) No 178/2002 of the European Parliament and of the Council of 28 January 2002 laying down the general principles and requirements of food law, establishing the European Food Safety Authority and laying down procedures in matters of food safety (OJ L 31, 1.2.2002, p.1).
83　Recital 19 Regulation (EC) No.178/2002; Dederer (2010a) p.189 et seq を見よ。
84　Proposal for a Regulation of the European Parliament and of the Council amending Regulation (EC) No.1829/2003 as regards the possibility for the Member States to restrict or prohibit the use of genetically modified food and feed on their territory, COM (2015) 177 final, pp.3-4 を見よ。欧州委員会によれば，他の正当な要因に基づく申請の却下は，「EU 運営条約 Article 36 及び関連の欧州司法裁判所の判例法に言及されたのと同一の性質を持った優越的な公益的事由によって，ならびに EU 基本権憲章 Article 52(1)および関連の欧州司法裁判所の判例法に言及された一般的利益の目的によって，正当化されうる場合にのみ，法的に防御しうる」(op.cit., at 4 in fn. 6)。
85　Recital 7 Directive (EU) 2015/412 of the European Parliament and of the Council of 11 March 2015 amending Directive 2001/18/EC as regards the possibility for the Member States to restrict or prohibit the cultivation of genetically modified organisms (GMOs) in their territory (OJ L 68, 13.3.2015, p.1).
86　the Proposal for a Regulation of the European Parliament and of the Council amending Regulation (EC) No.1829/2003 as regards the possibility for the Member States to restrict or prohibit the use of genetically modified food and feed in their territory, COM (2015) 177 final, pp.2-3 を見よ。
87　Arts. 7(3), 19(3), 35(2)Regulation (EC) No.1829/2003 を参照。Art. 35(2)Regulation (EC) No.1829/2003 は，依然として Council Decision 1999/468/EC of 28 June 1999 laying down the procedures for the exercise of implementing powers conferred on the Commission (OJ L 184, 17.7.1999, p.23) を引用する。これは，Art. 12(1)Regulation (EU) No.182/2011 of the European Parliament and of the Council of 16 February 2011 laying down rules and general principles concerning mechanisms for control by Member States of the Commission's exercise of implementing powers (OJ L 55, 28.2.2011, p.13) によって廃止

された。代わって，Arts. 5, 10 Regulation (EU) No.182/2011が適用される (Art. 13(1)(b), (c)Regulation (EU) No.182/2011)。

88  Arts. 5, 6 Regulation (EU) No.182/2011.
89  Arts. 7(3), 19(3)in connection with Art. 35(1)Regulation (EC) No.1829/2003を見よ。
90  Art. 58(1)(1)Regulation (EC) No.178/2002; Art. 3(2)(1)Regulation (EU) No.182/2011.
91  Arts. 3(7)(1), 5(4)(2)(b)and(4)(3), 13(1)(c)Regulation (EU) No.182/2011.
92  Art. 6(3)(2)Regulation (EU) No.182/2011.
93  the Proposal for a Regulation of the European Parliament and of the Council amending Regulation (EC) No.1829/2003 as regards the possibility for the Member States to restrict or prohibit the use of genetically modified food and feed in their territory, COM (2015) 177 final, pp.2, 10を見よ。Friant-Perrot (2010), p.86も見よ。
94  the Proposal for a Regulation of the European Parliament and of the Council amending Directive 2001/18/EC regarding the possibility that the member states will restrict or prohibit the cultivation of GMOs in their territory COM (2010) 375 final, p.3 を見よ。
95  WTO Panel Report WT/DS291/R; WT/DS292/R; WT/DS293/R, European Communities - Measures Affecting the Approval and Marketing of Biotech Products, para. 8.18を参照。
96  これらの措置の簡単な説明について，Schauzu (2011), pp.59-62, 64-65を見よ。
97  WTO Panel Report WT/DS291/R; WT/DS292/R; WT/DS293/R, European Communities - Measures Affecting the Approval and Marketing of Biotech Products, paras. 8.21 et seqを参照。
98  Art. 34 Regulation (EC) No.1829/2003.
99  Art. 23 Directive 2001/18/EC.
100  Art. 23(1)Directive 2001/18/EC, Art. 34 Regulation (EC) No.1829/2003を見よ。
101  ドイツについて，http://www.bvl.bund.de/SharedDocs/Downloads/08_PresseInfothek/ mon_810_bescheid.pdf?__blob=publicationFileを見よ。このセーフガード措置は，行政裁判所によって支持された(Verwaltungsgericht Braunschweig, Order of 4 May 2009, 2 B 111/09, Gewerbearchiv 2009, p.412; Oberverwaltungsgericht Lüneburg, Order of 28 May 2009, 13 ME 76/09, Natur und Recht 2009, p.566を見よ)。原告は，最終的に訴訟を取り下げた(Verwaltungsgericht Braunschweig, Order of 11 February 2010, 2 A 110/09を見よ)。
102  当初，Council Directive 90/220/EEC (98/2943/EEC) にしたがって，GMトウモロコシの上市に関するCommission Decision of 22 April 1998により認可された (Zea mays L., line MON 810)。OJ L 131, 5.5.98, p.32.
103  Sec. 4(1)(1)GenTGを見よ。
104  Bundesamt für Verbraucherschutz und Lebensmittelsicherheit, Stellungnahme der ZKBS zur Risikobewertung von MON810 - Neue Studien zur Umweltwirkung von MON810, Kurzfassung, Az. 6788-02-13, 7 July 2009.

105 EU 運営条約 Art. 114(5).
106 法的根拠の EU 運営条約 Art. 114(1)を参照。
107 EU 運営条約 Art. 114(5).
108 たとえば Upper Austria の GMO 栽培禁止法案を見よ。それは，EU 運営条約の特例条項（EU 運営条約 Art. 114(5)）に基づいていた。Court of First Instance, Joined Cases T-366/03 and T-235/04, Land Oberösterreich, ECR 2005, p.II-4005, paras. 36 et seq. ECLI: EU: T: 2005: 347. この判決は，欧州司法裁判所によって支持された。Joined Cases C-439/05 P and C-454/05 P, Land Oberösterreich, ECR 2007, p.I-7141, paras. 60 et seq. ECLI: EU: C: 2007: 510.
109 Proposal for a Regulation of the European Parliament and of the Council amending Directive 2001/18/EC as regards the possibility for the Member States to restrict or prohibit the cultivation of GMOs in their territory COM (2010) 375 final.
110 Recital 6 Directive (EU) 2015/412.
111 Art. 26a Directive 2001/18/EC を見よ。
112 Recital 1 Directive (EU) 2015/412を見よ。
113 Art. 22 Directive 2001/18/EC; recital 5 Directive (EU) 2015/412を見よ。
114 オプト・アウト指令，すなわち Directive (EU) 2015/412の施行日（Art. 4 Directive (EU) 2015/412を参照）。
115 Art. 26b Directive 2001/18/EC.
116 Art. 26b(1)(1)Directive 2001/18/EC.
117 Art. 26b(2)(1)Directive 2001/18/EC.
118 Art. 26b(2)(2),(2)(3)Directive 2001/18/EC.
119 Art. 26b(3)(1)Directive 2001/18/EC.
120 Art. 26b(3)(1)Directive 2001/18/EC を見よ。
121 Art. 26(3)(1)Directive 2001/18/EC 中の用語（'such as'）を見よ。
122 Art. 26b(3)(2)Directive 2001/18/EC.
123 Art. 26b(3)(2)Directive 2001/18/EC.
124 オプト・アウト措置を，公共政策と他のやむを得ない理由とを組み合わせて根拠づけることは，追求される公共政策目的をより重み付けることになろう。そのことは，オプト・アウト措置が「比例的」であるとの要件にとって重要であると思われる（Art. 26b(3)(1)Directive 2001/18/EC）。
125 Art. 26b(3)(1)Directive 2001/18/EC.
126 Art. 26b(3)(2)Directive 2001/18/EC.
127 Art. 26b(3)(1)(a)Directive 2001/18/EC.
128 Art. 26b(3)(2)Directive 2001/18/EC.
129 Directive (EU) 2015/412.
130 Recital 14 Directive (EU) 2015/412.
131 EFSA Journal 2010; 8 (11): 1879 (http://www.efsa.europa.eu/de/efsajournal/doc/1879.pdf).

132 EFSA Journal 2010; 8 (11): 1879 (fn.131), p.56.
133 EFSA Journal 2010; 8 (11): 1879 (fn.131), p.56.
134 EFSA Journal 2010; 8 (11): 1879 (fn.131), p.56.
135 Art. 26b(3)(1)Directive 2001/18/ECを見よ。それは、オプト・アウト措置が「比例的」であることを明示的に要求する。欧州司法裁判所の判例法によれば、一貫性は、比例性テストの一要素である。たとえば、ECJ Case C-42/07, Liga Portuguesa de Futebol Profissional and Bwin International, ECR 2009, p.I-7633, para. 61およびDederer (2010b), pp.198 et seq., at 199-200を見よ。
136 Art. 26b(3)(1)(f)Directive 2001/18/EC.
137 Recital 15 Directive (EU) 2015/214.
138 ドイツでは、Sec. 29 Seed Commerce Law (Saatgutverkehrsgesetz – SaatG, BGBl. 2004 I p.1673) によれば、種子の純度は、ドイツの各州 (Länder) によって設定されるいわゆる「閉鎖系生産エリア」によって保証される。
139 Art. 26b(3)(1)(d)Directive 2001/18/EC.
140 Recital 15 Directive (EU) 2015/412.
141 Report from the Commission to the European Parliament and the Council on socio-economic implications of GMO cultivation on the basis of Member States contributions, as requested by the Conclusions of the Environment Council of December 2008 (SANCO/10715/2011 Rev. 5 (POOL/E1/2011/10715/10715R5-EN.doc)).
142 Recital 15 Directive (EU) 2015/412.
143 Report (fn.141), p.8.
144 Report (fn.141), p.8.
145 Report (fn.141), p.8.
146 Art. 26b(3)(1)(e)Directive 2001/18/EC.
147 para. 1.1 Commission Recommendation of 13 July 2010 on guidelines for the development of national co-existence measures to avoid the unintended presence of GMOs in conventional and organic crops (OJ C 200, 22.7.2010, p.1; hereinafter: Commission Recommendation No.2010/C 200/01) を見よ。
148 para. 1.1 Commission Recommendation No.2010/C 200/01を見よ。
149 para. 2.2 Commission Recommendation No.2010/C 200/01を見よ。
150 Art. 26a(1)Directive 2001/18/EC.
151 Commission Recommendation 2010/C 200/01.
152 Para. 2.4 Commission Recommendation No.2010/C 200/01.
153 Recital 15 Directive (EU) 2015/412.
154 Commission Recommendation No.2010/C 200/01.
155 Art. 26a Directive 2001/18/EC.
156 Art. 26b(3)(1)Directive 2001/18/EC.
157 Recital 16 Directive (EU) 2015/412.
158 ECJ Case C-110/05, Commission v Italy, ECR 2009 p.I-519, para. 56. ECLI: EU: C:

第9章 EUにおける遺伝子組換え体の課題

    2009: 66.
159  ECJ Case C-110/05, Commission v Italy, ECR 2009 p.I-519, para. 57. ECLI: EU: C: 2009: 66.
160  ECJ Case C-110/05, Commission v Italy, ECR 2009 p.I-519, para. 58. ECLI: EU: C: 2009: 66.
161  ECJ Case C-142/05, Mickelsson and Roos, ECR 2009 p.I-4273, para. 26. ECLI: EU: C: 2009: 336.
162  ECJ Case C-142/05, Mickelsson and Roos, ECR 2009 p.I-4273, para. 27. ECLI: EU: C: 2009: 336.
163  ECJ Case C-142/05, Mickelsson and Roos, ECR 2009 p.I-4273, para. 28. ECLI: EU: C: 2009: 336.
164  ECJ Case 120/78, Rewe/Bundesmonopolverwaltung für Branntwein, ECR 1979 p.649, para. 8. ECLI: EU: C: 1979: 42.
165  Art. 26b(3)(1)Directive 2001/18/EC.
166  Art. 26b(3)(1)Directive 2001/18/EC.
167  ECJ Case 34/79, Henn and Darby, ECR 1979 p.3795, para. 15. ECLI: EU: C: 1979: 295.
168  ECJ Case C-165/08, Commission v Poland, ECR 2009 p.I-6843, para. 53. ECLI: EU: C: 2009: 473.
169  ECJ Case C-165/08, Commission v Poland, ECR 2009 p.I-6843, para. 52. ECLI: EU: C: 2009: 473.
170  ECJ Case C-165/08, Commission v Poland, ECR 2009 p.I-6843, para. 58. ECLI: EU: C: 2009: 473.
171  ECJ Case C-165/08, Commission v Poland, ECR 2009 p.I-6843, para. 59. ECLI: EU: C: 2009: 473.
172  ECJ Case C-165/08, Commission v Poland, ECR 2009 p.I-6843, para. 54. ECLI: EU: C: 2009: 473.
173  ECJ Case 302/86, Commission / Denmark, ECR 1988 p.4607, para. 8. ECLI: EU: C: 1988: 421.
174  Art. 26b(3)(1)Directive 2001/18/EC.
175  Recital 16 Directive (EU) 2015/412.
176  ECJ Case 181/73, Haegemann v Belgian State, ECR 1974 p.449, para. 5. ECLI: EU: C: 1974: 41.
177  Art. 26b(1)(1)Directive 2001/18/EC.
178  WTO Panel Report WT/DS291/R; WT/DS292/R; WT/DS293/R, European Communities - Measures Affecting the Approval and Marketing of Biotech Products, paras. 7.429-7.430を見よ。
179  Art. 1(2)and(3), Annex A(1)(1)(a)-(c)SPS Agreementを見よ。
180  Art. 8 SPS Agreementを見よ。
181  OJ L 336, 23.12.1994, p.40.

182 Art. 2(2)SPS Agreement.
183 Art. 5(1)SPS Agreement.
184 Art. 26b(1)(1)Directive 2001/18/ECの言葉遣いを見よ。
185 さらに発展的議論について，Dederer and Herdegen (2015) を見よ。
186 EU運営条約Art. 258を見よ。
187 EUのWTOメンバーシップについては，Art. XI(1), Agreement Establishing the World Trade Organization (OJ L 336, 23.12.1994, p.3) およびArt. 1(3)(1)TEUを見よ。もちろん第三国は，オプト・アウト措置を採用するEU加盟国がWTO法に違反したと主張するだろう。しかしながら，過去においてそうであったように，EUは，いつも被申立国となるだろう。2009年12月1日のリスボン条約発効後における加盟国の「WTO紛争解決手続の当事者となる正式の資格」の喪失について，BVerfGE 123, 267 (419) (English translation available at http://www.bundesverfassungsgericht.de/SharedDocs/Entscheidungen/EN/2009/06/es20090630_2bve000208en.html;jsessionid=0146DCA4180B BA9B7352267F53C8F954.2_cid394, para. 374) を見よ。
188 Arts. 1(1), 2(1)Understanding on Rules and Procedures Governing the Settlement of Disputes (OJ L 336, 23.12.1994, p.234).
189 Recital 8 Directive (EU) 2015/412.
190 Targeting Induced Local Lesions in Genomes.
191 Transcription Activator-Like Effector Nuclease.
192 Clustered Regularly Interspaced Short Palindromic Repeats.
193 CRISPR-associated.
194 Art. 2(2)Directive 2001/18/EC.
195 Annex I A Directive 2001/18/EC.
196 Art. 2(2)Directive 2001/18/EC.
197 たとえば，有機品種とともに慣行品種も，放射線照射及び化学薬品を使用して育種される。
198 Annex I A Part 1(1)Directive 2001/18/EC.
199 Annex I A Part 1(1)Directive 2001/18/EC.
200 Doudna and Charpentier (2014).
201 Annex I A Part 1 Directive 2001/18/ECを見よ。
202 （少なくとも）Art. 2(2)(a)Directive 2001/18/ECの言葉遣い，および（とくに）Annex I A Part 1 Directive 2001/18/ECの言葉遣いを見よ。
203 Art. 2(2)Directive 2001/18/EC.
204 German National Academy of Sciences Leopoldina et al., Academies issue statement on progress in molecular breeding and on the possible national ban on cultivation of genetically modified plants, 26 March 2015, p.1, 3 (http://www.leopoldina.org/uploads/tx_leopublication/2015_03_26_Statement_on_Molecular_Breeding_final.pdf).
205 Recital 17 Directive 2001/18/EC.
206 German National Academy of Sciences Leopoldina et al. (fn.204), pp.1, 3.

第9章　EUにおける遺伝子組換え体の課題

207　German National Academy of Sciences Leopoldina et al. (fn.204), pp.1, 3において表明された不安を見よ。
208　Proposal for a Regulation of the European Parliament and of the Council amending Regulation (EC) No.1829/2003 as regards the possibility for the Member States to restrict or prohibit the use of genetically modified food and feed on their territory, COM (2015) 177 final.
209　新規の「Article 34a. 加盟国による制限又は禁止」の挿入によるRegulation (EC) No.1829/2003の改正。


【References】

Baram, M, Bourrier, M (2011) Governing Risk in GM Agriculture. In: Baram, M, Bourrier, M (eds.) Governing Risk in GM Agriculture, pp.1-12. Cambridge University Press, Cambridge.

Cohen, SN, Chang, ACY, Boyer, HW, Helling, RB (1973) Construction of Biologically Functional Bacterial Plasmids in vitro, Proc. Nat. Acad. Sci. USA 70, pp.3240-3244.

Dederer, H-G (1998) Gentechnikrecht im Wettbewerb der Systeme. Freisetzung im deutschen und US-amerikanischen Recht. Springer: Heidelberg.

Dederer, H-G (2005) Neues von der Gentechnik, Zeitschrift für das gesamte Lebensmittelrecht, pp.307-330.

Dederer, H-G (2007) Die Nutzung der Gentechnik. In: Hendler, R, Marburger, P, Reiff, P, Schröder, M (eds.) Landwirtschaft und Umweltschutz, pp.185-233. Erich Schmidt Verlag, Berlin.

Dederer, H-G (2010a) Weiterentwicklung des Gentechnikrechts-GVO-freie Zonen und sozioökonomische Kriterien der GVO-Zulassung. LIT Verlag, Münster.

Dederer, H-G (2010b) Stürzt das deutsche Sportwettenmonopol über das Bwin-Urteil des EuGH? NJW 63, pp.198-200.

Dederer, H-G (2014) Genetic technology and food security. In: Schmidt-Kessel M (ed.) German National Reports on the 19th International Congress for Comparative Law, pp.303-354, Mohr Siebeck, Tübingen.

Dederer, H-G, Herdegen, M (2015) Anbauverbote für gentechnisch veränderte Organismen („Opt-Out"). Nationale Gestaltungsspielräume nach EU-Recht, Welthandelsrecht und Verfassungsrecht. LIT Verlag, Münster (forthcoming).

Dodet, B (1994) Industrial Perception of EC Biotechnology Regulations, TIBTECH, pp.473 et seq.

Doudna, JA, Charpentier, E (2014) The new frontier of genome engineering with CRISPR-Cas9, Science 346 (6231).

European Commission (ed.) (2006) EU policy on biotechnology.

Herdegen, M (2000) Biotechnology and regulatory risk assessment. In: Berman, GA, Herdegen, M, Lindseth, PL (eds.) Transatlantic Regulatory Co-operation. Legal Problems and Political Perspectives, pp.301-317. Oxford University Press, Oxford.

Herdegen, M, Dederer, H-G (2010) Internationales Biotechnologierecht, EU-Recht/ Erläuterungen, 2. Richtlinie 2001/18/EG. C. F. Müller, Heidelberg.

Friant-Perrot, M (2010) The European Union Regulatory Regime for Genetically Modified Organisms and its Integration into Community Food Law and Policy. In: Bodiguel, L, Cardwell, M (eds.) The Regulation of Genetically Modified Organisms: Comparative Approaches, pp.79-100. Oxford University Press, Oxford.

Lunel, J (1995) Biotechnology Regulations and Guidelines in Europe, Current Opinion in Biotechnology, Vol. 6, No.3, pp.267 et seq.

Miller, HI (1995) Concepts of Risk Assessment: The 'Process versus Product' Controversy Put to Rest. In: Brauer, D. (ed.) Biotechnology, Vol. 12, 2nd ed., pp.55 et seq. VCH Verlagsgesellschaft, Weinheim.

Schauzu, M (2011) The European Union's Regulatory Framework. Developments in Legislation, Safety Assessment, and Public Perception. In: Baram, M, Bourrier, M (eds.) Governing Risk in GM Agriculture, pp.57-84. Cambridge University Press, Cambridge.

Teso, B (1993) OECD International Principles for Biotechnology Safety, Agro-Food-Industry-Hi-Tech, pp.27 et seq.

## 第10章 福島事故後の日本およびEUにおける原子力安全レジームの課題と見通し

川﨑恭治・久住涼子

## I はじめに

　原子力技術の開発は1940年代に始められた。第二次世界大戦中の原子爆弾開発に続き，1950年代以降はその平和利用，とくに発電への期待が高まり，開発が進められてきた。今日，日本と15の欧州連合加盟国を含む31ヶ国で430以上の商業用原子炉があり，世界の発電総量の11％以上を生み出している。また，16ヶ国で70の原子炉が工事中であり，56ヶ国が約240の研究炉を持ち，150の船と潜水艦が180の原子炉を利用している。[1]

　その開発の歴史を通じて，いくつかの事故，事象が起こり，より高度な原子力安全を達成するために国際協力が進められてきた。1986年のチェルノブイリ事故後に締結されたのが，原子力事故の早期通報に関する条約，原子力事故又は放射線緊急事態の場合における援助に関する条約である。1991年のソビエト連邦解体は，たとえば東欧諸国が有する旧ソ連タイプの原子炉など，旧ソ連各国の放射性物質，原子力施設，原子力利用に関する知見が失われること，むやみに拡散すること等への深刻な懸念を生み出した。

　原子力安全条約は1996年10月24日，原子力施設の安全に関する初めての法的義務を含む国際条約として発効した。それによると，すべての原子力施設は，安全で，適切な規制の下，健全な環境において運営されなければならない。本条約の以前にも，国際原子力機関（IAEA）により多くの国際安全基準が定められて，高度な原子力安全を達成するための国際合意や最良慣行が示されてい

た。各国は，IAEA国際安全基準を法的拘束力のある規範として正式に適用し，国内法の策定やその改正のために利用していた。

原子力安全は，国家主権に関わる事項である。しかし，前記の国際条約や国際安全基準とともに，国内レベルのみならず国際的，地域的レベルにおいても原子力安全レジームが形成されてきた。

2011年3月11日，マグニチュード9.0の東北地方太平洋沖地震とそれに伴う津波による東日本大震災により，東北地方は壊滅的な被害を受け，福島第1原子力発電所事故が発生した。本章は福島事故後の日本，欧州連合における原子力安全レジームの発展と今後の展望について整理する。[2]

## Ⅱ　日　本

### 1　組　織

1955年12月19日，原子力の研究開発と利用の促進によりエネルギー資源の確保，学術の進歩，産業の振興を達成し，人類社会の福祉と国民生活の水準向上に寄与することを目的として，原子力基本法が成立した。本法は日本における原子力利用の基本方針を定めており，第2条で，「平和目的に限り，安全の確保を旨として，民主的な運営の下に，自主的にこれを行うものとし，その成果を公開し，進んで国際協力に資するものとする」という民主・自主・公開の平和利用3原則が盛り込まれている。

原子力基本法は当初，総理府（現在の内閣府）に原子力の研究，開発，利用に関する基本方針を定めるための原子力委員会を設置した。その後，1978年，同じく総理府に，原子力委員会の原子力安全に関する責務を担うために原子力安全委員会を創設した。[3]

原子力基本法の下，研究炉や放射性同位体を扱う施設については文部科学省が，商業用原子力発電所やその他の施設については経済産業省の外局である資源エネルギー庁の原子力安全・保安院が，原子力施設の安全に関する規則を実施してきた。経済産業省内において，資源エネルギー庁の役割は安定的で効率的なエネルギー供給，適切な利用の推進，関連産業の安全の確保であり，他方，

第 10 章　福島事故後の日本および EU における原子力安全レジームの課題と見通し

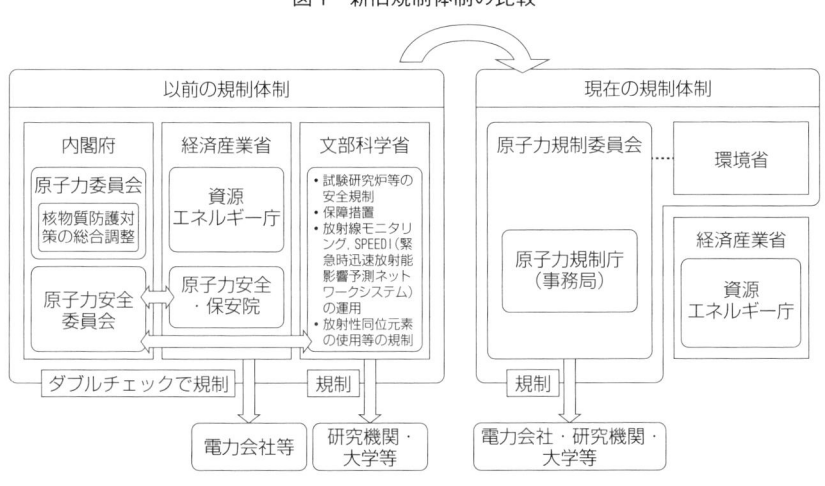

**図 1　新旧規制体制の比較[5]**

原子力安全・保安院は原子力その他のエネルギーに係る安全および産業保安の確保を図るための特別機関である。

　2011年の福島第1原子力発電所事故（あるいは，福島事故）を受けて，2012年9月19日，原子力安全委会と原子力安全・保安院の役割を担うものとして，原子力規制委員会が環境省の外局として新設された（図1）。原子力委員会と原子力安全委員会は，内閣総理大臣に勧告を行う諮問機関であった（国家行政組織法8条）が，新設された規制委員会は環境省の一部としての権限を有する（国家行政組織法3条2項）[4]。

　以前の原子力防災計画では個々の事案で原子力災害対策チームが派遣されるのみであったが，福島事故では当初の計画や関連する国際ガイドラインで定められるよりも広い規模，より長期に渡っての活動が必要とされたことを受け，事故後の原子力基本法の改正により，内閣府の常設機関として原子力中央防災会議が新設された。内閣総理大臣を議長，原子力規制委員会委員長を副議長とする。

## 2　規制内容

　福島事故での教訓に基づき，2012年6月に核原料物質，核燃料物質及び原子

図2 従来の基準と新基準との比較[7]

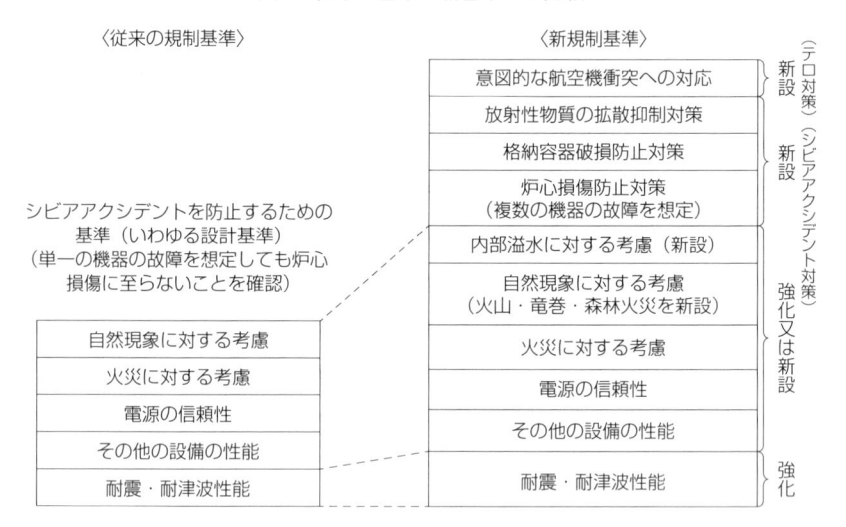

〈従来の規制基準〉

シビアアクシデントを防止するための基準（いわゆる設計基準）
（単一の機器の故障を想定しても炉心損傷に至らないことを確認）

| 自然現象に対する考慮 |
| 火災に対する考慮 |
| 電源の信頼性 |
| その他の設備の性能 |
| 耐震・耐津波性能 |

〈新規制基準〉

| 意図的な航空機衝突への対応 | 新設（テロ対策） |
| 放射性物質の拡散抑制対策 | 新設（シビアアクシデント対策） |
| 格納容器破損防止対策 | |
| 炉心損傷防止対策（複数の機器の故障を想定） | |
| 内部溢水に対する考慮（新設） | 強化又は新設 |
| 自然現象に対する考慮（火山・竜巻・森林火災を新設） | |
| 火災に対する考慮 | |
| 電源の信頼性 | |
| その他の設備の性能 | |
| 耐震・耐津波性能 | 強化 |

炉の規制に関する法律（原子炉等規制法）が改正された。改正法では，規制行政の責任期間を原子力規制委員会に一元化するとともに，重大事故対策の強化，最新の技術的知見を既存の施設・運用に反映する制度の導入，運転期間の制限等の規定が追加された。

原子力規制委員会は，2012年9月の設立後，人と環境をさらに守る新規制をまとめるために安全基準や規制要件の根本的な見直しを行った。以前の規制には重大事故は含まれておらず，また，新しく定められた要件を既存の原子力施設に遡及的に適用する法的枠組みは存在していなかったので，安全向上を阻害する結果となっていたのである。

2013年7月，商業用原子炉に関する規制が改正され[6]，原子炉のコア破損を防ぐための対策，地震・津波だけではなく様々な自然災害を念頭に置いた対策の強化等が導入された（図2）。

## 3 実　施

改正法が発効すると，原子炉の運転事業者は新規制を原子炉設置許可，建設計画，安全運転プログラムの各段階に適用することが求められる。しかし，福

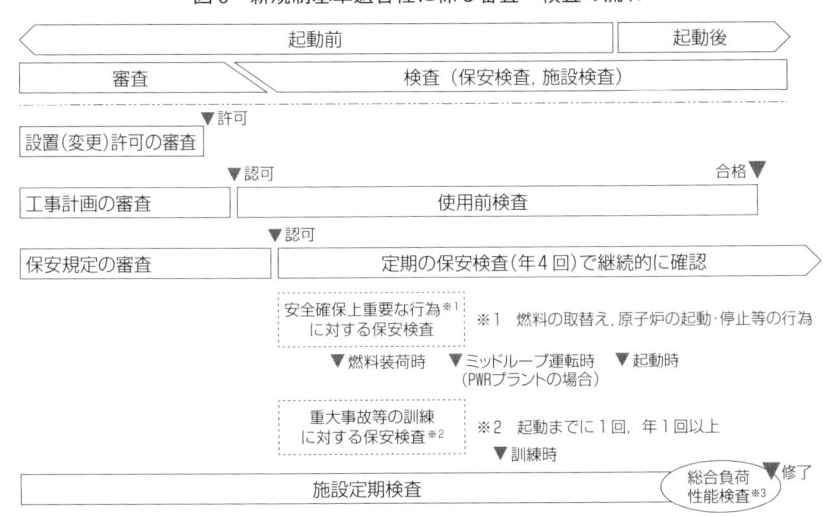

## 図3 新規制基準適合性に係る審査・検査の流れ[8]

```
┌─────────────────起動前─────────────────┐┌──起動後──┐
┌──審査──┐┌─────検査（保安検査，施設検査）─────┐
│設置(変更)許可の審査│ ▼許可
                ▼認可                            合格▼
│工事計画の審査│   │        使用前検査        │
                ▼認可
│保安規定の審査│   │定期の保安検査(年4回)で継続的に確認│

  ┌安全確保上重要な行為※1┐  ※1 燃料の取替え，原子炉の起動・停止等の行為
  │に対する保安検査      │
       ▼燃料装荷時  ▼ミッドループ運転時  ▼起動時
                      (PWRプラントの場合)
  ┌重大事故等の訓練┐  ※2 起動までに1回，年1回以上
  │に対する保安検査※2│
       ▼訓練時
                                    総合負荷    ▼修了
  │        施設定期検査        │     性能検査※3
```

※3 定格出力近傍で発電用原子炉施設の運転を行い，各発電用原子炉施設の運転状態が正常であること及び各種パラメータが妥当な値であることを確認する検査であり，施設定期検査の最後の検査項目

島事故により生じた深刻な懸念に対応しすべての段階での効果的で効率的な新規制の適用を行うため，新規制基準適合性審査ではハード，ソフトの両面の実効性を一体的に審査する目的で，「設置(変更)許可の審査」，「工事計画の審査」，「保安規定の審査」を同時並行的に審査している(図3)。

2015年，規制委員会は，九州電力の川内原子力発電所，関西電力の高浜原子力発電所，四国電力の伊方発電所について新規制基準に基づく安全審査を行い，川内1,2号機，高浜3,4号機，伊方3号機について適合判定を出した。川内1,2号機は随時，通常の営業運転に移行し，高浜，伊方についても再稼働に向けて地元自治体との調整がすすめられている。

## 4 国際協力

原子力安全条約は1992年から続いた一連の専門家会議における検討を経て草案が合意され，1994年10月のIAEA総会で署名のために開放され，日本を含む38ヶ国が署名した。日本は1995年に批准して加盟国となり，本条約は1996年10

月24日に発効した[9]。2010年9月，福島事故に先立ち，日本は本条約の事務局を務めるIAEAに対して第5回国別報告書を提出していた[10]。

　福島事故前から，2011年4月4日―14日にウィーンにおいて第5回締約国会合が開かれることが予定されていたが，事故を受けて締約国は議題を変更し，各国による国別報告の一部に事故関連の事項，たとえば，外部事象に対応する原子力発電所の安全設計，緊急時対策，複数の炉を有する発電所運営，重大事故における使用済み燃料冷却，重大事故対応訓練，放射性物質の放出を含む事故後のモニタリング，事故時における外部対応等を含めることに合意した[11]。

　2012年8月27日―31日，第5回会合で同意されたとおり，福島事故の教訓について議論し，原子力安全条約の規定の効果を再検討するため，ウィーンにおいて締約国臨時検討会合が開催された。この会合のために2012年7月に各締約国は改めて国別報告の提出が求められ，日本はIAEAや海外の専門家と協力して事故対応にあたる姿勢を強調した。日本は，福島第1発電所の現状と，事故原因分析と事故から学んだ教訓に基づいて取られた措置について報告した[12]。とくに，外的要因による事故に対する原子炉施設の設計，重大事故対応，国内規制の組織，緊急時対応と事故後対応，そして国際協力について集中的に議論された[13]。

　2013年9月，新設された原子力規制委員会は，規制委員会の組織詳細，原子力施設に関する新規制に対応する規制委員会の活動内容，新しい原子力防災ガイドラインを含む第6回国別報告書をIAEAに提出した[14]。

　第6回締約国会合は2014年3月24日―4月4日にウィーンで開催された。2012年の臨時会合で合意されたとおり，各締約国は，それぞれの国別報告書において，福島事故関連でとった措置について報告した。日本の国別報告書検討に際しては，独立性が高く権限も強化された新規制機関の設立，より厳格な規制の導入，新規制の既存の施設への遡及的適用等について評価する声があった[15]。

　他方で，第6回会合は，東京電力福島第1発電所の状況の安定，汚染水の取扱い，新規制の遡及的適用と既存施設の安全性向上，継続的な対話を通じた事業者の安全文化強化，管理システムの向上と人材開発，査察機能の強化等に関

する更なる対応を指摘した[16]。

　さらに、原子力安全条約の締約国は2012年の臨時会合で合意された所見を再度確認した。「福島事故後の人々の避難や国土の汚染を目の当たりにし、すべての規制機関は、重大事故を予防し沈静化させるための規定を整えなくてはならない」、「原子力発電所は事故の予防を念頭において設計され、建設され、運営されなくてはならない。事故が起こった際には、速やかに沈静化し、外部への汚染を防ぐ必要がある」。締約国はまた、各国の規制機関に、既存の発電所において適切な安全向上のための措置をとるためにこれらの目的を適用させることを確認した[17]。

## Ⅲ　E U

　福島事故からわずか２週間後の2011年３月24日―25日の会期において、欧州理事会は「ストレス・テスト」により欧州にあるすべての原子力発電所の安全性を見直すことを決定し、原子力安全は欧州において継続的に向上されなくてはならず、また国際的にも推進されなくてはならないことを強調した。また、欧州理事会は、欧州委員会が原子力施設の安全に関する既存の法規制を見直し、2011年末までに必要な改善案を提案するように求めた[18]。これが、福島事故に対する一連の欧州による反応の最初であり、その後、ストレス・テストと原子力安全に関するEU指令の改正へと続くことになる[19]。

### 1　組　織

　欧州原子力共同体（EURATOM）は、1957年３月25日にローマで締結されたEURATOM条約によって創設された。欧州各国における電力源としての原子力開発に資することに加え、EURATOM条約はまた、原子力安全に関する経験の共有、情報の交換、研究促進を通じて労働者や一般国民の高度な保護を確保することを目的としている。EURATOM条約は、放射線防護、原子力安全、放射性廃棄物や使用済燃料の安全管理、また、研究、産業や医療目的のために放射性物質を使用するその他の活動に関する欧州の活動の基盤を形成している。

EURATOM条約は，欧州加盟国の増加や手続き事項に介しては何度か改正されたが，その他の欧州連合関連条約とは異なり，大規模な改正は加えられておらず，現在も効力を有している。したがって，EURATOMはEUといくつかの部分を共有しながらも，独立した法人格を有している。[20]

　核物質は，平和利用にも軍事利用にも等しく利用され，原子力保障措置という概念は，核不拡散条約やIAEAとの合意の基本として国際的に適用されている。EURATOMもまた，核物質が当初報告された目的とは別目的に使用されていないことを保証するため原子力保障措置を行っている。

　核不拡散条約やIAEAによる発展に伴い，EURATOMによる原子力保障措置は徐々にIAEAと協力して実施されはじめている。その結果，EURATOMは，各国の規制機関との協力を通じて，さらなる放射線防護，原子力安全や原子力セキュリティの向上に従事することになるだろう。

## 2　規制内容

　原子力安全への国内的，国際的取組みに加え，1986年のチェルノブイリ事故での経験で，原子力事故は欧州内外の複数国において被害を及ぼす可能性があるという共通した懸念から，欧州レベルでの対策の重要性も広く認識されている。別の言葉でいえば，原子力施設の安全性は国内法制と国際条約によって定められているが，欧州においてはEURATOMの枠組で採択されるEU指令によって補われている。

　2009年6月25日にEU理事会により採択されたEU指令2009/71/Euratomは，原子力施設の安全のための組織的枠組みと，主な国際原子力安全原則に沿った拘束力のある法的枠組みを形成している。当指令は2009年7月22日に発効し，すべての欧州加盟国は当指令を実施するために適切な国内法制と行政規則を2011年7月22日までに整えることを求められていた。[21]

　当指令の目的は，欧州全体において原子力安全を継続的に向上させることにある。各欧州加盟国は，国内法制と適切な規制組織の設立，その国内法制と規制機関の定期的な自己評価，その結果の欧州や欧州各国への報告を含む，原子力施設で用いられる放射線物質によるリスクから労働者と一般国民を守るため

の高度な原子力安全のための適切な国内規制を整えることを求められている。

　2011年3月24〜25日の欧州理事会の結論として，欧州理事会は，欧州委員会に対して原子力施設の安全に関する既存の法的枠組みを見直すこと，欧州各国に対して原子力施設の安全に関するEU指令の完全な実施を確保するよう求めた。[22]

　福島事故からの教訓の1つは，住民の合意を得るという観点から，原子力安全に関しては透明性が重要だということである。透明性はまた，規制に関する意思決定の際の独立性を推進する手段としても重要である。したがって，当初のEU指令2009/71/Euratomは，公にされる情報のその種類をより特定しなければならないと指摘されてきた。また，各国制度に留意しつつも，一般国民は，原子力安全に関する国内の枠組みに従って原子力施設に関する意思決定プロセスの一部に参加する機会を与えられるべきである。許可に関する決定だけは，各国の規制機関の専権である。

　2014年7月，2009原子力安全指令の改正が合意され，翌8月に発効した。[23] 改正指令は，欧州各国に対し，原子力発電のライフサイクルのすべての段階（立地，設計，建設，試運転，運転，廃炉）において最大限の安全に務めることを求めている。その内容には，新しい原子炉を建設する前の安全評価の実施や，既存の原子炉の安全性強化を確保することも含まれている。

　とくに，改正指令は，
――各国政府からの独立性を確保することで，規制機関の役割を強化している。欧州各国は，規制機関に十分な法的権限，人的，経済的資源を与えなければならない。
――相互審査制度を新設した。6年毎に共通したテーマを選び，欧州各国はその安全評価を実施しなくてはなならない。評価結果は，他国に検討のため提供する。他国により検討された結果の所見は公開される。
――すべての原子力発電所は，少なくとも10年に1度，安全性の再評価を受けなければならない。
――原子力発電所の事業者に，平時と緊急時のいずれにおいても情報公開を求めることで，透明性を強化する。[24]

改正指令は，2017年までに各国国内法令に取り込まれなくてはならない。また，欧州各国は本改正指令の実施について報告し，本指令の実施における様々な側面やその有効性について，各国による報告を基にEURATOMが報告書を用意することになっている[25]。

## 3　実　施

福島事故に対応して，欧州理事会（2011年3月24日・25日）は，欧州各国に対して，欧州にあるすべての原子力発電所で包括的で透明性の高いリスク・安全評価（ストレス・テスト）を実施することを求めた[26]。ストレス・テストの目的は，特定の原子炉の運転許可を与えるために用いた安全基準が，予期し得ない極端な出来事に対処するためにも十分であったかを確認することにあった。とりわけ，ストレス・テストは，原子力施設が，地震，洪水，テロ攻撃，航空機の衝突といった危険からもたらされる被害への耐性を図るものであった[27]。

2012年10月4日，ストレス・テストの結果報告書がEU理事会と欧州議会に提出された[28]。それによると，欧州における原子力発電所の安全基準は概ね高度ではあるが，さらなる向上が薦められている。これを受けて，欧州各国の規制機関は各国の行動計画を練り上げ，その計画はさらに他の欧州加盟国の専門家や欧州委員会により精査された。ストレス・テストによる勧告や行動計画の実施は，各事業者や各国の規制機関との協力を通じて，完全に各国の責務で行われる。

原子力発電所の安全性を優先的に確保しなくてはならないということは，欧州各国だけの問題ではないという認識の下，欧州委員会は欧州近隣諸国，たとえばスイスやウクライナに対しても，同様に原子力発電所の安全性を再評価するよう求めた。その結果，欧州のストレス・テストをモデルとして，多くの国々が同様の包括的な原子力リスク・安全評価を行った。スイスやウクライナは欧州のストレス・テストと全く同じ手法で行い，また，アルメニア，トルコ，ロシア，台湾，日本，韓国，南アフリカ，ブラジルもこれに続いた。

2012年下旬，台湾は，ストレス・テストの結果の評価を欧州委員会に求め，これに応じて，欧州委員会は，欧州委員会と欧州原子力安全規制部会

(ENSREG) グループから選ばれた専門家による評価チームをつくった。このチームは，2013年11月，台湾の原子力発電所に適用されている安全基準は一般的に高度であり，最新の国際慣習に沿ったものであるとの結論を公表した。台湾の原子力発電事業者も規制機関も，台湾の発電所に直ちに停止しなければならないような欠点を見出すことはなかった。しかし，欧州の評価チームは，地震，洪水，津波，噴火といった自然災害に対する台湾の脆弱性という観点から，安全性の更なる向上を強く薦めた。[29]

## 4 国際協力

EURATOMは，EURATOM条約101条に基づき，原子力エネルギーの平和利用のための協力協定を各国と締結してきた。たとえば，米国 (1958年，1995年改正)，オーストラリア (1982年，2012年改正)，ウズベキスタン (2004年)，日本 (2006年)，ウクライナ (2006年)，カザフスタン (2008年) である。

それらの協定の範囲は，原子力保障措置のみならず，核物質の供給，技術移転，設備移転，設備，装置の調達，設備，施設へのアクセス，使用済燃料や放射性廃棄物管理，原子力安全と放射線防護，放射性同位体や放射線の農業，産業，医療分野での利用，地質学的，地球物理学的な探査，法規制，研究開発，情報，専門家の交換，その他の関心分野等，広範囲に及んでいる。

欧州各国とともに，EURATOMは，原子力安全条約30条4項の地域組織として，EURATOM条約101条に基づいて，1998年欧州理事会決定と1999年11月16日欧州委員会決定により，同条約を批准した。[30] 批准書は2000年1月31日にIAEAに寄託され，同条約はEURATOMについて2000年4月30日に発効した。

EURATOM自身は，原子力安全条約2条1項で規定されている原子力施設を有していないが，原子力施設はEURATOM条約が適用される領域内に存在している。各施設の安全性についての責任は，その施設が存在する欧州加盟国にある。EURATOMは安全条約上の義務履行に関する報告書を提出し，それは，同条約の締約国であるEURATOM加盟国により提出された報告書を補足するものである。こうすることで，欧州レベルで，欧州各国における原子力安全が適切に優先されて扱われることを確保している。

2015年2月，原子力安全条約締約国は，原子力安全に関するウィーン宣言を採択することで一致した。ウィーン宣言には，1）原子力発電所の新規建設に際して，長期的な敷地外の汚染を引き起こす放射性核種の放出を回避する目的をもって建設されること，2）既存の原子力発電所についても，安全に関する包括的かつ体系的な評価を実施し，実行可能な安全性の向上を迅速に実施すること，3）締約国がとった措置を今後の原子力安全条約検討会合における報告事項とすること，が新たな内容として含まれた。[31]それはすなわち，締約国は，定期的な評価や必要な安全向上の適宜実施を通じて既存の発電所の安全性を向上させることを明確に約束したことを意味する。これは，改正EU指令が目指すところと完全に一致している。

## IV　結　論

　ウィーン宣言において述べられているように，福島事故後，日本においても欧州においても，原子力の安全性を向上させるために多くの努力が積み重ねられてきた。原子力安全を最新化するための努力は継続されなければならず，そのために日本と欧州の協力は不可欠である。

【注】

1　World Nuclear Association "Nuclear Power in the World Today" (Updated April 2014) http://www.world-nuclear.org/info/Current-and-Future-Generation/Nuclear-Power-in-the-World-Today/
2　福島事故後の原子力安全への取組みの全般については，Reyners P (2013) and Kuney L (2014).
3　OECD/NEA "Nuclear Legislation in OECD and NEA Countries, Regulatory and Institutional Framework for Nuclear Activities – Japan," 2011.
4　日本の原子力安全規制の展開を，揺籃期から福島事故後にわたって概観するのは，薄井一成「日本の原子力安全規制」『比較法研究』76号（2014年）86-108頁。
5　原子力の安全に関する条約日本国第6回国別報告書，原子力規制委員会（平成25年8月），38頁。https://www.nsr.go.jp/data/000110044.pdf
6　Nuclear Regulation Authority, "Enforcement of the New Regulatory Requirements for Commercial Nuclear Power Reactors," 8 July 2013.

7 原子力規制委員会「実用発電用原子炉および核燃料施設等に係る新規制基準について——概要——」平成25年8月，10頁。http://www.nsr.go.jp/data/000070101.pdf
8 原子力規制委員会，「新規制基準適合性に係る審査・検査の流れ」2015年。http://www.nsr.go.jp/activity/regulation/tekigousei/unten.html, http://www.nsr.go.jp/data/000104907.pdf
9 原子力安全条約とは別に，「使用済燃料管理及び放射性廃棄物管理の安全に関する条約」があり，2003年11月24日に日本国について発効している。この条約に関する日本の活動に関しては，酒井啓亘 (2014), pp.48-49.
10 福島事故に至るまでの原子力安全条約とそれへの日本の対応について，詳しくは，川﨑恭治・久住涼子「第9章 原子力安全条約の現状と課題」高橋滋・渡辺智之（編著）『リスク・マネジメントと公共政策』（第一法規，2011年）187-208頁。
11 "Summary Report of the 5th Review Meeting of the Contracting Parties to the Convention on Nuclear Safety, 4-14 April 2011, Vienna, Austria," 2011.
12 "Summary of the Second Extraordinary Meeting of the Contracting Parties to the Convention of Nuclear Safety," Ministry of Foreign Affairs and Nuclear and Industrial Safety Agency, 4 September 2012.
13 Johnson P L (2013).
14 NRA "FY2013 Annual Report," August 2014, p.20.
15 Ibid.
16 Ibid.
17 "6th Review Meeting of the Contracting Parties to the Convention on Nuclear Safety 24 March -4 April 2014, Vienna, Austria – Summary Report," Vienna, 4 April 2014.
18 EUCO 10/11/REV 1, European Council 24/25 March 2011, Conclusions. pp.11-12.
19 福島事故以前と以降におけるEUの原子力安全規制枠組みについては，Álvarez-Verdugo, M (2015).福島事故直後のEUの対応については，Raetzke C (2013).
20 http://europa.eu/legislation_summaries/institutional_affairs/treaties/treaties_euratom_en.htm
21 この時点までのEUにおける原子力安全規制および関連するEU指令に関して，詳しくは，植月献二「原子力と安全性——EU枠組み指令:その背景と意味——」『外国の立法』242号（2009年12月）3-43頁。植月献二「EUにおける原子力の利用と安全性」『外国の立法』244号（2010年6月）39-55頁。
22 EUCO 10/11/REV 1, European Council 24/25 March 2011, Conclusions. pp.11-12.
23 COUNCIL DIRECTIVE 2014/87/EURATOM of 8 July 2014 amending Directive 2009/71/Euratom establishing a Community framework for the nuclear safety of nuclear installations.
24 http://ec.europa.eu/energy/en/topics/nuclear-energy/nuclear-safety
25 中西優美子 (2014) p.98.
26 EUCO 10/11/REV 1, European Council 24/25 March 2011, Conclusions. pp.11-12.
27 http://ec.europa.eu/energy/en/topics/nuclear-energy/nuclear-safety/stress-tests

28 COM (2012) 571: COMMUNICATION FROM THE COMMISSION TO THE COUNCIL AND THE EUROPEAN PARLIAMENT on the comprehensive risk and safety assessments ("stress tests") of nuclear power plants in the European Union and related activities.
29 http://www.ensreg.eu/EU%20Stress%20Tests/International%20outreach
30 Commission Decision 1999/819/Euratom of 16 November 1999 concerning the accession to the 1994 Convention on Nuclear Safety by the European Atomic Energy Community (Euratom), OJ. L 318, 11.12.1999. p.20.
31 CNS/DC/2015/2/Rev.1, 9 February 2015 "Diplomatic Conference to consider a proposal to amend the Convention on Nuclear Safety – Vienna Declaration on Nuclear Safety on principles for the implementation of the objective of the Convention on Nuclear Safety to prevent accidents and mitigate radiological consequences." 外務省, 原子力安全条約外交会議。http://www.mofa.go.jp/mofaj/dns/inec/page24_000401.html


【文献】

Álvarez-Verdugo, M (2015), The EU 'Stress Tests': The Basis for a New Regulatory Framework for Nuclear Safety, European Law Journal, Vol. 21, No.2, pp.161-179.

Johnson P L (2013), "The post-Fukushima Daiichi response: The role of the Convention on Nuclear Safety in strengthening the legal framework for nuclear safety," OECD/NEA Nuclear Law Bulletin, No.91, pp.7-21.

Kueny l (2014), La gouvernance de la sûreté nucléaire après l'accident nucléaire de Fukushima, Après-Fukushima, regards juridiques franco-japonais, Presess Universitaires d'Aix-Marseille.

中西優美子 (2014)「第5章　EU/EURATOMにおける原子力安全規制について～EUの原子力エネルギー政策の変化と福島原発事故後の改正指令を中心に」,『原子力安全に係る国際取決めと国内実施――平成22～24年度エネルギー関係国際取決めの国内実施方式検討班報告書――』日本エネルギー研究所, 2014年8月。 http://www.jeli.gr.jp/report/jeli-R-131@2014_08_Convention%20on%20Nuclear%20Safety%20and%20Executing.pdf

Raetzke C (2013), The European reaction to the Fukushima incident: International Conference "Nuclear Safety after Fukushima: From European and Japanese Perspectives" Tokyo, 22 December 2011, EUSI Working Paper Series, L-2013-01, pp.1-12.

Reyners P (2013) A New World Governance for Nuclear Safety after Fukushima, International Jiournal of Nuclear Law, Vol., No.1, pp.63-77.

酒井啓亘 (2014)「第3章　原子力安全とピア・レビュー制度」,『原子力安全に係る国

際取決めと国内実施――平成22〜24年度エネルギー関係国際取決めの国内実施方式検討班報告書――』日本エネルギー研究所，2014年 8 月。
http://www.jeli.gr.jp/report/jeli-R-131@2014_08_Convention%20on%20Nuclear%20Safety%20and%20Executing.pdf

# あとがき

　本書は，EUSI（一橋大学，慶應義塾大学および津田塾大学のEU研究のためのコンソーシウム）（第2期2013年4月～2016年3月）の法分野プロジェクトの成果である。プロジェクトは，「ホップ・ステップ・ジャンプ」という段階を踏んだ。1年目は，EU環境法研究会を一橋大学で数回行った。研究会のメンバーは，川﨑恭治先生（一橋大学），髙村ゆかり先生（名古屋大学），南諭子先生（津田塾大学），森田清隆先生（経団連），佐藤智恵先生（明治大学），Andrea Ortolani先生（慶應義塾大学）と私の7名から構成された。「ホップ」として，同研究会ではそれぞれがテーマについて報告をし，議論を重ねた。2年目は，「ステップ」として，同研究会を随時開催しながら，2014年10月にEU環境法に関する国際シンポジウム（於一橋・如水会館）を開催した。このシンポジウムには，本書の執筆者である，Alexander Proelß先生（ドイツ・トリア大学）およびSara De Vido先生（イタリア・カ・フォスカリ・ベネツィア大学）を招聘し，講演をして頂いた。3年目は，同研究会の開催と共に2015年4月にEU環境法に関する国際シンポジム（於一橋大学・佐野書院）を開催した。このシンポジウムには，Hans-Georg Dederer先生（ドイツ・パッサウ大学）を招聘し，講演して頂いた。「ジャンプ」として，その成果を本書として刊行することになった。

　EU環境法研究会の主なメンバーは，大谷良雄先生（一橋大学）の門下生から構成されている。大谷ゼミでは，EU法のみならず，国際環境法も含む，色々なテーマが報告された。当時から私はEU法を研究対象としていたが，先輩でもある髙村ゆかり先生と後輩でもある南諭子先生が国際環境法をテーマとしていて，耳学問として2人の報告を数年にわたって聞いてきた。大谷良雄先生には，大学院生の頃から20年以上にわたって指導を受けてきた。髙村ゆかり先生は，本書には執筆されていないが，EU環境法研究会には出席され，さまざまな貴重な助言を頂いた。

　EUSIの活動は，EUおよび一橋大学からの財政的援助とEUSI事務局の存在

あとがき

を基礎としている。EUSI事務局の中で，とくに事務局長の藤川哲史氏，財務・会計の川面章子さんおよび浜中祐衣さん，総務の新谷博子さんおよび渡邉利美さん，研究員の工藤芽衣さん，佐藤量介さんおよび林大輔さんには，シンポジウムの準備・広報・運営でこのプロジェクトを支えていただいた。

　最後に，学術出版が難しい中，法律文化社の舟木和久氏には，本書の意義を理解していただき，企画・編集・校正において大変お世話になった。心よりお礼申し上げたい。

　　2016年1月吉日

中西優美子

# 索　引

## [あ　行]

アザラシ毛皮製品取引禁止 …………… 114
アザラシの福祉 ………………………… 116
アムステルダム条約 …………………… 91
遺伝子改変生物 ………………………… 126
遺伝子組換え体 ………………………… 171
遺伝子工学 ……………………………… 171
移動性野生動物種の保全に関するボン条約
　　　…………………………………… 127
意図的放出指令 ………………… 174, 181
医薬品規則 ……………………………… 175
エコシステムアプローチ ……………… 165
エコラベル ……………………………… 67
エネルギー政策 ………………………… 41
エンド・オブ・パイプ技術（end-of-pipe technology） …………………………… 17
欧州原子力安全規制部会（ENSREG）グループ ………………………………… 216
欧州原子力共同体（EURATOM） ……… 213
欧州食品安全機関 ……………………… 176
欧州排出権取引制度（EUETS） ……… 71
欧州野生生物および自然生息地の保全に関するベルン条約 ……………………… 127
オーフス条約 …………………………… 48
オープンスカイ協定 …………………… 76
汚染者負担の原則 ………………… 14, 18
オフセット・メカニズム ……………… 76
オプト・アウト ………………………… 181
　　──指令 …………………………… 184
温室効果ガス …………………………… 63

## [か　行]

カーディフプロセス …………………… 153
海洋エコシステム ……………………… 163
海洋生物資源 …………………… 152, 159
海洋戦略枠組指令 ………… 159, 162, 163
海洋保護区 ……………………………… 163
科学的データ …………………………… 20
感覚ある生物 …………………………… 93
環境NGO ………………………………… 48
環境アセスメント ……………………… 47
環境影響評価（EIA）指令 ………… 10, 47
環境影響評価法 ………………………… 47
環境基本計画 …………………………… 7
環境基本法 ……………………………… 4
環境行動計画 …………………………… 6
環境自主行動計画 ……………………… 68
環境団体訴訟 …………………………… 57
環境統合原則 …………… 8, 34, 39, 92, 153
環境配慮義務 …………………………… 8
環境法の基本原則（fundamental principle）
　　　…………………………………… 19
緩和措置 ………………………………… 134
気候変動に関する政府間パネル（IPCC） … 80
技術基準・規格の導入 ………………… 64
規　則
　　──170/83 ……………………… 156
　　──171/83 ……………………… 156
　　──3254/91 ……………………… 93
　　──3760/92 ……………………… 157
　　──2371/2002 …………………… 158
　　──1/2005 ……………………… 89
　　──1367/2006 …………………… 52
　　──1223/2009 …………………… 103
　　──1380/2013 …………………… 158
共　存 …………………………………… 185
共通漁業政策 …………………………… 151
共通通商政策 …………………………… 40
京都議定書 ……………………………… 64

索　引

漁業資源 …………………………………… 151
緊急措置 …………………………………… 179
経済調和条項 ……………………………… 1
化粧品に関する動物実験禁止 …………… 100
原告適格 …………………………………… 55
原子力安全条約 ………………………… 207, 211
原子力安全指令 …………………………… 215
原子力安全に関するウィーン宣言 ……… 218
原子力規制委員会 ………………………… 212
原子力基本法 ……………………………… 208
原則の理論 ………………………………… 24
公衆道徳（moral concerns）………… 116, 188
行動計画2006年—2010年 ……………… 98
後発の排他性 ……………………………… 37
国際原子力機関 …………………………… 207
国連環境計画 ……………………………… 50
国連自然憲章（Charter for Nature）……… 18
国家環境政策法 …………………………… 47
国境税調整 ………………………………… 78
根源是正の原則 ………………………… 14, 17

[さ　行]

再個別化（re-nationalisation）……… 179, 180
差止訴訟 …………………………………… 56
自然遺産 …………………………………… 124
自然資本 …………………………………… 125
持続可能な発展 ………………………… 4, 49
司法へのアクセス ………………………… 49
市民参加原則 ……………………………… 49
柔軟性条項 ………………………………… 33
上市の禁止と動物実験の禁止 …………… 103
証明責任 …………………………………… 182
食品・飼料規則 ………………………… 175, 181
指　令 ……………………………………… 51
　──74/577 ……………………………… 87
　──76/768/EEC …………………… 100, 103
　──85/511/EEC ……………………… 94
　──86/113/EEC ……………………… 88
　──86/609/EEC …………………… 100, 106
　──88/166 …………………………… 89
　──90/313/EEC ……………………… 51
　──91/628/EEC ……………………… 89
　──91/630/EEC ……………………… 89
　──92/43/EEC ………………………… 93
　──93/35/EEC ……………………… 100
　──98/58/EC ………………………… 88
　──2001/88/EC ……………………… 89
　──2003/4/EC ……………………… 51
　──2003/15/EC ……………………… 101
　──2003/35/EC ……………………… 51
　──2008/119/EC ……………………… 89
　──2009/47/EC ……………………… 93
　──2009/71/Euratom ………………… 215
　──2010/63/EU ……………………… 106
　──2011/92/EU ……………………… 52
　──2014/52/EU ……………………… 52
新規制基準適合性審査 …………………… 211
新成長戦略Europe2020 ………………… 65
垂直的な権限配分 ……………………… 36, 174
水平的アプローチ ………………………… 174
水平的（な）権限配分 ………………… 35, 37
水平的条項（横断条項）………………… 41
ストックホルム宣言 …………………… 5, 15
ストレス・テスト ………………………… 213
セーフガード措置 ………………………… 179
生息地指令 ……………………………… 125, 160
製品に対する強制規格 …………………… 64
製品の生産方法・生産工程 ……………… 66
生物多様性戦略 ………………………… 131, 162
生物多様性（保護）条約（CBD）… 123, 126, 160
専　占 ……………………………………… 37
戦略的環境影響評価指令 ………………… 10

[た　行]

代償的措置 ………………………………… 134
代替方法 …………………………………… 103
単一欧州議定書 ………………………… 2, 153
段階的原則 ………………………………… 174

225

低炭素社会行動計画 …………………… 68
統合的汚染防止管理 …………………… 51
動物実験の適正な実施に向けたガイドライン ……………………………………… 112
動物の愛護及び管理に関する法律（動物愛護管理法）………………… 108, 112
動物の保護及び管理に関する法律（動物保護管理法）………………… 107, 110
動物の保護及び福祉に関する議定書 …… 91
動物福祉配慮原則 ………………… 90, 92
動物保護及び福祉のためのEU戦略2012年─2015年 ……………………………… 98
特別な保護地域 ……………………… 159
鳥指令 ………………………………… 125

[な 行]

名古屋議定書 ………………………… 151
認可プロセス ………………………… 181
人間中心主義 ………………………… 116

[は 行]

排出権取引制度 ………………………… 64
パリサミット …………………………… 2
バルセロナ条約 ……………………… 165
表示・トレーサビリティ規則 ………… 175
比例性原則 ……………………………… 27
風力発電 ……………………………… 140
不可避的要請 ………………………… 190
ブルントラント報告書 ………………… 3
プログラム規定 ………………………… 5
プロセス・アプローチ ……………… 171
プロダクト・アプローチ …………… 171
閉鎖系利用指令 ……………………… 174
貿易の技術的障害に関する協定 ……… 65

[ま 行]

マーストリヒト条約 …………… 3, 153
　──に付属する宣言 ………………… 90
未然防止の原則 ………………………… 14

モラトリアム ………………………… 177

[や 行]

野鳥指令 ……………………………… 160
野鳥の保護の指令 …………………… 125
予防（的）アプローチ …………… 19, 158
予防原則 …………………………… 14, 18
　──に関するCOM文書 ……………… 24
四大公害 ………………………………… 1

[ら 行]

リオ宣言 ……………………………… 16, 49
リスク ………………………………… 20
　──管理 …………………………… 177
リスボン条約 …………………………… 98
立証責任 ………………………………… 25

[数字（1-3）]

2014/52/EU …………………………… 52
2020年に向けた生物多様性戦略 …… 124
3Rの原則 ……………………… 98, 109, 111

[アルファベット（A-Z）]

Afton Chemical Limied事件 …… 21, 22, 24
Agrarproduktion Staebelow（Case C-504/04）事件 ……………………… 96
Alta Murgia事件 ……………………… 139
Archeloos Riverの分水路事件 ……… 134
Briels事件 …………………………… 133
C-115/09事件 ……………………… 52, 53
C-201/02事件 ………………………… 52
Cap & Trade型排出権取引制度 ……… 70
CBD …………………………………… 126
CRISPR-CAS ………………………… 192
ECVAM ……………………………… 102
EEC条約
　──43条 ……………………………… 87
　──100条 ………………… 2, 87, 100
　──100a条 …………………… 34, 100

226

索　引

──130r条 …………………………… 34
──235条 ……………………………… 2
EFSA ………………………………… 176
EU運営条約
　──11条 …………………………… 34, 92
　──13条 …………………………… 91, 92
　──34条 …………………………… 187
　──36条 …………………………… 188
　──43条 ……………………… 87, 93, 155
　──114条 …………………… 33, 93, 100
　──115条 ……………………………… 2, 87
　──191条 …………………………… 34, 93
　──192条1項 ……………………… 34
　──192条2項 ……………………… 35
　──192条2項(c) …………………… 42
　──192条3項 ……………………… 35
　──194条 …………………………… 140
　──194条2項 ……………………… 37
　──207条 …………………………… 40
　──216条2項 …………………… 190
　──352条 ……………………………… 2, 33
EU環境庁 …………………………… 161
GATT 2条 …………………………… 78
GATT 3条 …………………………… 78
GATT20条 …………………………… 78
GMO規制 …………………………… 171
GMO栽培のオプト・アウト ……… 180
GM作物 ……………………………… 176
GM食品・飼料 ……………………… 178

GM植物の環境リスク評価の手引 ……… 183
Good Environmental Status …………… 164
JACVAM ……………………………… 114
JAVA …………………………………… 114
Jippes（Case C-189/01）事件 ……… 93
MON810 ……………………………… 179
Monsanto Agricoltura Italia事件 ……… 23
Nationale Raad van Dierenkwekers（Case
　C-219/07）事件 …………………… 23, 97
Natura2000 ………………… 125, 137, 160
NEPA …………………………………… 47
OSPAR条約 ………………………… 164
Pfizer事件 …………………………… 25
Pulp Mills事件 …………………… 16, 22
Sharpstonのテスト ………………… 133
Special Protection Areas, SPAs ……… 159
SPS協定 ……………………………… 190
Sweetman事件 ……………………… 131
TBT協定 ………………………… 65, 67, 115
Tempelman（Joined Cases C-96/03 and
　C-97/03）事件 ……………………… 95
Veneto地域法 ……………………… 137
Viamex Agrar Handels（Joined Cases
　C-37/06 and C-58/06）事件 ……… 96
WTO紛争解決機関 ……………… 116, 191
WTO補助金及び相殺措置に関する協定
　（SCM協定） ………………………… 70
WTOルール ………………………… 179
Zuchtvieh-Export（C-424/13）事件 …… 97

227

●執筆者・翻訳者紹介 （執筆順）

中西　優美子（なかにし　ゆみこ）
　　一橋大学大学院法学研究科教授
　　担当：第1章，第2章，第3章，第6章，第7章

Alexander Proelß
　　ドイツ・トリア大学教授　　担当：第2章，第3章

南　諭子（みなみ　ゆうこ）
　　津田塾大学国際関係学科准教授　　担当：第4章

森田　清隆（もりた　きよたか）
　　㈳日本経済団体連合会国際協力本部上席主幹
　　一橋大学国際・公共政策大学院客員教授　　担当：第5章

Sara De Vido
　　イタリア・カ・フォスカリ・ベネツィア大学准教授　　担当：第7章

佐藤　智恵（さとう　ちえ）
　　明治大学法学部専任講師　　担当：第8章

Hans-Georg Dederer
　　ドイツ・パッサウ大学教授　　担当：第9章

藤岡　典夫（ふじおか　のりお）
　　公益社団法人国際農林業協働協会専務理事　　担当：第9章

川﨑　恭治（かわさき　きょうじ）
　　一橋大学大学院法学研究科教授　　担当：第10章

久住　涼子（くずみ　りょうこ）
　　担当：第10章

## Horitsu Bunka Sha

## EU環境法の最前線
―― 日本への示唆

2016年3月20日　初版第1刷発行

| 編　者 | 中西優美子 （なかにし　ゆみこ） |
| --- | --- |
| 発行者 | 田靡純子 |
| 発行所 | 株式会社 法律文化社 |

〒603-8053
京都市北区上賀茂岩ヶ垣内町71
電話 075(791)7131　FAX 075(721)8400
http://www.hou-bun.com/

＊乱丁など不良本がありましたら，ご連絡ください．
　お取り替えいたします．

印刷：西濃印刷㈱／製本：㈱藤沢製本
装幀：石井きよ子
ISBN 978-4-589-03746-6
Ⓒ2016 Yumiko Nakanishi Printed in Japan

**JCOPY** 〈(社)出版者著作権管理機構　委託出版物〉
本書の無断複写は著作権法上での例外を除き禁じられています．複写される場合は，そのつど事前に，(社)出版者著作権管理機構（電話 03-3513-6969，FAX 03-3513-6979, e-mail: info@jcopy.or.jp) の許諾を得てください．

安江則子編著
## EUとグローバル・ガバナンス
―国際秩序形成におけるヨーロッパ的価値―
A5判・204頁・3200円

外交政策，安全保障，通商，開発援助，環境，刑事司法といった各分野においてグローバルアクターとしてのEC／EUがどのような価値規範を形成し外交政策に反映させてきたのか。リスボン条約成立以降の新展開を詳細に分析。

吉村良一・水野武夫・藤原猛爾編
## 環 境 法 入 門〔第4版〕
―公害から地球環境問題まで―
A5判・296頁・2800円

環境法の全体像と概要を市民(住民)の立場で学ぶ入門書。Ⅰ部は公害・環境問題の展開と環境法の基本概念を概説。Ⅱ部は原発事故も含め最新の事例から法的争点と課題を探る。旧版(07年)以降の動向をふまえ，各章とも大幅に見直し，補訂した。

ジェニファー・クラップ，
ピーター・ドーヴァーニュ著／仲野 修訳
## 地球環境の政治経済学
―グリーンワールドへの道―
A5判・338頁・3500円

地球環境問題への様々なアプローチを整理し，比較検討する。市場自由主義者や生物環境主義者などの主要なアプローチの位相と対峙に政治経済学の視点から迫ることにより，解決に向けての最善な視座と手立てを模索する。

北川秀樹編著
## 中国の環境問題と法・政策
―東アジアの持続可能な発展に向けて―
A5判・454頁・5800円

経済・社会の急速な発展にともない環境汚染や環境破壊の進行が懸念されている今日の中国。本書は，転換期にある中国の環境法政策の現状と課題を論述し考察する。各分野に精通した日中の研究者による共同研究の集大成。

角倉一郎著
## ポスト京都議定書を巡る多国間交渉
―規範的アイデアの衝突と調整の政治力学―
A5判・240頁・5500円

ポスト京都議定書を巡る多国間交渉を規範的アイデアの作用に着目して各会議を実証分析し，その作用と政治力学について分析・解明する。全体像を包括的に明らかにし，各国の対応を規範アイデアと他の要因の相関からも理論的に考察する。

――法律文化社――

表示価格は本体(税別)価格です